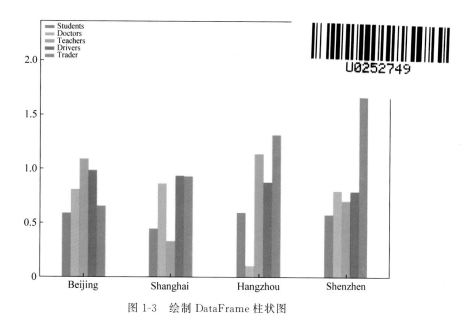

图 1-3　绘制 DataFrame 柱状图

product_title	product_category	star_rating
Invicta Women's 15150 "Angel" 18k Yellow Gold Ion-Plated Stainless Steel and Brown Leather Watch	Watches	5
Kenneth Cole New York Women's KC4944 Automatic Silver Automatic Mesh Bracelet Analog Watch	Watches	5
Ritche 22mm Black Stainless Steel Bracelet Watch Band Strap Pebble Time/Pebble Classic	Watches	2
Citizen Men's BM8180-03E Eco-Drive Stainless Steel Watch with Green Canvas Band	Watches	5
Orient ER27009B Men's Symphony Automatic Stainless Steel Black Dial Mechanical Watch	Watches	4
Casio Men's GW-9400BJ-1JF G-Shock Master of G Rangeman Digital Solar Black Carbon Fiber Insert Watch	Watches	5
Fossil Women's ES3851 Urban Traveler Multifunction Stainless Steel Watch - Rose	Watches	5
INFANTRY Mens Night Vision Analog Quartz Wrist Watch with Nato Nylon Watchband-Red	Watches	1
G-Shock Men's Grey Sport Watch	Watches	5
Heiden Quad Watch Winder in Black Leather	Watches	4
Fossil Women's ES3621 Serena Crystal-Accented Two-Tone Stainless Steel Watch	Watches	4
Casio General Men's Watches Sporty Digital AE-2000W-1AVDF - WW	Watches	1
2Tone Gold Silver Cable Band Ladies Bangle Cuff Watch	Watches	3
Bulova Men's 98B143 Precisionist Charcoal Grey Dial Bracelet Watch	Watches	5
Casio - G-Shock - Gulfmaster - Black - GWN1000C-1A	Watches	5
Invicta Men's 3329 Force Collection Lefty Watch	Watches	5
Seiko Women's SUT068 Dress Solar Classic Diamond-Accented Two-Tone Stainless Steel Watch	Watches	5
Anne Klein Women's 109271MPTT Swarovski Crystal Accented Two-Tone Multi-Chain Bracelet Watch	Watches	4
Guess U13630G1 Men's day and date Gunmetal dial Gunmetal tone bracelet	Watches	5
Nixon Men's Geo Volt Sentry Stainless Steel Watch with Link Bracelet	Watches	4
Nautica Men's N14699G BFD 101 Chrono Classic Stainless Steel Watch with Brown Band	Watches	4
HDE Watch Link Pin Remover Band Strap Repair Tool Kit for Watchmakers with Pack of 3 Extra Pins	Watches	4
Timex Women's Q7B860 Padded Calfskin 8mm Black Replacement Watchband	Watches	4
Movado Men's 0606545 "Museum" Perforated Black-Rubber Strap Sport Watch	Watches	5
Invicta Men's 6674 Corduba Chronograph Black Dial Polyurethane Watch	Watches	5
Szanto Men's SZ 2001 2000 Series Classic Vintage-Inspired Stainless Steel Watch with Pebbled Leather Band	Watches	5
Casio Men's MRW200H-7EV Sport Resin Watch	Watches	4
Casio F-108WH-2AEF Mens Blue Digital Watch	Watches	3
August Steiner Men's AS8160TTG Silver And Gold Swiss Quartz Watch with Black Dial and Two Tone Bracelet	Watches	5
Invicta Men's 89280B Pro Diver Gold Stainless Steel Two-Tone Automatic Watch	Watches	5
BOS Men's Automatic self-wind mechanical Pointer Skeleton Watch Black Dial Stainless Steel Band 9008	Watches	3
Luminox Men's 3081 Evo Navy SEAL Chronograph Watch	Watches	5
INFANTRY Mens 50mm Big Face Military Tactical Analog Digital Sport Wrist Watch Black Silicone Band	Watches	5
BUREI Dress Women's Minimalist Wrist Watches with Date Analog Quartz Stainless Steel and Ultra Slim Dial	Watches	5
Motorola Moto 360 Modern Timepiece Smart Watch - Black Leather 00418NARTL	Watches	5
Domire Fashion Accessories Trial Order New Quartz Fashion Weave Wrap Around Leather Bracelet Lady Woman Butterfly Wrist Watch	Watches	5
Casio Women's LQ139B-1B Classic Round Analog Watch	Watches	3

图 3-5　使用 ColorScale 创建色阶

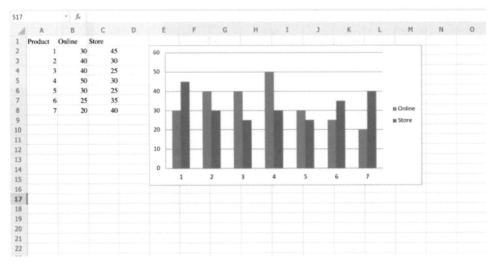

图 3-8　插入了柱状图的表格

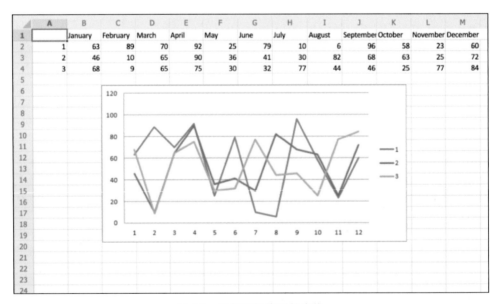

图 3-9　添加了折线图的表格

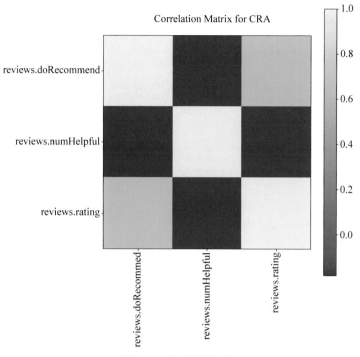

图 3-11 相关性矩阵

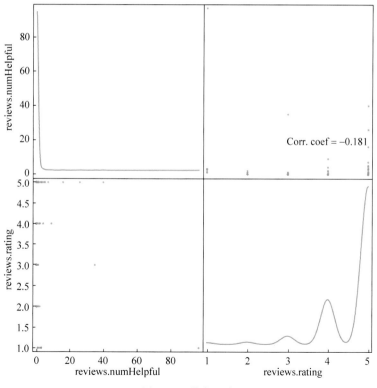

图 3-12 散布矩阵

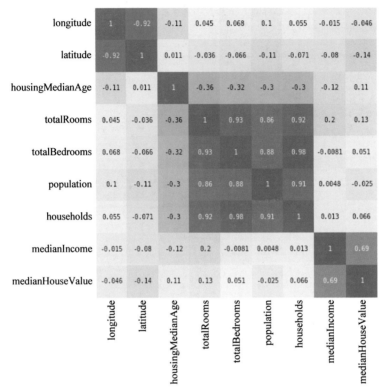
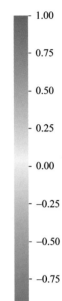

图 4-6　热力图

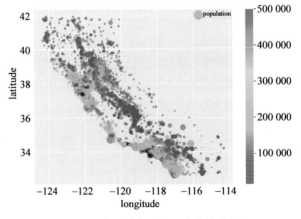

图 4-7　房屋价格随人口变化分布图

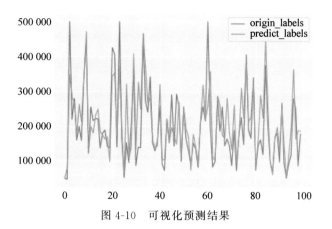

图 4-10　可视化预测结果

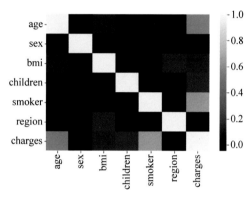

图 6-3　协方差矩阵的热力图

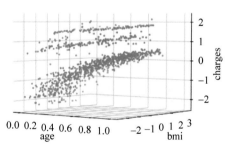

图 6-4　空间中的分布

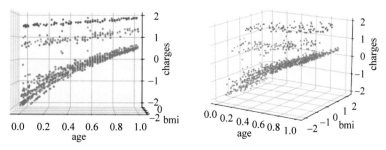

图 6-5　聚类的结果

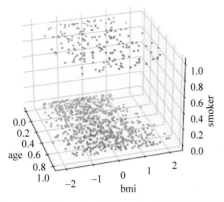

图 6-6　使用 age、bmi 和 smoker 绘制的散点图

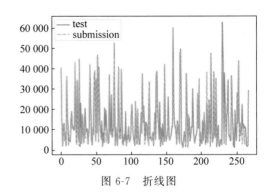

图 6-7　折线图

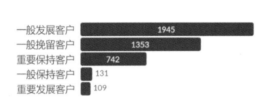

(a) 用户类别的分布

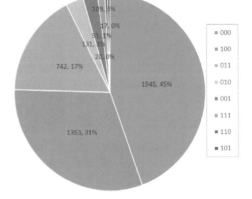

(b) 用户类别的百分占比

图 7-3　对用户类型分类结果的可视化

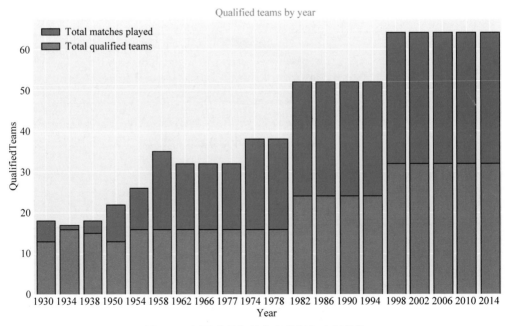

图 10-9　历届世界杯的参赛队伍与比赛总数

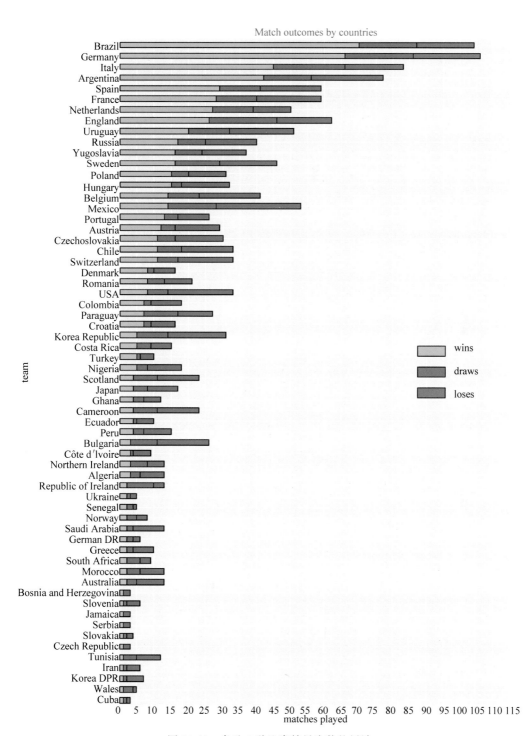

图 10-11　各队 3 种比赛结果次数的累计

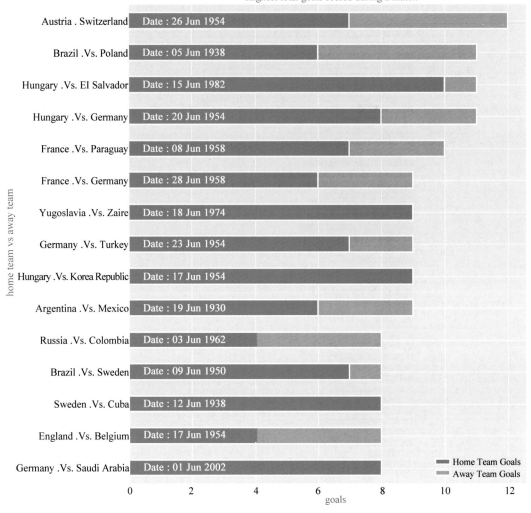

图 10-16　世界杯进球最多的比赛（前 15 名）

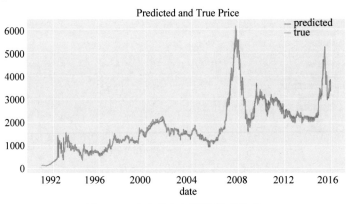

图 11-3　真实值与预测结果趋势线

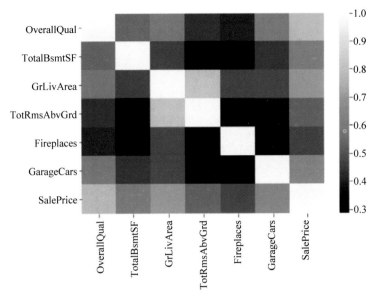

图 13-10　选定特征之间相关度的热力图

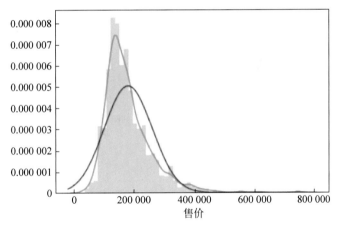

图 13-12　SalePrice 的分布概率图及其正态分布拟合曲线

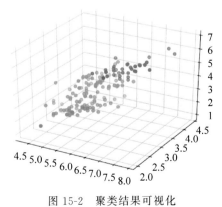

图 15-2　聚类结果可视化

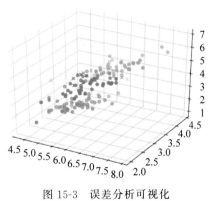

图 15-3　误差分析可视化

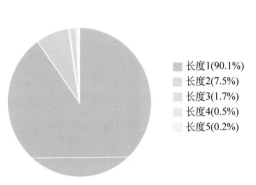

图 22-3 查询词长度占比

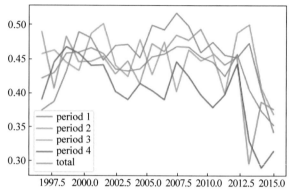

图 23-2 科比职业生涯中各节命中率的变化图

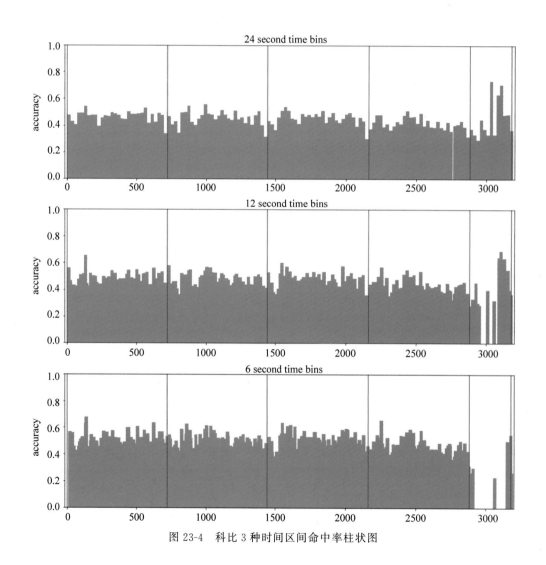

图 23-4 科比 3 种时间区间命中率柱状图

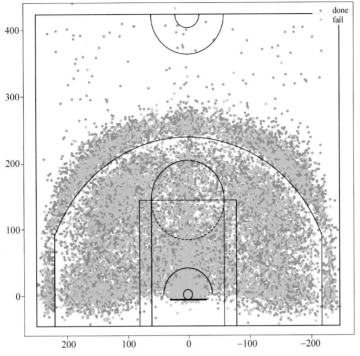

图 23-6 科比职业生涯中的全部进球位置示意图

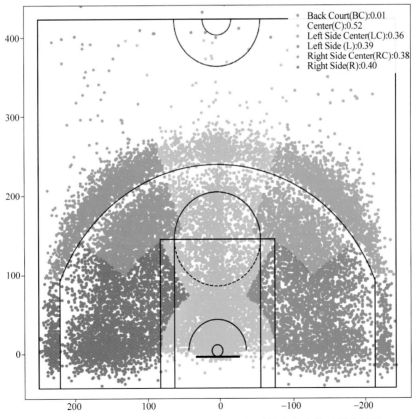

图 23-7 科比场上各位置(shot zone area)的平均命中率的可视化结果

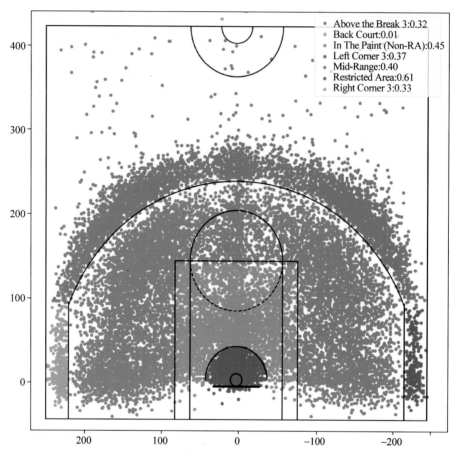

图 23-8　科比场上各位置(shot basic)的平均命中率的可视化结果

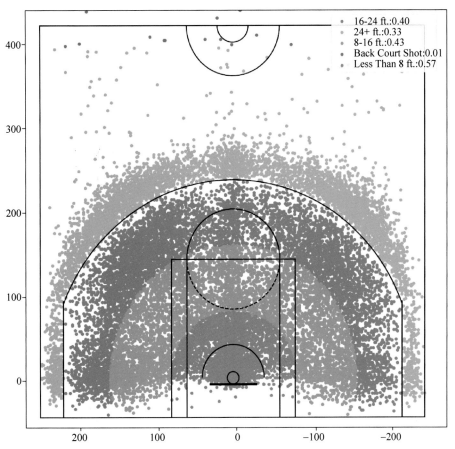

图 23-9　科比场上各位置(shot range)的平均命中率的可视化结果

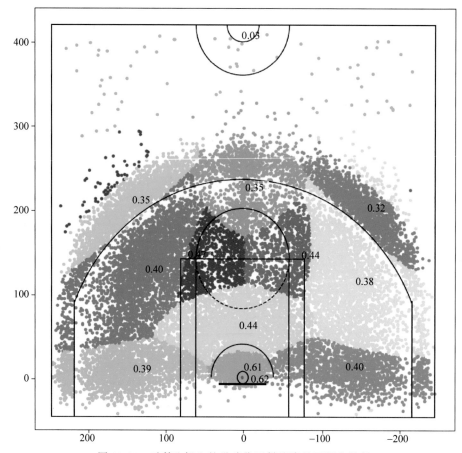

图 23-10　对科比场上的进球位置做聚类的可视化结果

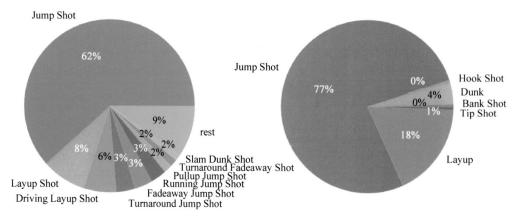

图 23-11　科比各得分方式使用概率

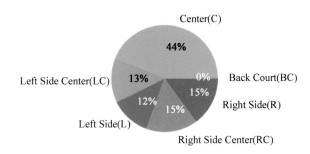

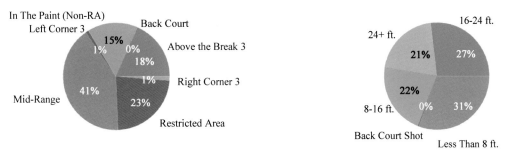

图 23-12 科比各个位置出手概率饼图

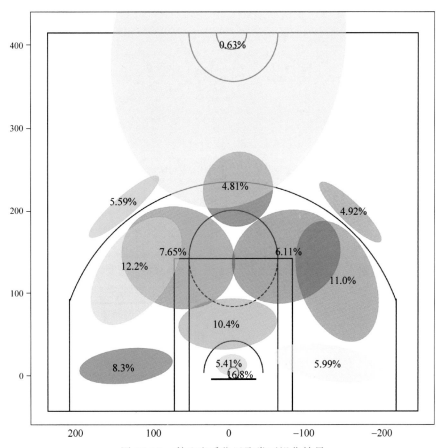

图 23-13 科比出手位置聚类可视化结果

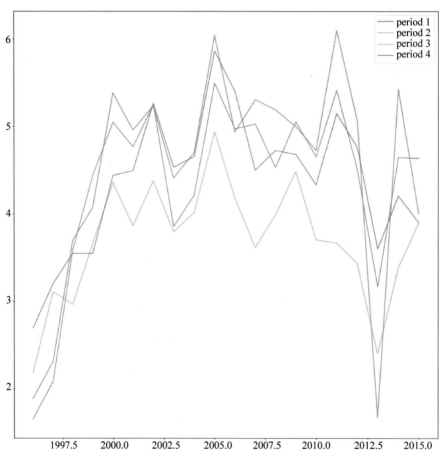

图 23-14　科比每节出手次数的平均值随赛季变化的折线图

大数据与人工智能技术丛书

Python数据分析
与可视化案例实战　项目实战·源码解读·微课视频版

吕云翔　王志鹏　主　编

许丽华　王肇一　朱英豪　闫　坤　仇善召　副主编

唐佳伟　冯凯文　陈　唯　陈天异　洪振东　杨云飞　谢谨蔓　姚泽良　韩延刚　吴宜航　参　编

清华大学出版社

北京

内 容 简 介

使用 Python 进行数据分析与可视化十分便利且高效,因此 Python 被认为是最优秀的数据分析工具之一。本书以 22 个案例,由浅入深地介绍不同数据分析与可视化的应用和实现。仅通过这些案例并不能展示数据分析与可视化的全部精髓,而更多的应用也值得读者在学到一定的基础技能后进一步探索。

本书面向高等院校计算机科学、软件工程、大数据、人工智能等相关专业的师生,以及 Python 语言初学者和数据分析从业人士。

图书在版编目(CIP)数据

Python 数据分析与可视化案例实战:项目实战·源码解读·微课视频版/吕云翔,王志鹏主编.
—北京:清华大学出版社,2023.6(2024.6重印)
　　(大数据与人工智能技术丛书)
　　ISBN 978-7-302-62768-5

　　Ⅰ.①P…　Ⅱ.①吕…②王…　Ⅲ.①软件工具-程序设计②可视化软件　Ⅳ.①TP311.561
②TP31

中国国家版本馆 CIP 数据核字(2023)第 031782 号

责任编辑:安　妮
封面设计:刘　建
责任校对:郝美丽
责任印制:刘　菲

出版发行:清华大学出版社
　　　　网　　　　址:https://www.tup.com.cn,https://www.wqxuetang.com
　　　　地　　　　址:北京清华大学学研大厦 A 座　　　　　　邮　　编:100084
　　　　社 总 机:010-83470000　　　　　　　　　　　　　　邮　　购:010-62786544
　　　　投稿与读者服务:010-62776969,c-service@tup.tsinghua.edu.cn
　　　　质量反馈:010-62772015,zhiliang@tup.tsinghua.edu.cn
　　　　课件下载:https://www.tup.com.cn,010-83470236
印 装 者:三河市人民印务有限公司
经　　销:全国新华书店
开　　本:185mm×260mm　　印　张:18.5　　插页:8　　字　数:450 千字
版　　次:2023 年 6 月第 1 版　　　　　　　　　　　　　印　次:2024 年 6 月第 2 次印刷
印　　数:1501～2000
定　　价:79.00 元

产品编号:097249-01

前　言

随着互联网的飞速发展,人们在互联网上的行为产生了海量数据,对这些数据进行存储、处理与分析带动了大数据技术的发展。其中,数据挖掘和分析技术可以帮助人们从庞大的数据中找到有价值的信息和规律,使人们对世界的认识更快、更便捷。由于 Python 语言简单易用,有强大的第三方库强,并且提供了完整的数据分析框架,因此深受数据分析人员的青睐,Python 已经当仁不让地成为数据分析人员的一把利器。

本书通过 22 个案例,系统地介绍数据分析和可视化的应用和实现,带领读者一步步掌握 Python 数据分析与可视化的相关知识;同时,帮助读者建立知识点之间的联系,形成对数据分析与可视化的整个知识面的清晰认知,提高读者解决实际问题的能力。建议读者在阅读这些案例时,可以跟随介绍进行尝试,一定会发现数据分析的魅力所在。

作为一本数据分析与可视化的入门书籍,本书并没有专门安排相应的章节讲述相关的理论知识,因为市面上这样的书已经很多。但我们还是希望读者能够具备和掌握一定的数据分析与可视化的基础知识,这样对案例讲述的精髓会理解得更深入。通过这么多的案例展示 Python 数据分析与可视化的应用与实现,这在其他同类书上并不多见,希望本书能够对读者有所帮助。

本书的作者为吕云翔、王志鹏、许丽华、王肇一、朱英豪、闫坤、仇善召、唐佳伟、冯凯文、陈唯、陈天昇、洪振东、杨云飞、谢谨蔓、姚泽良、韩延刚、吴宜航,此外,曾洪立也参与了部分内容的编写并进行了素材整理及配套资源制作等。感谢赵名博为本书提供的帮助。

由于作者水平和能力有限,本书难免有疏漏之处。恳请各位同仁和广大读者给予批评指正,也希望各位能将实践过程中的经验和心得与我们交流。

作　者
2023 年 1 月

目 录

第 **1** 章

Python数据分析与可视化概述

对数据进行相关分析,找到有价值的信息和规律,使人们对世界的认识更快、更便捷。在数据分析领域,由于 Python 语言简单易用,第三方库强大,并且提供了完整的数据分析框架,因此深受数据分析人员的青睐,Python 已经当仁不让地成为数据分析人员的一把利器。本章将介绍 Python 中经常用到的一些数据分析与可视化库。

1.1 从 MATLAB 到 Python

MATLAB 是什么?官方说法是,“MATLAB 是一种用于算法开发、数据分析、数据可视化以及数值计算的高级技术计算语言和交互式环境”(官网介绍见图 1-1)。MATLAB 凭借着在科学计算与数据分析领域强大的表现,被学术界和工业界接纳为主流的技术。不过,MATLAB 也有一些劣势:首先是价格,与 Python 这种下载即用的语言不同,MATLAB 软件的正版价格不菲,这一点导致其受众并不十分广泛;其次,MATLAB 的可移植性与可扩展性都不强,比起在这方面得天独厚的 Python,可以说是没有任何长处。随着 Python 语言的发展,由于其简洁和易于编码的特性,使用 Python 进行科研和数据分析的用户越来越多。另外,由于 Python 活跃的开发者社区和日新月异的第三方扩展库市场,Python 在这一领域也逐渐与 MATLAB 并驾齐驱,成为中流砥柱。Python 中用于这方面的著名工具包括以下 4 种。

(1) NumPy:这个库提供了很多关于数值计算的工具,如矢量与矩阵处理,以及精密的计算。

(2) SciPy:科学计算函数库,包括线性代数模块、统计学常用函数、信号和图像处理等。

(3) Pandas:Pandas 可以视为 NumPy 的扩展包,在 NumPy 的基础上提供了一些标

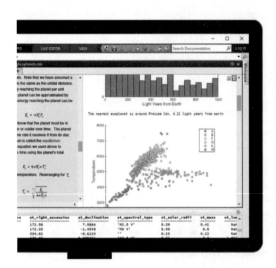

图 1-1 MATLAB 官网中的介绍

准的数据模型（如二维数组）和实用的函数（方法）。

（4）Matplotlib：Matplotlib 有可能是 Python 中最负盛名的绘图工具，其模仿了 MATLAB 的绘图包。

作为一门通用的程序语言，Python 比 MATLAB 的应用范围更广泛，有更多程序库（尤其是一些十分实用的第三方库）的支持。这里就以 Python 中常用的科学计算与数值分析库为例，简单介绍 Python 在这个方面的一些应用方法。由于篇幅所限，我们将注意力主要放在 NumPy、Pandas 和 Matplotlib 这 3 个最为基础的工具上。

1.2 NumPy

NumPy 这个名字一般认为是 numeric Python 的缩写，使用它的方法和使用其他库一样：import numpy。还可以在 import 扩展模块时给它起一个"外号"，就像这样：

```
import numpy as np
```

NumPy 中的基本操作对象是 ndarray，与原生 Python 中的 list（列表）和 array（数组）不同，ndarray 的名字就暗示了这是一个"多维"的对象。首先可以创建一个这样的 ndarray：

```
raw_list = [i for i in range(10)]
a = numpy.array(raw_list)
pr(a)
```

输出为 array([0, 1, 2, 3, 4, 5, 6, 7, 8, 9])，这只是一个一维的数组。

还可以使用 arange() 方法做等效的构建过程（注意，Python 中的计数是从 0 开始的），之后，通过方法 reshape() 可以重新构造这个数组。例如，可以构造一个三维数组，其中 reshape() 的参数表示各维度的大小，且按各维顺序排列，代码如下：

```
raw_list = [i for i in range(10)]
a = numpy.array(raw_list)
pr(a)
from pprint import pprint as pr
a = numpy.arange(20)                    #构造一个数组
pr(a)
a = a.reshape(2,2,5)
pr(a)
pr(a.ndim)
pr(a.size)
pr(a.shape)
pr(a.dtype)
```

输出为：

```
array([ 0,  1,  2,  3,  4,  5,  6,  7,  8,  9, 10, 11, 12, 13, 14, 15, 16,
       17, 18, 19])
array([[[ 0,  1,  2,  3,  4],
        [ 5,  6,  7,  8,  9]],

       [[10, 11, 12, 13, 14],
        [15, 16, 17, 18, 19]]])
3
20
(2, 2, 5)
dtype('int32')
```

通过 reshape() 方法将原来的数组构造为 $2\times2\times5$ 的数组（3 个维度）之后还可进一步查看 a（ndarray 对象）的相关属性：ndim 表示数组的维度；shape 为各维度的大小；size 表示数组中全部的元素个数（等于各维度大小的乘积）；dtype 可查看数组中元素的数据类型。

数组创建的方法比较多样，可以直接以列表（list）对象为参数创建，还可以通过特殊的方式 np.random.rand() 创建一个 0~1 的随机数组，如：

```
a = numpy.random.rand(2,4)
pr(a)
```

输出为：

```
array([[ 0.61546266, 0.51861284, 0.04923905, 0.84436196],
       [ 0.98089299, 0.21496841, 0.23208293, 0.81651831]])
```

ndarray 也支持四则运算，如：

```
a = numpy.array([[1, 2], [2, 4]])
b = numpy.array([[3.2, 1.5], [2.5, 4]])
pr(a + b)
pr((a + b).dtype)
pr(a - b)
pr(a * b)
pr(10 * a)
```

上面代码演示了对 ndarray 对象进行基本的数学运算，其输出为：

```
array([[ 4.2,  3.5],
       [ 4.5,  8. ]])
dtype('float64')
array([[ -2.2,  0.5],
       [ -0.5,  0. ]])
array([[  3.2,  3. ],
       [  5. , 16. ]])
array([[10, 20],
       [20, 40]])
```

在两个 ndarray 做运算时要求维度满足一定条件（如加减时维度相同），另外，a+b 的结果作为一个新的 ndarray，其数据类型已经变为 float64，这是因为 b 数组的类型为浮点，在执行加法时自动转换为了浮点类型。

另外，ndarray 还提供了十分方便的求和、最大值和最小值的方法，如：

```
ar1 = numpy.arange(20).reshape(5,4)
pr(ar1)
pr(ar1.sum())
pr(ar1.sum(axis = 0))
pr(ar1.min(axis = 0))
pr(ar1.max(axis = 1))
```

axis=0 表示按行，axis=1 表示按列。输出结果为：

```
array([[ 0,  1,  2,  3],
       [ 4,  5,  6,  7],
       [ 8,  9, 10, 11],
       [12, 13, 14, 15],
       [16, 17, 18, 19]])
190
array([40, 45, 50, 55])
array([0, 1, 2, 3])
array([ 3,  7, 11, 15, 19])
```

在科学计算中常常用到矩阵的概念，NumPy 中也提供了基础的矩阵对象（numpy.

matrixlib.defmatrix.matrix)。矩阵和数组的不同之处在于,矩阵一般是二维的,而数组却可以是任意维度(正整数),另外,矩阵进行的乘法是真正的矩阵乘法(数学意义上的),而在数组中,"＊"号的运算只是每一对应位置的元素相乘。

创建矩阵对象也非常简单,可以通过 asmatrix 把 ndarray 转换为矩阵,代码如下:

```
ar1 = numpy.arange(20).reshape(5,4)
pr(numpy.asmatrix(ar1))
mt = numpy.matrix('1 2; 3 4',dtype = float)
pr(mt)
pr(type(mt))
```

输出为:

```
matrix([[ 0,  1,  2,  3],
        [ 4,  5,  6,  7],
        [ 8,  9, 10, 11],
        [12, 13, 14, 15],
        [16, 17, 18, 19]])
matrix([[ 1.,  2.],
        [ 3.,  4.]])
<class 'numpy.matrixlib.defmatrix.matrix'>
```

对两个符合要求的矩阵可以进行乘法运算,如:

```
mt1 = numpy.arange(0,10).reshape(2,5)
mt1 = numpy.asmatrix(mt1)
mt2 = numpy.arange(10,30).reshape(5,4)
mt2 = numpy.asmatrix(mt2)
mt3 = mt1 * mt2
pr(mt3)
```

输出为:

```
matrix([[220, 230, 240, 250],
        [670, 705, 740, 775]])
```

访问矩阵中的元素仍然使用类似于列表索引的方式,如:

```
pr(mt3[[1],[1,3]])
```

输出为:

```
matrix([[705, 775]])
```

对于二维数组以及矩阵,还可以进行一些更为特殊的操作,具体包括转置、求逆、求特征向量等,如：

```
import numpy.linalg as lg
a = numpy.random.rand(2,4)
pr(a)
a = numpy.transpose(a)                    #转置数组
pr(a)
b = numpy.arange(0,10).reshape(2,5)
b = numpy.mat(b)
pr(b)
pr(b.T)                                   #转置矩阵
```

输出为：

```
array([[ 0.73566352,  0.56391464,  0.3671079 ,  0.50148722],
       [ 0.79284278,  0.64032832,  0.22536172,  0.27046815]])
array([[ 0.73566352,  0.79284278],
       [ 0.56391464,  0.64032832],
       [ 0.3671079 ,  0.22536172],
import numpy.linalg as lg

a = numpy.arange(0,4).reshape(2,2)
a = numpy.mat(a)                          #将数组构造为矩阵(方阵)
pr(a)
ia = lg.inv(a)                            #求逆矩阵
pr(ia)
pr(a * ia)                                #验证 ia 是否为 a 的逆矩阵,相乘结果应该为单位矩阵
eig_value, eig_vector = lg.eig(a)         #求特征值与特征向量
pr(eig_value)
pr(eig_vector)
```

输出为：

```
matrix([[0, 1],
        [2, 3]])
matrix([[-1.5,  0.5],
        [ 1. ,  0. ]])
matrix([[ 1.,  0.],
        [ 0.,  1.]])
array([-0.56155281,  3.56155281])
matrix([[-0.87192821, -0.27032301],
        [ 0.48963374, -0.96276969]])
```

另外,可以对二维数组进行拼接操作,包括横、纵两种拼接方式,如：

```
import numpy as np

a = np.random.rand(2,2)
b = np.random.rand(2,2)
pr(a)
```

```
pr(b)
c = np.hstack([a,b])
d = np.vstack([a,b])
pr(c)
pr(d)
```

输出为：

```
array([[ 0.39433009,    0.61635481],
       [ 0.90390343,    0.58251318]])
array([[ 0.48100629,    0.89721558],
       [ 0.07523263,    0.33338738]])
array([[ 0.39433009,    0.61635481,    0.48100629,    0.89721558],
       [ 0.90390343,    0.58251318,    0.07523263,    0.33338738]])
array([[ 0.39433009,    0.61635481],
       [ 0.90390343,    0.58251318],
       [ 0.48100629,    0.89721558],
       [ 0.07523263,    0.33338738]])
```

最后，可以使用 boolean mask(布尔屏蔽)来筛选需要的数组元素并绘图，如：

```
import matplotlib.pyplot as plt
a = np.linspace(0, 2 * np.pi, 100)
b = np.cos(a)
plt.plot(a,b)
mask = b >= 0.5
plt.plot(a[mask], b[mask], 'ro')
mask = b <= - 0.5
plt.plot(a[mask], b[mask], 'bo')
plt.show()
```

最终的绘图效果如图 1-2 所示。

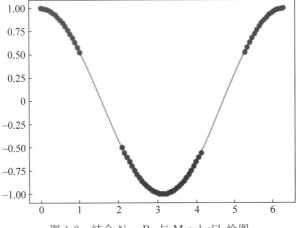

图 1-2   结合 NumPy 与 Matplotlib 绘图

1.3　Pandas

Pandas一般被认为是基于NumPy设计的，由于其丰富的数据对象和强大的函数方法，Pandas成为数据分析与Python结合的最好范例之一。Pandas中主要的高级数据结构Series和DataFrame，帮助我们用Python更为方便简单地处理数据，其受众也愈发广泛。

由于一般需要配合NumPy使用，因此可以这样导入两个模块：

```
import pandas
import numpy as np
from pandas import Series, DataFrame
```

Series可以看作是一般的数组（一维数组），不过它具有索引（index），这是与普通数组十分不同的一点，如：

```
s = Series([1,2,3,np.nan,5,1])              #从list创建
print(s)

a = np.random.randn(10)
s = Series(a, name = 'Series 1')            #指明Series的name
print(s)

d = {'a': 1, 'b': 2, 'c': 3}
s = Series(d, name = 'Series from dict')     #从dict创建
print(s)

s = Series(1.5, index = ['a','b','c','d','e','f','g'])  #指明index
print(s)
```

需要注意的是，如果在使用字典创建Series时指定了index，那么index的长度要和数据（数组）的长度相等。如果不相等，会被NaN填补，类似这样：

```
d = {'a': 1, 'b': 2, 'c': 3}
s = Series(d, name = 'Series from dict', index = ['a','c','d','b'])   #从dict创建
print(s)
```

输出为：

```
a    1.0
c    3.0
d    NaN
b    2.0
Name: Series from dict, dtype: float64
```

注意,这里索引的顺序是和创建时索引的顺序一致的,d 索引是"多余的",因此被分配了 NaN(not a number,表示数据缺失)值。

如果创建 Series 时的数据只是一个恒定的数值,会为所有索引分配该值,因此,s=Series(1.5,index=['a','b','c','d','e','f','g'])会创建一个所有索引都对应 1.5 的 Series。另外,如果需要查看 index 或者 name,可以使用 Series.index 或 Series.name 访问。

访问 Series 的数据仍然是使用类似列表的下标方法,或者是直接通过索引名访问,不同的访问方式包括:

```python
s = Series(1.5, index = ['a','b','c','d','e','f','g'])      #指明 index
print(s[1:3])
print(s['a':'e'])
print(s[[1,0,6]])
print(s[['g','b']])
print(s[s < 1])
```

输出为:

```
b    1.5
c    1.5
dtype: float64
a    1.5
b    1.5
c    1.5
d    1.5
e    1.5
dtype: float64
b    1.5
a    1.5
g    1.5
dtype: float64
g    1.5
b    1.5
dtype: float64
Series([], dtype: float64)
```

想要单纯访问数据值,可以使用 values 属性,如:

```python
print(s['a':'e'].values)
```

输出为:

```
[ 1.5 1.5 1.5 1.5 1.5]
```

除了 Series,Pandas 中的另一个基础的数据结构就是 DataFrame。粗略地说,DataFrame 是将一个或多个 Series 按列逻辑合并后的二维结构,也就是说,每一列单独取出来是一个 Series。DataFrame 这种结构听起来很像是 MySQL 数据库中的表(table)结构。我们仍然可以通过字典（dict）来创建一个DataFrame，如通过一个值是列表的字典创建，代码如下：

```
d = {'c_one': [1., 2., 3., 4.], 'c_two': [4., 3., 2., 1.]}
df = DataFrame(d, index = ['index1', 'index2', 'index3', 'index4'])
print(df)
```

输出为：

```
        c_one  c_two
index1   1.0    4.0
index2   2.0    3.0
index3   3.0    2.0
index4   4.0    1.0
```

但其实，从DataFrame的定义出发，应该从Series结构来创建。DataFrame有一些基本的属性可供访问，如：

```
d = {'one': Series([1., 2., 3.], index = ['a', 'b', 'c']),
     'two': Series([1, 2, 3, 4], index = ['a', 'b', 'c', 'd'])}
df = DataFrame(d)
print(df)
print(df.index)
print(df.columns)
print(df.values)
```

输出为：

```
   one  two
a  1.0    1
b  2.0    2
c  3.0    3
d  NaN    4
Index(['a', 'b', 'c', 'd'], dtype = 'object')
Index(['one', 'two'], dtype = 'object')
[[ 1.   1.]
 [ 2.   2.]
 [ 3.   3.]
 [ nan  4.]]
```

由于one列对应的Series数据个数少于two列的，因此其中有一个NaN值，表示数据空缺。

创建DataFrame的方式多种多样，还可以通过二维的ndarray直接创建，如：

```
d = DataFrame(np.arange(10).reshape(2,5),columns = ['c1','c2','c3','c4','c5'],index = ['i1',
'i2'])
print(d)
```

输出为：

```
    c1  c2  c3  c4  c5
i1  0   1   2   3   4
i2  5   6   7   8   9
```

还可以将各种方式结合起来。利用 describe() 方法可以获得 DataFrame 的一些基本特征信息，如：

```
df2 = DataFrame({ 'A' : 1., 'B' : pandas.Timestamp('20120110'), 'C' : Series(3.14, index = list
(range(4))), 'D' : np.array([4] * 4, dtype = 'int64'), 'E' : 'This is E' })
print(df2)
print(df2.describe())
```

输出为：

```
       A          B       C     D       E
0   1.0  2012 - 01 - 10   3.14   4   This is E
1   1.0  2012 - 01 - 10   3.14   4   This is E
2   1.0  2012 - 01 - 10   3.14   4   This is E
3   1.0  2012 - 01 - 10   3.14   4   This is E
         A     C      D
count   4.0  4.00   4.0
mean    1.0  3.14   4.0
std     0.0  0.00   0.0
min     1.0  3.14   4.0
25 %    1.0  3.14   4.0
50 %    1.0  3.14   4.0
75 %    1.0  3.14   4.0
max     1.0  3.14   4.0
```

DataFrame 中包括了两种形式的排序：第一种是按行列排序，即按照索引（行名）或者列名进行排序，指定 axis＝0 表示按索引（行名）排序，axis＝1 表示按列名排序，并可指定升序或降序；第二种排序是按值排序，同样地，也可以自由指定列名和排序方式：

```
d = {'c_one': [1., 2., 3., 4.], 'c_two': [4., 3., 2., 1.]}
df = DataFrame(d, index = ['index1', 'index2', 'index3', 'index4'])
print(df)
print(df.sort_index(axis = 0, ascending = False))
print(df.sort_values(by = 'c_two'))
print(df.sort_values(by = 'c_one'))
```

在 DataFrame 中访问（以及修改）数据的方法也非常多样化，最基本的是使用类似列表索引的方式，如：

```
dates = pd.date_range('20140101', periods = 6)
df = pd.DataFrame(np.arange(24).reshape((6,4)),index = dates, columns = ['A','B','C','D'])
print(df)
print(df['A'])                          # 访问 A 这一列
print(df.A)                             # 同上，另外一种方式
print(df[0:3])                          # 访问前 3 行
print(df[['A','B','C']])                # 访问前 3 列
print(df['A']'2014 - 01 - 02'])         # 按列名行名访问元素
```

除此之外，还有很多更复杂的访问方法，如：

```
print(df.loc['2014 - 01 - 03'])              # 按照行名访问
print(df.loc[:,['A','C']])                   # 访问所有行中的 A、C 两列
print(df.loc['2014 - 01 - 03',['A','D']])    # 访问'2014 - 01 - 03'行中的 A 和 D 列
print(df.iloc[0,0])                          # 按照下标访问，访问第 1 行第 1 列元素
print(df.iloc[[1,3],1])                      # 按照下标访问，访问第 2 行和第 4 行的第 2 列元素
print(df.ix[1:3,['B','C']])                  # 混合索引名和下标两种访问方式，访问第 2～3 行
                                             # 的 B、C 两列
print(df.ix[[0,1],[0,1]])                    # 访问前两行前两列的元素(共 4 个)
print(df[df.B > 5])                          # 访问所有 B 列数值大于 5 的数据
```

对于 DataFrame 中的 NaN 值，Pandas 也提供了实用的处理方法，为了演示 NaN 的处理，先为目前的 DataFrame 添加 NaN 值，如：

```
df['E'] = pd.Series(np.arange(1,7),index = pd.date_range('20140101',periods = 6))
df['F'] = pd.Series(np.arange(1,5),index = pd.date_range('20140102',periods = 4))
print(df)
```

这时的 df 是：

```
            A   B   C   D   E   F
2014 - 01 - 01   0   1   2   3   1   NaN
2014 - 01 - 02   4   5   6   7   2   1.0
2014 - 01 - 03   8   9   10  11  3   2.0
2014 - 01 - 04   12  13  14  15  4   3.0
2014 - 01 - 05   16  17  18  19  5   4.0
2014 - 01 - 06   20  21  22  23  6   NaN
```

通过 dropna(丢弃 NaN 值，可以选择按行或按列丢弃)和 fillna 处理(填充 NaN 部分)，代码如下：

```
print(df.dropna())
print(df.dropna(axis = 1))
print(df.fillna(value = 'Not NaN'))
```

对两个 DataFrame 可以进行拼接(或者说合并),可以为拼接指定一些参数,如:

```
df1 = pd.DataFrame(np.ones((4,5)) * 0, columns = ['a','b','c','d','e'])
df2 = pd.DataFrame(np.ones((4,5)) * 1, columns = ['A','B','C','D','E'])
pd3 = pd.concat([df1,df2],axis = 0)                    #按行拼接
print(pd3)
pd4 = pd.concat([df1,df2],axis = 1)                    #按列拼接
print(pd4)
pd3 = pd.concat([df1,df2],axis = 0,ignore_index = True)   #拼接时丢弃原来的 index
print(pd3)
pd_join = pd.concat([df1,df2],axis = 0,join = 'outer')    #类似 SQL 中的外连接
print(pd_join)
pd_join = pd.concat([df1,df2],axis = 0,join = 'inner')    #类似 SQL 中的内连接
print(pd_join)
```

对于拼接,其实还有另一种方法 append()。但 append()和 concat()之间有一些小差异,有兴趣的读者可以做进一步的了解,这里不再赘述。最后,要提到 Pandas 自带的绘图功能(这里导入 Matplotlib 只是为了使用 show()方法显示图表),示例代码如下:

```
from matplotlib import pyplot as plt

df = DataFrame(abs(np.random.randn(4,5)),
               columns = ['Students','Doctors','Teachers','Drivers','Trader'],
               index = ['Beijing','Shanghai','Hangzhou','Shenzhen'])
df.plot(kind = 'bar')
plt.show()
```

绘图结果如图 1-3 所示。

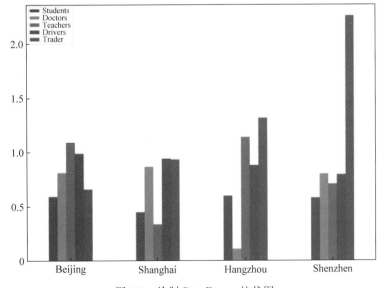

图 1-3　绘制 DataFrame 柱状图

1.4 Matplotlib

matplotlib.pyplot 是 Matplotlib 中最常用的模块，它几乎就是一个从 MATLAB 的风格"迁移"过来的 Python 工具包。每个绘图函数对应某种功能，如创建图形、创建绘图区域、设置绘图标签等，示例代码如下：

```
from matplotlib import pyplot as plt
import numpy as np

x = np.linspace( - np.pi, np.pi)
plt.plot(x,np.cos(x), color = 'red')
plt.show()
```

这就是一段最基本的绘图代码，plot()方法会进行绘图工作，还需要使用 show()方法将图表显示出来，最终的绘制结果如图 1-4 所示。

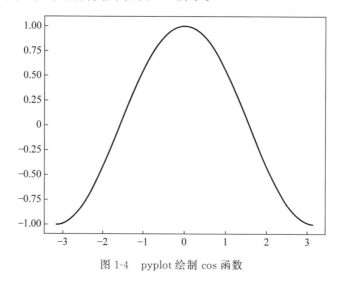

图 1-4　pyplot 绘制 cos 函数

在绘图时，可以通过一些参数设置图表的样式，例如颜色可以使用英文字母（表示对应颜色）、RGB 数值、十六进制颜色等方式来设置，线条样式可设置为":（表示点状线）""-（表示实线）"等，点样式还可设置为".（表示圆点）""s（方形）""o（圆形）"等。可以通过这 3 种默认提供的样式直接进行组合设置，使用一个参数字符串，第一个字符为颜色，第二个字符为点样式，最后一个字符是线条样式，如：

```
x = np.linspace(0, 2 * np.pi, 50)
plt.plot(x, np.sin(x),'c:',
         x, np.sin(x - np.pi/2),'b - .')
plt.show()
```

另外，还可以添加 x、y 轴标签，函数标签，图表名称等，示例代码如下：

```
x = np.random.randn(20)
y = np.random.randn(20)
x1 = np.random.randn(40)
y1 = np.random.randn(40)
#绘制散点图
plt.scatter(x,y,s = 50,color = 'b',marker = '<',label = 'S1')        #s:表示散点尺寸
plt.scatter(x1,y1,s = 50,color = 'y',marker = 'o',alpha = 0.2,label = 'S2') #alpha 表示透明度
plt.grid(True)                                                       #为图表打开网格效果
plt.xlabel('x axis')
plt.ylabel('y axis')
plt.legend()                                                        #显示图例
plt.title('My Scatter')
plt.show()
```

效果如图 1-5 所示。

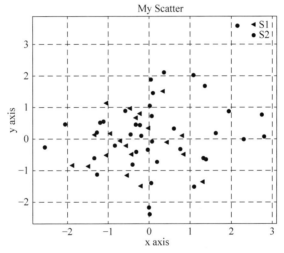

图 1-5 为散点图添加标签与名称

为了在一张图表中使用子图，需要添加一个额外的语句：在调用 plot()函数之前先调用 subplot()。该函数的第一个参数代表子图的总行数，第二个参数代表子图的总列数，第三个参数代表子图的活跃区域。示例代码如下，绘图效果如图 1-6 所示。

```
x = np.linspace(0, 2 * np.pi, 50)
plt.subplot(2, 2, 1)
plt.plot(x, np.sin(x), 'b',label = 'sin(x)')
plt.legend()
plt.subplot(2, 2, 2)
plt.plot(x, np.cos(x), 'r',label = 'cos(x)')
plt.legend()
plt.subplot(2, 2, 3)
plt.plot(x, np.exp(x), 'k',label = 'exp(x)')
plt.legend()
```

```
plt.subplot(2, 2, 4)
plt.plot(x, np.arctan(x), 'y',label = 'arctan(x)')
plt.legend()
plt.show()
```

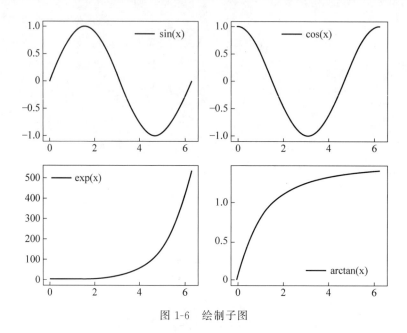

图 1-6   绘制子图

另外几种常用的图表绘图方式如下：

```
#条形图
x = np.arange(12)
y = np.random.rand(12)
labels = ['Jan', 'Feb', 'Mar', 'Apr', 'May', 'Jun', 'Jul', 'Aug', 'Sep', 'Oct', 'Nov', 'Dec']
plt.bar(x, y, color = 'blue', tick_label = labels)            #条形图(柱状图)
#plt.barh(x, y, color = 'blue', tick_label = labels)          #横条
plt.title('bar graph')
plt.show()

#饼图
size = [20, 20, 20, 40]                                       #各部分占比
plt.axes(aspect = 1)
explode = [0.02, 0.02, 0.02, 0.05]                            #突出显示
plt.pie(size, labels = ['A', 'B', 'C', 'D'], autopct = '% .0f % % ', explode = explode, shadow = True)
plt.show()

#直方图
x = np.random.randn(1000)
plt.hist(x, 200)
plt.show()
```

最后要提到的是三维绘图功能,绘制三维图像主要通过 mplot3d 模块实现,它主要包含以下 4 个大类。

(1) mpl_toolkits. mplot3d. axes3d();

(2) mpl_toolkits. mplot3d. axis3d();

(3) mpl_toolkits. mplot3d. art3d();

(4) mpl_toolkits. mplot3d. proj3d()。

其中,axes3d()主要包含了各种实现绘图的类和方法,可通过下面的语句导入:

```
from mpl_toolkits.mplot3d.axes3d import Axes3D
```

导入后开始作图,代码如下:

```
from mpl_toolkits.mplot3d import Axes3D

fig = plt.figure()                                    #定义figure
ax = Axes3D(fig)
x = np.arange(-2, 2, 0.1)
y = np.arange(-2, 2, 0.1)
X, Y = np.meshgrid(x, y)                              #生成网格数据
Z = X**2 + Y**2
ax.plot_surface(X, Y, Z ,cmap = plt.get_cmap('rainbow'))  #绘制三维曲面
ax.set_zlim(-1, 10)                                   #Z轴区间
plt.title('3d graph')
plt.show()
```

运行代码绘制出的图表如图 1-7 所示。

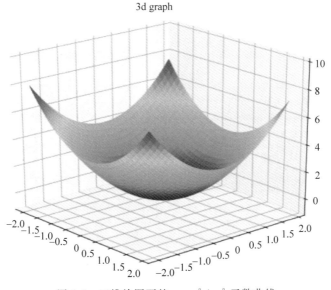

图 1-7　三维绘图下的 $z = x^2 + y^2$ 函数曲线

Matplotlib 中还有很多实用的工具和细节用法（如等高线图、图形填充、图形标记等），在有需求时查询用法和 API 即可。掌握上面的内容即可绘制一些基础的图表，便于进一步数据分析或者做数据可视化应用。如果需要更多图表样例，可以参考官方网站 https://matplotlib.org/gallery.html，其中提供了十分丰富的图表示例。

1.5　SciPy 与 SymPy

　　SciPy 也是基于 NumPy 的库，它包含众多的数学、科学工程计算中常用的函数，如线性代数、常微分方程数值求解、信号处理、图像处理、稀疏矩阵等。SymPy 是数学符号计算库，可以进行数学公式的符号推导。例如，求定积分的代码如下：

```python
from sympy import   integrate
from sympy.abc import   a,x,y
a = integrate(x,
              (x,0,2.0)
              )
print(a) #输出为 2.0
```

　　SciPy 和 SymPy 在信号处理、概率统计等方面还有其他更复杂的应用，在此就不做讨论了。

第 2 章

新生数据分析与可视化

2.1 使用 Pandas 对数据预处理

视频讲解

每年开学季,很多学校都会为新生们制作一份描述性统计分析报告,并用公众号推送给新生,让每个人对这个将陪伴自己四年的群体有一个初步的印象。这份报告里面有各式各样的统计图,帮助人们直观认识各种数据。本案例介绍如何使用 Python 完成这些统计图的制作。案例将提供一份 Excel 格式的数据,里面有新生的年龄、身高、籍贯等基本信息。

首先用 Pandas 中的 read_excel 方法将表格信息导入,并查看数据信息,代码如下:

```
import pandas as pd
# 这两个参数的默认设置都是 False,若列名有中文,展示数据时会出现对齐问题
pd.set_option('display.unicode.ambiguous_as_wide', True)
pd.set_option('display.unicode.east_asian_width', True)
# 读取数据
data = pd.read_excel(r'D:\编程\机器学习与建模\可视化\小作业使用数据.xls')
# 查看数据信息
print(data.head())
print(data.shape)
print(data.dtypes)
print(data.describe())
```

输出如下:

	序号	性别	年龄	身高	体重	籍贯	星座
0	1	女	19	164	57.4	陕西省	双子
1	2	男	19	173	63.0	福建	射手

```
2      3      男     21     177    53.0         天津          水瓶
3      4      女     19     160    94.0         宁夏          射手
4      5      男     20     183    65.0         山东          摩羯
(160, 7)
序号        int64
性别        object
年龄        int64
身高        int64
体重        float64
籍贯        object
星座        object
dtype: object
              序号            年龄            身高            体重
count   160.000000    160.000000    160.000000    160.000000
mean     80.500000     19.831250    173.962500     67.206875
std      46.332134      2.495838      7.804117     14.669873
min       1.000000     18.000000    156.000000     42.000000
25 %     40.750000     19.000000    168.750000     56.750000
50 %     80.500000     20.000000    175.000000     65.250000
75 %    120.250000     20.000000    180.000000     75.000000
max     160.000000     50.000000    188.000000    141.200000
```

由以上输出结果可以看出一共有 160 条数据，每条数据有 7 个属性，其名称和类型也都给出。通过 Pandas 为 Dataframe 型数据提供的 describe 方法，可以求出每一列数据的数量（count）、均值（mean）、标准差（std）、最小值（min）、下四分位数（25%）、中位数（50%）、上四分位数（75%）和最大值（max）。

对于"籍贯"等字符串型数据，无法直接使用 describe()方法，但是可以将其类型改为 category（类别），如：

```
data['籍贯'] = data['籍贯'].astype('category')
print(data.籍贯.describe())
```

输出如下：

```
count          160
unique          55
top          山西省
freq            10
Name: 籍贯, dtype: object
```

输出结果中，count 表示非空数据条数，unique 表示去重后非空数据条数，top 表示数量最多的数据类型，freq 是最多数据类型的频次。

去重后非空数据条数为 55，远多于我国省级行政区数量，这说明数据存在问题。在将籍贯改为 category 类型后，可以调用 cat.categories 查看所有类型，以发现原因，如：

```
print(data.籍贯.cat.categories)
```

输出如下：

```
Index(['上海市', '云南', '内蒙古', '北京', '北京市', '吉林省', '长春',
       '四川', '四川省', '天津', '天津市', '宁夏', '安徽',
       '安徽省', '山东', '山东省', '山西', '山西省', '广东', '广东省',
       '广西壮族自治区', '新疆', '新疆维吾尔自治区', '江苏', '江苏省', '江西',
       '江西省', '河北', '河北省', '河南', '河南省', '浙江', '浙江省',
       '海南省', '湖北', '湖北省', '湖南', '湖南省', '甘肃', '甘肃省', '福建',
       '福建省', '西藏', '西藏自治区', '贵州省', '辽宁', '辽宁省', '重庆',
       '重庆市', '陕西', '陕西省', '青海', '青海省', '黑龙江省'],
      dtype = 'object')
```

可以看到数据并不是十分的完美，同一省级行政区有不同的名称，如"山东"和"山东省"。这是由于数据搜集时考虑不完善，没有统一名称导致的。这种情况在实际中十分常见。而借助 Python，可以在数据规模非常庞大时高效、准确地完成数据清洗工作。

这里要用到 apply 方法。apply 方法是 Pandas 中自由度最高的方法，它有着十分广泛的用途。apply 最有用的是第一个参数，这个参数是一个函数，依靠这个参数，可以完成对数据的清洗，代码如下：

```
data['籍贯'] = data['籍贯'].apply(lambda x: x[:2])
print(data.籍贯.cat.categories)
```

输出如下：

```
Index(['上海', '云南', '内蒙', '北京', '吉林', '四川', '天津', '宁夏', '安徽',
       '山东', '山西', '广东', '广西', '新疆', '江苏', '江西', '河北', '河南',
       '浙江', '海南', '湖北', '湖南', '甘肃', '福建', '西藏', '贵州', '辽宁',
       '重庆', '陕西', '青海', '黑龙'],
      dtype = 'object')
```

从这个例子里可以初步体会到 apply 方法的妙处。这里给第一个参数设置的是一个 lambda 函数，功能很简单，就是取每个字符串的前两位。这样处理后的数据就规范很多了，也有利于后续的统计工作。但仔细观察后发现，仍存在问题。例如"黑龙江省"这样的名称，前两个字"黑龙"显然不能代表这个省级行政区。这时可以另外编写一个函数，示例如下：

```
def deal_name(name):
    if '黑龙江' == name or '黑龙江省' == name:
        return '黑龙江'
    elif '内蒙古自治区' == name or '内蒙古' == name:
        return '内蒙古'
    else:
        return name[:2]
data['籍贯'] = data['籍贯'].apply(deal_name)
print(data.籍贯.cat.categories)
```

输出如下：

```
Index(['上海', '云南', '内蒙古', '北京', '吉林', '四川', '天津', '宁夏',
       '安徽', '山东', '山西', '广东', '广西', '新疆', '江苏', '江西', '河北',
       '河南', '浙江', '海南', '湖北', '湖南', '甘肃', '福建', '西藏', '贵州',
       '辽宁', '重庆', '陕西', '青海', '黑龙江'],
      dtype = 'object')
```

如果想将数据中的省级行政区名字都换为全称或简称，编写对应功能的函数就可以实现。对星座这列数据的处理同理，留作练习。

2.2 使用 Matplotlib 库画图

处理完数据就进入画图环节。首先是男生身高分布的直方图，代码如下：

```
import matplotlib.pyplot as plt
# 设置字体，否则汉字无法显示
plt.rcParams['font.sans - serif'] = ['Microsoft YaHei']
# 选中男生的数据
male = data[data.性别 == '男']
# 检查身高是否有缺失
if any(male.身高.isnull()):
    # 存在数据缺失时，丢弃掉缺失数据
    male.dropna(subset = ['身高'], inplace = True)
# 画直方图
plt.hist(x = male.身高,                    # 指定绘图数据
         bins = 7,                         # 指定直方图中条块的个数
         color = 'steelblue',              # 指定直方图的填充色
         edgecolor = 'black',              # 指定直方图的边框色
         range = (155,190),                # 指定直方图区间
         density = False                   # 指定直方图纵坐标为频数
         )
# 添加 x 轴和 y 轴标签
plt.xlabel('身高(cm)')
plt.ylabel('频数')
# 添加标题
plt.title('男生身高分布')
# 显示图形
plt.show()
# 保存图片到指定目录
plt.savefig(r'D:\figure\男生身高分布.png')
```

plt. hist 需要留意的参数有三个：bins、range 和 density。bins 决定了画出的直方图有几个条块，range 则决定了直方图绘制时的上下界。range 默认取给定数据（x）中的最小值和最大值，通过控制这两个参数就可以控制直方图的区间划分。示例代码中将[155，190]划分为 7 个区间，每个区间长度恰好为 5。density 默认值为布尔值 False，此时直方图纵坐标含义为频数，如图 2-1 所示。

自然界中有很多正态分布，那么新生中男生的身高符合正态分布吗？可以在直方图上加一条正态分布曲线进行直观比较。需要注意，此时直方图的纵坐标必须代表频数，density 需改

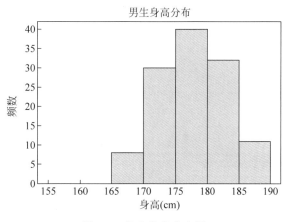

图 2-1 男生身高分布图

为 True，否则正态分布曲线就失去意义。在上述代码 plt.show 中添加如下内容：

```
import numpy as np
from scipy.stats import norm
x1 = np.linspace(155, 190, 1000)
normal = norm.pdf(x1, male.身高.mean(), male.身高.std())
plt.plot(x1, normal, 'r-', linewidth = 2)
```

可以看出男生身高分布与正态分布比较吻合，如图 2-2 所示。

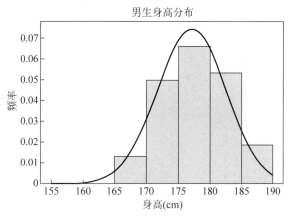

图 2-2 男生身高分布图拟合曲线

2.3 使用 Pandas 进行绘图

除了用 Matplotlib 库外，读取 Excel 表格时用的 Pandas 库也可以绘图。Pandas 里的绘图方法其实是 Matplotlib 库里 plot 的高级封装，使用起来更简单、方便。这里用柱状图的绘制作示范。

首先用 Pandas 统计各省级行政区的男生和女生的数量，将结果存储为 Dataframe 格式，代码如下：

```
people_counting = data.groupby(['性别','籍贯']).size()
p_c = {'男': people_counting['男'], '女': people_counting['女']}
p_c = pd.DataFrame(p_c)
print(p_c.head())
```

输出如下：

```
          女    男
籍贯
内蒙古    1.0   1.0
北京     4.0   4.0
四川     2.0   8.0
宁夏     2.0   NaN
山东     3.0   8.0
```

标签标题设置方法与 Matplotlib 中一致。绘图部分代码如下：

```
# 空缺值设为零(没有数据就是 0 条数据)
p_c.fillna(value = 0, inplace = True)
# 调用 Dataframe 中封装的 plot 方法
p_c.plot.bar(rot = 0, stacked = False)
plt.xticks(rotation = 90)
plt.xlabel('省级行政区')
plt.ylabel('人数')
plt.title('各省级行政区人数分布')
plt.show()
plt.savefig(r'D:\figure\各省级行政区人数分布')
```

使用封装好的 plot 方法，图例自动生成，代码有所简化，如图 2-3 所示。

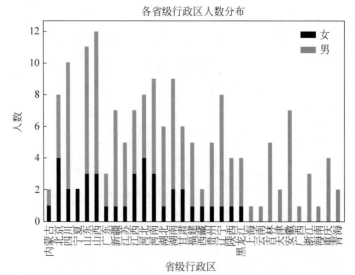

图 2-3   各省级行政区人数分布图(堆叠条形图)

将 plot.bar()的 stack 参数改为 False,得到的图为非堆叠条形图,如图 2-4 所示。

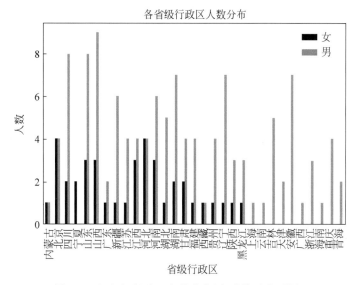

图 2-4 各省级行政区人数分布图(非堆叠条形图)

第 3 章

Python表格处理分析

视频讲解

3.1 背景介绍

  Office办公软件在日常工作学习中的应用可以说是无处不在,其中 Excel 是可编程性最好的办公软件,使用 Excel 时经常会要读取、修改和创建大数据量的 Excel 表格,纯粹依靠手工完成这些工作十分耗时,而且操作的过程中十分容易出错。本章将介绍如何借助 Python 的 openpyxl 模块完成这些工作,提升工作效率。Python 中的 openpyxl 模块能够对 Excel 文件进行创建、读取和修改,让计算机自动进行大量烦琐重复的 Excel 文件处理成为可能。本章将围绕以下 3 个重点内容展开。

  (1) 修改已有的 Excel 表单。

  (2) 从 Excel 表单中提取信息。

  (3) 创建更为复杂的 Excel 表单,为表格添加样式、图表等。

  在此之前,读者应该熟知 Python 的基本语法,能够熟练使用 Python 的基本数据结构,包括 dict、list 等,并且理解面向对象编程的基本概念。

  在开始之前,读者可能会有疑问:什么时候应该选择使用 openpyxl 这样的编程工具,而不是直接使用 Excel 的操作界面来完成工作呢?虽然这样的实际场景数不胜数,但以下这几个例子十分有代表性,提供给读者参考。

  假设你在经营一个网店,当你每次需要将新商品上架到网页上时,需要将相应的商品信息填入店铺的系统,而所有的商品信息一开始都记录在若干 Excel 表格中。如果你需要将这些信息导入系统,就必须遍历 Excel 表格的每一行,并在店铺系统中重新输入。我们将这种场景抽象成从 Excel 表单中导出信息。

  假设你是一个用户信息系统的管理员,公司在某次促销活动中需要导出所有用户的联系方式到可打印的文件中,并交给销售人员进行电话营销。显然 Excel 表单是可视化呈现这些信息的不二之选。这样的场景可以称为向 Excel 表单中导入信息。

假设你是一所中学的数学教师,一次期中测验后你需要整理汇总 20 个班级的成绩,并制作相应的统计图表。而令人绝望的是,你发现每个班级的成绩散落在不同的表单文件中,无法使用 Excel 内置的统计工具汇总。我们将这种场景称为 Excel 表单内部的信息聚合与提取。

类似的问题难以枚举,却无不例外地令人头痛。但是,如果学会使用 openpyxl 工具,这些就都不再是问题。

3.2　前期准备与基本操作

3.2.1　基本术语概念说明

在后面章节中将会用表 3-1 中的术语名词来指代表格操作中的具体概念。

表 3-1　基本术语

术　　语	含　　义
工作簿	指创建或者操作的主要文件对象,通常来讲,一个 .xlsx 文件对应一个工作簿
工作表	工作表通常用来划分工作簿中的不同内容,一个工作簿中可以包含多个不同的工作表
列	一列指工作表中垂直排列的一组数据,在 Excel 中,通常用大写字母指代一列,如第一列通常是 A
行	一行指工作表中水平排列的一组数据,在 Excel 中,通常用数字指代一行,如第一行通常是 1
单元格	一个单元格由一个行号和一个列号唯一确定,如 A1 指位于第 A 列第一行的单元格

3.2.2　安装 openpyxl 并创建一个工作簿

如同大多数 Python 模块,我们可以通过 pip 工具安装 openpyxl,只需要在命令行终端中执行以下命令:

```
pip install openpyxl
```

安装完毕之后,就可以用几行代码创建一个十分简单的工作簿了,代码如下所示。

```
1   from openpyxl import Workbook
2
3   workbook = Workbook()
4   sheet = workbook.active
5
6   sheet["A1"] = "hello"
7   sheet["B1"] = "world!"
8
9   workbook.save(filename = "hello_world.xlsx")
```

首先从 openpyxl 包中导入 Workbook 对象，并在第 3 行创建一个实例 workbook。在第 4 行中，通过 workbook 的 active 属性获取默认的工作表。在第 6 行和第 7 行中，向工作表的 A1 和 B1 两个位置分别插入 hello 和 world! 两个字符串。最后，通过 workbook 的 save 方法，将新工作簿存储在名为 hello_world.xlsx 的文件中。打开该文件，可以看到文件内容如图 3-1 所示。

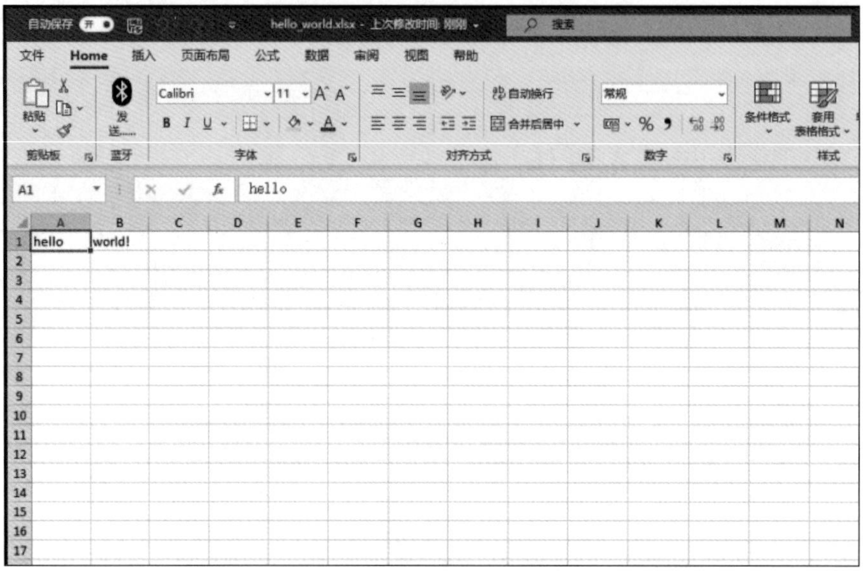

图 3-1   hello_world.xlsx 文件

3.2.3   从 Excel 工作簿中读取数据

本节为读者提供了样例工作簿 sample.xlsx，其中包含了一些亚马逊在线商店的商品评价数据。读者可以在章节对应的附件中找到这个文件，并放置在实验代码的根目录下。之后的样例程序将在该样例工作簿的基础上进行演示。

准备好数据文件后，就可以在 Python 命令行终端中尝试打开并读取一个 Excel 工作簿了。在命令行中输入 Python 命令，进入 Python 命令行终端，接下来的操作代码如下所示。

```
1    >>> from openpyxl import load_workbook
2    >>> workbook = load_workbook(filename = "sample.xlsx")
3    >>> workbook.sheetnames
4    ['Sheet 1']
5
6    >>> sheet = workbook.active
7    >>> sheet
8    < Worksheet "Sheet 1">
9
10   >>> sheet.title
11   'Sheet 1'
```

为了读取工作簿,需要按照第 1 处的命令从 openpyxl 包中导入 load_workbook 函数。在第 2 行中,通过调用 load_workbook 函数并指定路径名,可以得到一个 workbook 对象。workbook 的 sheetnames 属性为工作簿中所有工作表的名字列表。workbook.active 为当前工作簿的默认工作表,我们用 sheet 变量指向它。sheet 的 title 属性为当前工作表的名称。这个样例是打开工作表的最常见的方式,请读者熟练掌握。

打开工作表后,读者可以检索特定位置的数据,代码如下:

```
1    >>> sheet["A1"]
2    < Cell 'Sheet 1'.A1 >
3
4    >>> sheet["A1"].value
5    'marketplace'
6
7    >>> sheet["F10"].value
8    "G - Shock Men's Grey Sport Watch"
```

sheet 对象类似于一个字典,可以通过组合行列序号的方式得到对应位置的键,然后使用键在 sheet 对象中获取相应的值。值的形式为 Cell 类型的对象,如第 1 行和第 2 行所示。如果想要获取相应单元格中的内容,可以通过访问 Cell 对象的 value 字段来完成(第 4~8 行)。除此之外,也可以通过 sheet 对象的 cell()方法获取特定位置的 Cell 对象和对应的值,代码如下所示。

```
>>> sheet.cell(row = 10, column = 6)
< Cell 'Sheet 1'.F10 >

>>> sheet.cell(row = 10, column = 6).value
"G - Shock Men's Grey Sport Watch"
```

尽管在 Python 中索引的序号总是从 0 开始,但对 Excel 表单而言,行号和列号总是从 1 开始的,在使用 cell()方法时需要留意这一点。

3.2.4　迭代访问数据

本节将会讲解如何遍历访问工作表中的数据,openpyxl 提供了十分方便的数据选取工具,而且使用方式十分接近 Python 语法。依据不同的需求,有如下几种不同的访问方式。

第一种方式是通过组合两个单元格的位置选择一个矩形区域的 Cell,代码如下所示。

```
>>> sheet["A1:C2"]
((< Cell 'Sheet 1'.A1 >, < Cell 'Sheet 1'.B1 >, < Cell 'Sheet 1'.C1 >),
 (< Cell 'Sheet 1'.A2 >, < Cell 'Sheet 1'.B2 >, < Cell 'Sheet 1'.C2 >))
```

第二种方式是通过指定行号或列号选择一整行或一整列的数据,代码如下所示。

```
>>> # Get all cells from column A
>>> sheet["A"]
(< Cell 'Sheet 1'.A1 >,
< Cell 'Sheet 1'.A2 >,
...
< Cell 'Sheet 1'.A99 >,
< Cell 'Sheet 1'.A100 >)

>>> # Get all cells for a range of columns
>>> sheet["A:B"]
((< Cell 'Sheet 1'.A1 >,
< Cell 'Sheet 1'.A2 >,
...
< Cell 'Sheet 1'.A99 >,
< Cell 'Sheet 1'.A100 >),
(< Cell 'Sheet 1'.B1 >,
< Cell 'Sheet 1'.B2 >,
...
< Cell 'Sheet 1'.B99 >,
< Cell 'Sheet 1'.B100 >))

>>> # Get all cells from row 5
>>> sheet[5]
(< Cell 'Sheet 1'.A5 >,
< Cell 'Sheet 1'.B5 >,
...
< Cell 'Sheet 1'.N5 >,
< Cell 'Sheet 1'.O5 >)

>>> # Get all cells for a range of rows
>>> sheet[5:6]
((< Cell 'Sheet 1'.A5 >,
< Cell 'Sheet 1'.B5 >,
...
< Cell 'Sheet 1'.N5 >,
< Cell 'Sheet 1'.O5 >),
(< Cell 'Sheet 1'.A6 >,
< Cell 'Sheet 1'.B6 >,
...
< Cell 'Sheet 1'.N6 >,
< Cell 'Sheet 1'.O6 >))
```

第三种方式是通过如下基于 Python generator 的两个函数来获取单元格：

（1）iter_rows()。

（2）iter_cols()。

这两个函数都可以接收以下 4 个参数：

（1）min_row。

（2）max_row。

（3）min_col。

（4）max_col。

使用方式如下所示。

```
>>> for row in sheet.iter_rows(min_row = 1,
...                            max_row = 2,
...                            min_col = 1,
...                            max_col = 3):
...        print(row)
(< Cell 'Sheet 1'.A1 >, < Cell 'Sheet 1'.B1 >, < Cell 'Sheet 1'.C1 >)
(< Cell 'Sheet 1'.A2 >, < Cell 'Sheet 1'.B2 >, < Cell 'Sheet 1'.C2 >)


>>> for column in sheet.iter_cols(min_row = 1,
...                            max_row = 2,
...                            min_col = 1,
...                            max_col = 3):
...        print(column)
(< Cell 'Sheet 1'.A1 >, < Cell 'Sheet 1'.A2 >)
(< Cell 'Sheet 1'.B1 >, < Cell 'Sheet 1'.B2 >)
(< Cell 'Sheet 1'.C1 >, < Cell 'Sheet 1'.C2 >)
```

如果在调用函数时将 values_only 设置为 True，将只返回每个单元格的值，代码如下所示。

```
>>> for value in sheet.iter_rows(min_row = 1,
...                            max_row = 2,
...                            min_col = 1,
...                            max_col = 3,
...                            values_only = True):
...        print(value)
('marketplace', 'customer_id', 'review_id')
('US', 3653882, 'R3O9SGZBVQBV76')
```

同时，sheet 对象的 rows 对象和 columns 对象本身即是迭代器，如果不需要指定特定的行列，而只是想遍历整个数据集，可以使用如下代码访问数据。

```
>>> for row in sheet.rows:
...        print(row)
(< Cell 'Sheet 1'.A1 >, < Cell 'Sheet 1'.B1 >, < Cell 'Sheet 1'.C1 >
...
< Cell 'Sheet 1'.M100 >, < Cell 'Sheet 1'.N100 >, < Cell 'Sheet 1'.O100 >)
```

通过使用上述的方法，相信你已经学会如何读取 Excel 表单中的数据了，以下实例代码展示了一个完整的读取数据并转化为 json 序列的流程。

```python
import json
from openpyxl import load_workbook

workbook = load_workbook(filename = "sample.xlsx")
sheet = workbook.active


products = {}

# values_only 参数要设为 True,因为这里想返回单元格的数值
for row in sheet.iter_rows(min_row = 2,
                           min_col = 4,
                           max_col = 7,
                           values_only = True):
    product_id = row[0]
    product = {
        "parent": row[1],
        "title": row[2],
        "category": row[3]
    }
    products[product_id] = product

# 使用 json 库,以便之后呈现更好的输出格式
print(json.dumps(products))
```

3.2.5　插入数据

以下为示例代码,当向 B10 单元格中添加了数据之后,openpyxl 会自动插入 10 行数据,中间未定义的位置的值为 None。

```python
>>> def print_rows():
...        for row in sheet.iter_rows(values_only = True):
...            print(row)

>>> # 在行代码之前,表格中仅有 1 行
>>> print_rows()
('hello', 'world!')

>>> # 这行代码尝试往第 10 行添加一个新值
>>> sheet["B10"] = "test"
>>> print_rows()
('hello', 'world!')
(None, None)
(None, None)
(None, None)
```

```
(None, None)
(None, None)
(None, None)
(None, None)
(None, None)
(None, 'test')
```

接下来介绍如何插入和删除行列，openpyxl 模块提供了以下非常直观的 4 个函数。

（1）insert_rows()。

（2）delete_rows()。

（3）insert_cols()。

（4）delete_cols()。

每个函数接受两个参数：idx 和 amount。idx 指明了从哪个位置开始插入和删除，amount 指明了插入或删除的数量。示例程序如下所示。

```
>>> print_rows()
('hello', 'world!')

>>> # 在已存在的 A 列后插入新的一列
>>> sheet.insert_cols(idx = 1)
>>> print_rows()
(None, 'hello', 'world!')

>>> # 在 B 列和 C 列之间插入新的 5 列
>>> sheet.insert_cols(idx = 3, amount = 5)
>>> print_rows()
(None, 'hello', None, None, None, None, None, 'world!')

>>> # 删掉之前插入的 5 列
>>> sheet.delete_cols(idx = 3, amount = 5)
>>> sheet.delete_cols(idx = 1)
>>> print_rows()
('hello', 'world!')

>>> # 在表格最上面插入新的一行
>>> sheet.insert_rows(idx = 1)
>>> print_rows()
(None, None)
('hello', 'world!')

>>> # 在表格最上面插入新的 3 行
>>> sheet.insert_rows(idx = 1, amount = 3)
>>> print_rows()
(None, None)
(None, None)
```

```
(None, None)
(None, None)
('hello', 'world!')

>>> ♯ 删掉前 4 行
>>> sheet.delete_rows(idx = 1, amount = 4)
>>> print_rows()
('hello', 'world!')
```

注意，当使用函数插入数据时，插入实际发生在 idx 参数所指特定行或列的前一个位置，例如调用 insert_rows(1)，新插入的行将会在原先的第一行之前，成为新的第一行。

3.3 进阶内容

3.3.1 为 Excel 表单添加公式

公式计算可以说是 Excel 中最重要的功能，也是 Excel 表单相比其他数据记录工具最为强大的地方。通过使用公式，可以在任意单元格的数据上应用数学方程，得到期望的统计或计量结果。在 openpyxl 中使用公式和在 Excel 中编辑公式一样简单，以下示例程序展示了如何查看 openpyxl 中支持的公式类型。

```
>>> from openpyxl.utils import FORMULAE
>>> FORMULAE
frozenset({'ABS',
        'ACCRINT',
        'ACCRINTM',
        'ACOS',
        'ACOSH',
        'AMORDEGRC',
        'AMORLINC',
        'AND',
        ...
        'YEARFRAC',
        'YIELD',
        'YIELDDISC',
        'YIELDMAT',
        'ZTEST'})
```

向单元格中添加公式的操作与赋值操作非常类似，示例代码如下所示，计算第 H 列第 2~100 行的平均值。

```
>>> workbook = load_workbook(filename = "sample.xlsx")
>>> sheet = workbook.active
>>> ♯ 给第 H 列排序
>>> sheet["P2"] = " = AVERAGE(H2:H100)"
>>> workbook.save(filename = "sample_formulas.xlsx")
```

操作后的 Excel 表单如图 3-2 所示。

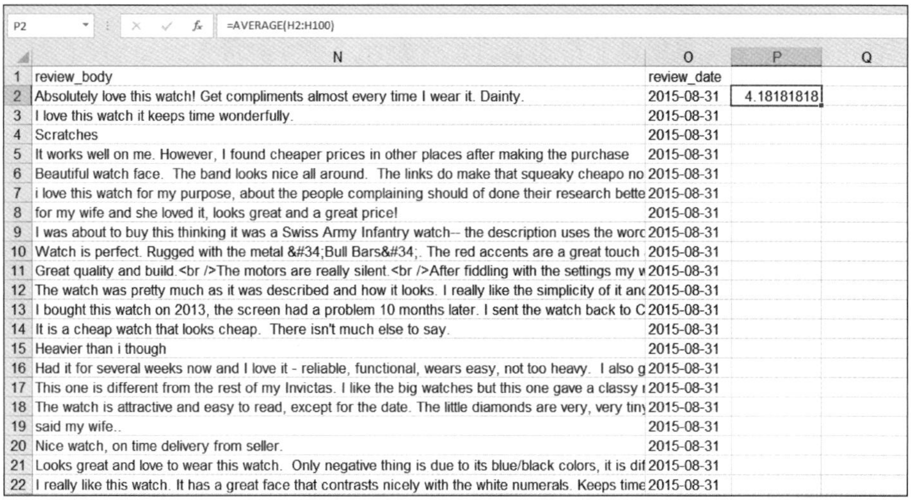

P2 =AVERAGE(H2:H100)

	N	O	P	Q
1	review_body	review_date		
2	Absolutely love this watch! Get compliments almost every time I wear it. Dainty.	2015-08-31	4.18181818	
3	I love this watch it keeps time wonderfully.	2015-08-31		
4	Scratches	2015-08-31		
5	It works well on me. However, I found cheaper prices in other places after making the purchase	2015-08-31		
6	Beautiful watch face. The band looks nice all around. The links do make that squeaky cheapo no	2015-08-31		
7	i love this watch for my purpose, about the people complaining should of done their research bette	2015-08-31		
8	for my wife and she loved it, looks great and a great price!	2015-08-31		
9	I was about to buy this thinking it was a Swiss Army Infantry watch-- the description uses the worc	2015-08-31		
10	Watch is perfect. Rugged with the metal "Bull Bars". The red accents are a great touch	2015-08-31		
11	Great quality and build. The motors are really silent. After fiddling with the settings my w	2015-08-31		
12	The watch was pretty much as it was described and how it looks. I really like the simplicity of it anc	2015-08-31		
13	I bought this watch on 2013, the screen had a problem 10 months later. I sent the watch back to C	2015-08-31		
14	It is a cheap watch that looks cheap. There isn't much else to say.	2015-08-31		
15	Heavier than i though	2015-08-31		
16	Had it for several weeks now and I love it - reliable, functional, wears easy, not too heavy. I also g	2015-08-31		
17	This one is different from the rest of my Invictas. I like the big watches but this one gave a classy i	2015-08-31		
18	The watch is attractive and easy to read, except for the date. The little diamonds are very, very tiny	2015-08-31		
19	said my wife..	2015-08-31		
20	Nice watch, on time delivery from seller.	2015-08-31		
21	Looks great and love to wear this watch. Only negative thing is due to its blue/black colors, it is dif	2015-08-31		
22	I really like this watch. It has a great face that contrasts nicely with the white numerals. Keeps time	2015-08-31		

图 3-2 sample_formulas.xlsx

在需要添加的公式中有时候会出现引号包围的字符串，这时需要特别留意。有两种方式应对这个问题：将最外围改为单引号；对公式中的双引号使用转义符。例如我们要统计第 I 列的数据中大于 0 的个数，代码如下所示。

```
>>> # 统计第 I 列中大于 0 的数据个数
>>> sheet["P3"] = '=COUNTIF(I2:I100, ">0")'
>>> # or sheet["P3"] = "=COUNTIF(I2:I100, \">0\")"
>>> workbook.save(filename="sample_formulas.xlsx")
```

统计结果如图 3-3 所示。

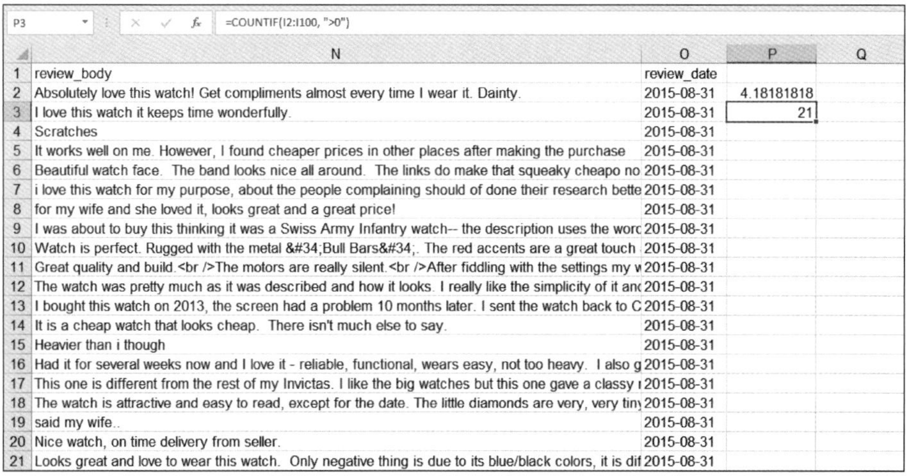

P3 =COUNTIF(I2:I100, ">0")

	N	O	P	Q
1	review_body	review_date		
2	Absolutely love this watch! Get compliments almost every time I wear it. Dainty.	2015-08-31	4.18181818	
3	I love this watch it keeps time wonderfully.	2015-08-31	21	
4	Scratches	2015-08-31		
5	It works well on me. However, I found cheaper prices in other places after making the purchase	2015-08-31		
6	Beautiful watch face. The band looks nice all around. The links do make that squeaky cheapo no	2015-08-31		
7	i love this watch for my purpose, about the people complaining should of done their research bette	2015-08-31		
8	for my wife and she loved it, looks great and a great price!	2015-08-31		
9	I was about to buy this thinking it was a Swiss Army Infantry watch-- the description uses the worc	2015-08-31		
10	Watch is perfect. Rugged with the metal "Bull Bars". The red accents are a great touch	2015-08-31		
11	Great quality and build. The motors are really silent. After fiddling with the settings my w	2015-08-31		
12	The watch was pretty much as it was described and how it looks. I really like the simplicity of it anc	2015-08-31		
13	I bought this watch on 2013, the screen had a problem 10 months later. I sent the watch back to C	2015-08-31		
14	It is a cheap watch that looks cheap. There isn't much else to say.	2015-08-31		
15	Heavier than i though	2015-08-31		
16	Had it for several weeks now and I love it - reliable, functional, wears easy, not too heavy. I also g	2015-08-31		
17	This one is different from the rest of my Invictas. I like the big watches but this one gave a classy i	2015-08-31		
18	The watch is attractive and easy to read, except for the date. The little diamonds are very, very tiny	2015-08-31		
19	said my wife..	2015-08-31		
20	Nice watch, on time delivery from seller.	2015-08-31		
21	Looks great and love to wear this watch. Only negative thing is due to its blue/black colors, it is dif	2015-08-31		

图 3-3 添加计数统计的 sample_formulas

3.3.2　为表单添加条件格式

条件格式是指表单根据单元格中不同的数据自动地应用预先设定的不同种类的格式。举一个比较常见的例子，如果想让成绩统计册中所有不及格的学生都被高亮地显示出来，那么条件格式就是最恰当的工具。下面在 sample.xlsx 数据表上演示示例。

以下代码实现了一个简单的功能：将所有评分为 3 以下的行标成红色。

```
1   >>> from openpyxl.styles import PatternFill, colors
2   >>> from openpyxl.styles.differential import DifferentialStyle
3   >>> from openpyxl.formatting.rule import Rule
4
5   >>> red_background = PatternFill(bgColor = colors.RED)
6   >>> diff_style = DifferentialStyle(fill = red_background)
7   >>> rule = Rule(type = "expression", dxf = diff_style)
8   >>> rule.formula = ["$H1<3"]
9   >>> sheet.conditional_formatting.add("A1:O100", rule)
10  >>> workbook.save("sample_conditional_formatting.xlsx")
```

第 1 行 openpyxl.style 中引入了 PatternFill 和 colors 两个对象，这两个对象是为了设定目标数据行的格式属性。在第 2 行中引入了 DifferentialStyle 这个包装类，可以将字体、边界、对齐等多种不同的属性聚合在一起。第 3 行引入了 Rule 类，通过 Rule 类可以设定填充属性需要满足的条件。如第 5～9 行所示，应用条件格式的主要流程为先构建 PatternFill 对象 red_background，再构建 DifferentialStyle 对象 diff_style，diff_style 将作为 rule 对象构建的参数。构建 rule 对象时，需要指明 rule 的类型为 expression，即通过表达式进行选择。在第 8 行，指明了 rule 的公式为满足第 H 列数值小于 3 的相应行，此处的公式语法与 Excel 软件中的公式语法一致。

评分为 3 以下的条目均被标红，如图 3-4 所示。

	B	C	D	E	F
1	customer_id	review_id	product_id	product_parent	product_title
2	3653882	R3O9SGZBVQBV76	B00FALQ1	937001370	Invicta Women's 15150 "Angel" 18k Yellow Gold Ion-Plated Stainless Steel and Brown Leather Watch
3	14661224	RKH8BNC3L5DLF	B00D3RG(	484010722	Kenneth Cole New York Women's KC4944 Automatic Silver Automatic Mesh Bracelet Analog Watch
4	27324930	R2HLE8WKZSU3NL	B00DKYC7	361166390	Ritche 22mm Black Stainless Steel Bracelet Watch Band Strap Pebble Time/Pebble Classic
5	7211452	R31U3UH5AZ42LL	B00OEQS1	958035625	Citizen Men's BM8180-03E Eco-Drive Stainless Steel Watch with Green Canvas Band
6	12733322	R2SV659OUJ945Y	B00A6GF[	765328221	Orient ER27009B Men's Symphony Automatic Stainless Steel Black Dial Mechanical Watch
7	6576411	RA51CP8TR5A2L	B00EYSO5	230493695	Fossil Women's ES3851 Urban Traveler Multifunction Stainless Steel Watch - Rose
8	11811565	RB2Q7DLDN6TH6	B00WM0Q	549298279	Fossil Women's ES3851 Urban Traveler Multifunction Stainless Steel Watch - Rose
9	49401598	R2RHFJV0UYBK3Y	B00A4EYB	844009113	INFANTRY Mens Night Vision Analog Quartz Wrist Watch with Nato Nylon Watchband-Red.
10	45925069	R2Z6JOQ94LFHEP	B00MAMP(	263720892	G-Shock Men's Grey Sport Watch
11	44751341	RX27XIIWY5JPB	B004LBPB	124278407	Heiden Quad Watch Winder in Black Leather
12	9962330	R15C7QEZT0LGZN	B00KGTV(	28017857	Fossil Women's ES3621 Serena Crystal-Accented Two-Tone Stainless Steel Watch
13	16097204	R361XSS37V0NCZ	B0039UT5	685450910	Casio General Men's Watches Sporty Digital AE-2000W-1AVDF - WW
14	51330346	ROTNLALUAJAUB	B00MPF0X	767769082	2Tone Gold Silver Cable Band Ladies Bangle Cuff Watch
15	4201739	R2DYX7QU6BGOHR	B003P1OH	648595227	Bulova Men's 98B143 Precisionist Charcoal Grey Dial Bracelet Watch
16	26339765	RWASY7FKI7QOT	B00R70YE	457338020	Casio G-Shock - Gulfmaster - Black - GWN1000C-1A
17	2692576	R2KKYZIN3CCL21	B00OFVE3	824370661	Invicta Men's 3329 Force Collection Lefty Watch
18	44713366	R22H4FGVD5O52O	B008X6JB	814431355	Seiko Women's SUT068 Dress Solar Classic Diamond-Accented Two-Tone Stainless Steel Watch
19	32778769	R11UACZERCM4ZY	B0040UOF	187700878	Anne Klein Women's 109271MPTT Swarovski Crystal Accented Two-Tone Multi-Chain Bracelet Watch
20	27258523	R1AT8NQ38UQOL6	B00UR2R5	594315262	Guess U13630G1 Men's day and date Gunmetal dial Gunmetal tone bracelet
21	42646538	R2NCZRQGIF1Q75	B00HFF57	520810507	Nixon Men's Geo Volt Sentry Stainless Steel Watch with Link Bracelet
22	46017899	RJ9HWWMU4IAHF	B00F5O06	601596859	Nautica Men's N14699G BFD 101 Chrono Classic Stainless Steel Watch with Brown Band
23	37192375	R3CNTCKG352GL1	B00CHS38	798261110	HDE Watch Link Pin Remover Band Strap Repair Tool Kit for Watchmakers with Pack of 3 Extra Pins
24	11710007	R9Q2LDSES6NBL	B003OQ41	557813802	Timex Women's Q7B860 Padded Calfskin 8mm Black Replacement Watchband
25	6673146	R3629T8HDV5VWU	B007X0SY	22870009	Movado Men's 0606545 "Museum" Perforated Black-Rubber Strap Sport Watch
26	7899951	R2CLMKC0IVZ9UX	B005KPL7	269520616	Invicta Men's 6674 Corduba Chronograph Black Dial Polyurethane Watch
27	27979201	R2QEJRU4ENYN2	B00FNIFI2	330558574	Szanto Men's SZ 2001 2000 Series Classic Vintage-Inspired Stainless Steel Watch with Pebbled Leather Band
28	912779	R2E5STTYU6LTSC	B005JVP0	220345054	Casio Men's MRW200H-7EV Sport Resin Watch
29	44345527	RI97MTVX08KWX	B004M23S	299884359	Casio F-108WH-2AEF Mens Blue Digital watch
30	2659331	RK20LJG750ERC	B00RV2L8	714311106	August Steiner Men's AS8160TTG Silver And Gold Swiss Quartz Watch with Black Dial and Two Tone Bracelet

图 3-4　评分为 3 以下的条目均被标红

为了方便起见，openpyxl 提供了以下三种内置的格式，可以让使用者快速地创建条件格式。

（1）ColorScale。

（2）IconSet。

（3）DataBar。

ColorScale 可以根据数值的大小创建色阶，使用方法如下所示。

```
>>> from openpyxl.formatting.rule import ColorScaleRule
>>> color_scale_rule = ColorScaleRule(start_type = "num",
...                                   start_value = 1,
...                                   start_color = colors.RED,
...                                   mid_type = "num",
...                                   mid_value = 3,
...                                   mid_color = colors.YELLOW,
...                                   end_type = "num",
...                                   end_value = 5,
...                                   end_color = colors.GREEN)

>>> # 将这个梯度加到第 H 列
>>> sheet.conditional_formatting.add("H2:H100", color_scale_rule)
>>> workbook.save(filename = "sample_conditional_formatting_color_scale_3.xlsx")
```

效果如图 3-5 所示，单元格的颜色随着评分由高到低逐渐由绿变红。

product_title	product_category	star_rating
Invicta Women's 15150 "Angel" 18k Yellow Gold Ion-Plated Stainless Steel and Brown Leather Watch	Watches	5
Kenneth Cole New York Women's KC4944 Automatic Silver Automatic Mesh Bracelet Analog Watch	Watches	5
Ritche 22mm Black Stainless Steel Bracelet Watch Band Strap Pebble Time/Pebble Classic	Watches	2
Citizen Men's BM8180-03E Eco-Drive Stainless Steel Watch with Green Canvas Band	Watches	5
Orient ER27009B Men's Symphony Automatic Stainless Steel Black Dial Mechanical Watch	Watches	4
Casio Men's GW-9400BJ-1JF G-Shock Master of G Rangeman Digital Solar Black Carbon Fiber Insert Watch	Watches	5
Fossil Women's ES3851 Urban Traveler Multifunction Stainless Steel Watch - Rose	Watches	5
INFANTRY Mens Night Vision Analog Quartz Wrist Watch with Nato Nylon Watchband-Red.	Watches	1
G-Shock Men's Grey Sport Watch	Watches	5
Heiden Quad Watch Winder in Black Leather	Watches	4
Fossil Women's ES3621 Serena Crystal-Accented Two-Tone Stainless Steel Watch	Watches	5
Casio General Men's Watches Sporty Digital AE-2000W-1AVDF - WW	Watches	1
2Tone Gold Silver Cable Band Ladies Bangle Cuff Watch	Watches	3
Bulova Men's 98B143 Precisionist Charcoal Grey Dial Bracelet Watch	Watches	5
Casio - G-Shock - Gulfmaster - Black - GWN1000C-1A	Watches	5
Invicta Men's 3329 Force Collection Lefty Watch	Watches	5
Seiko Women's SUT068 Dress Solar Classic Diamond-Accented Two-Tone Stainless Steel Watch	Watches	4
Anne Klein Women's 109271MPTT Swarovski Crystal Accented Two-Tone Multi-Chain Bracelet Watch	Watches	5
Guess U13630G1 Men's day and date Gunmetal dial Gunmetal tone bracelet	Watches	5
Nixon Men's Geo Volt Sentry Stainless Steel Watch with Link Bracelet	Watches	4
Nautica Men's N14699G BFD 101 Chrono Classic Stainless Steel Watch with Brown Band	Watches	4
HDE Watch Link Pin Remover Band Strap Repair Tool Kit for Watchmakers with Pack of 3 Extra Pins	Watches	4
Timex Women's Q7B860 Padded Calfskin 8mm Black Replacement Watchband	Watches	5
Movado Men's 0606545 "Museum" Perforated Black-Rubber Strap Sport Watch	Watches	5
Invicta Men's 6674 Corduba Chronograph Black Dial Polyurethane Watch	Watches	5
Szanto Men's SZ 2001 2000 Series Classic Vintage-Inspired Stainless Steel Watch with Pebbled Leather Band	Watches	5
Casio Men's MRW200H-7EV Sport Resin Watch	Watches	4
Casio F-108WH-2AEF Mens Blue Digital Watch	Watches	3
August Steiner Men's AS8160TTG Silver And Gold Swiss Quartz Watch with Black Dial and Two Tone Bracelet	Watches	5
Invicta Men's 8928OB Pro Diver Gold Stainless Steel Two-Tone Automatic Watch	Watches	5
BOS Men's Automatic self-wind mechanical Pointer Skeleton Watch Black Dial Stainless Steel Band 9008	Watches	3
Luminox Men's 3081 Evo Navy SEAL Chronograph Watch	Watches	5
INFANTRY Mens 50mm Big Face Military Tactical Analog Digital Sport Wrist Watch Black Silicone Band	Watches	5
BUREI Dress Women's Minimalist Wrist Watches with Date Analog Quartz Stainless Steel and Ultra Slim Dial	Watches	5
Motorola Moto 360 Modern Timepiece Smart Watch - Black Leather 00418NARTL	Watches	5
Domire Fashion Accessories Trial Order New Quartz Fashion Weave Wrap Around Leather Bracelet Lady Woman Butterfly Wrist Watch	Watches	5
Casio Women's LQ139B-1B Classic Round Analog Watch	Watches	3

图 3-5　使用 ColorScale 创建色阶

IconSet 可以依据单元格的值来添加相应的图标，代码如下所示，只需要指定图标集合的类别和相应值的范围，就可以直接应用到表格上。完整的图标列表可以在 openpyxl 的官方文档中找到。

```
>>> from openpyxl.formatting.rule import IconSetRule

>>> icon_set_rule = IconSetRule("5Arrows", "num", [1, 2, 3, 4, 5])
>>> sheet.conditional_formatting.add("H2:H100", icon_set_rule)
>>> workbook.save("sample_conditional_formatting_icon_set.xlsx")
```

效果如图 3-6 所示。

A1 marketplace

	G	H	I	J	K	L	M
1	product_category	star_rating	helpful_votes	total_votes	vine	verified_purchase	review_headline
2	Watches	5	0	0	N	Y	Five Stars
3	Watches	5	0	0	N	Y	I love thiswatch it keeps time wonderfully
4	Watches	2	1	1	N	Y	Two Stars
5	Watches	5	0	0	N	Y	Five Stars
6	Watches	4	0	0	N	Y	Beautiful face, but cheap sounding links
7	Watches	5	0	0	N	Y	No complaints
8	Watches	5	1	1	N	Y	Five Stars
9	Watches	1	1	5	N	N	I was about to buy this thinking it was a ...
10	Watches	5	1	2	N	Y	Perfect watch!
11	Watches	4	0	0	N	Y	Great quality and build
12	Watches	4	2	2	N	Y	Satisfied
13	Watches	1	0	0	N	N	I do not think this watch is a good product. Do not buy it
14	Watches	3	0	0	N	Y	Three Stars
15	Watches	5	0	0	N	Y	Five Stars
16	Watches	5	2	3	N	Y	Worth it - love it
17	Watches	5	0	0	N	Y	This is when different is good.
18	Watches	4	1	1	N	Y	Thewatch is attractive and easy to read
19	Watches	5	0	0	N	Y	Five Stars
20	Watches	5	0	0	N	Y	Five Stars
21	Watches	4	0	0	N	Y	Very stylish
22	Watches	4	1	1	N	Y	Good looking watch
23	Watches	4	0	0	N	Y	Works great but the watch a used it on was slim ...
24	Watches	4	0	0	N	Y	Fits perfect on my
25	Watches	5	1	1	N	Y	Great Buy!
26	Watches	5	0	0	N	Y	Five Stars

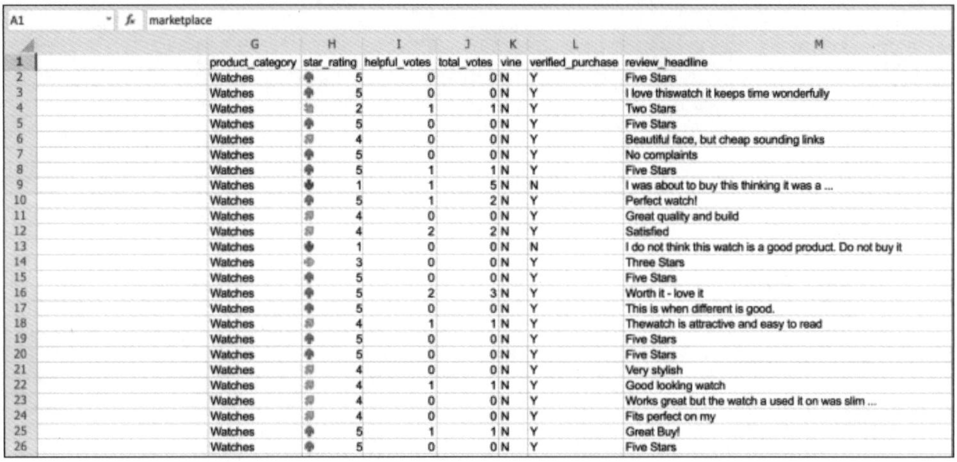

图 3-6　添加了图标的表格

DataBar 允许在单元格中添加类似进度条一样的条带，直观地展示数值的大小，使用方式如下所示。

```
>>> from openpyxl.formatting.rule import DataBarRule

>>> data_bar_rule = DataBarRule(start_type = "num",
...                             start_value = 1,
...                             end_type = "num",
...                             end_value = "5",
...                             color = colors.GREEN)
>>> sheet.conditional_formatting.add("H2:H100", data_bar_rule)
>>> workbook.save("sample_conditional_formatting_data_bar.xlsx")
```

只需要指定规则的最大值和最小值，以及希望显示的颜色，就可以直接使用了。代码执行后的效果如图 3-7 所示。

使用条件格式可以实现很多功能，这里限于篇幅只展示了一部分样例，读者可以查阅 openpyxl 的文档获得更多的信息。

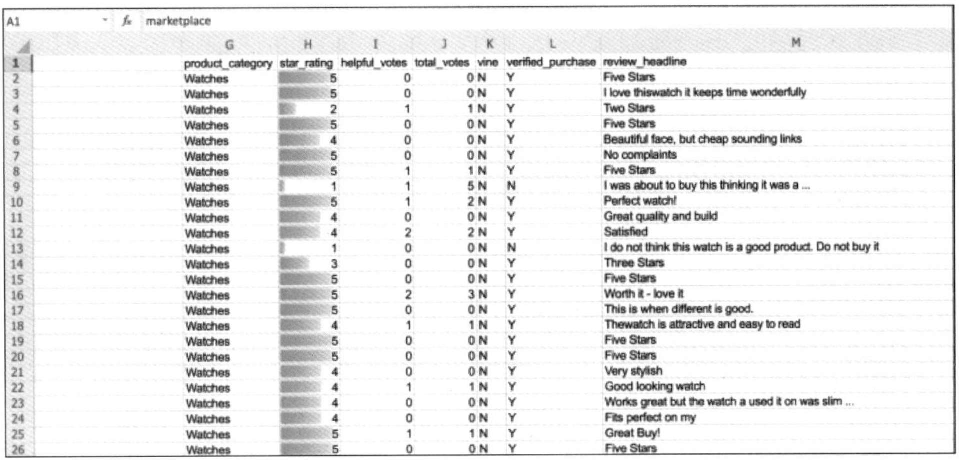

A1　　fx　marketplace

	G	H	I	J	K	L	M
1	product_category	star_rating	helpful_votes	total_votes	vine	verified_purchase	review_headline
2	Watches	5	0	0	N	Y	Five Stars
3	Watches	5	0	0	N	Y	I love thiswatch it keeps time wonderfully
4	Watches	2	1	1	N	Y	Two Stars
5	Watches	5	0	0	N	Y	Five Stars
6	Watches	4	0	0	N	Y	Beautiful face, but cheap sounding links
7	Watches	5	0	0	N	Y	No complaints
8	Watches	5	1	1	N	Y	Five Stars
9	Watches	1	1	5	N	N	I was about to buy this thinking it was a ...
10	Watches	5	1	2	N	Y	Perfect watch!
11	Watches	4	0	0	N	Y	Great quality and build
12	Watches	4	2	2	N	Y	Satisfied
13	Watches	1	0	0	N	N	I do not think this watch is a good product. Do not buy it
14	Watches	3	0	0	N	Y	Three Stars
15	Watches	5	0	0	N	Y	Five Stars
16	Watches	5	2	3	N	Y	Worth it - love it
17	Watches	5	0	0	N	Y	This is when different is good.
18	Watches	4	1	1	N	Y	Thewatch is attractive and easy to read
19	Watches	5	0	0	N	Y	Five Stars
20	Watches	5	0	0	N	Y	Five Stars
21	Watches	4	0	0	N	Y	Very stylish
22	Watches	4	1	1	N	Y	Good looking watch
23	Watches	4	0	0	N	Y	Works great but the watch a used it on was slim ...
24	Watches	4	0	0	N	Y	Fits perfect on my
25	Watches	5	1	1	N	Y	Great Buy!
26	Watches	5	0	0	N	Y	Five Stars

图 3-7　添加了 DataBar 的表格

3.3.3　为 Excel 表单添加图表

Excel 表单可以生成具有表现力的数据图表，包括柱状图、饼图、折线图等，使用 openpyxl 一样可以实现对应的功能。

在展示如何添加图表之前，需要先构建一组数据作为实例，代码如下所示。

```
from openpyxl import Workbook
from openpyxl.chart import BarChart, Reference

workbook = Workbook()
sheet = workbook.active

rows = [
    ["Product", "Online", "Store"],
    [1, 30, 45],
    [2, 40, 30],
    [3, 40, 25],
    [4, 50, 30],
    [5, 30, 25],
    [6, 25, 35],
    [7, 20, 40],
]

for row in rows:
    sheet.append(row)
```

接下来，就可以通过 BarChart 类对象来为表格添加柱状图，我们希望柱状图展示每类商品的总销量，代码如下所示。

```
chart = BarChart()
data = Reference(worksheet = sheet,
                 min_row = 1,
                 max_row = 8,
                 min_col = 2,
                 max_col = 3)

chart.add_data(data, titles_from_data = True)
sheet.add_chart(chart, "E2")

workbook.save("chart.xlsx")
```

简洁的柱状图已经生成，并且插入了表格，如图 3-8 所示。

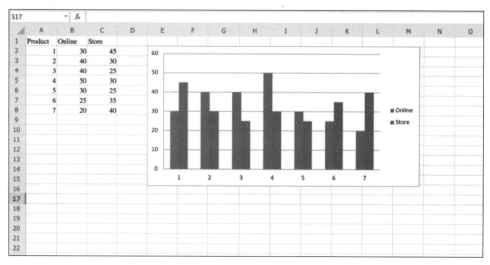

图 3-8　插入了柱状图的表格

插入图表的左上角将和代码指定的单元格对齐，样例将图表对齐在了 E2 处。

如果想绘制一个折线图，可以简单修改代码，然后使用 LineChart 类，代码如下所示。

```
import random
from openpyxl import Workbook
from openpyxl.chart import LineChart, Reference

workbook = Workbook()
sheet = workbook.active

# 创建一些示例销售数据
rows = [
    ["", "January", "February", "March", "April",
    "May", "June", "July", "August", "September",
    "October", "November", "December"],
```

```
        [1, ],
        [2, ],
        [3, ],
]

for row in rows:
    sheet.append(row)

for row in sheet.iter_rows(min_row = 2,
                           max_row = 4,
                           min_col = 2,
                           max_col = 13):
    for cell in row:
        cell.value = random.randrange(5, 100)

chart = LineChart()
data = Reference(worksheet = sheet,
            min_row = 2,
            max_row = 4,
            min_col = 1,
            max_col = 13)

chart.add_data(data, from_rows = True, titles_from_data = True)
sheet.add_chart(chart, "C6")

workbook.save("line_chart.xlsx")
```

效果如图 3-9 所示。

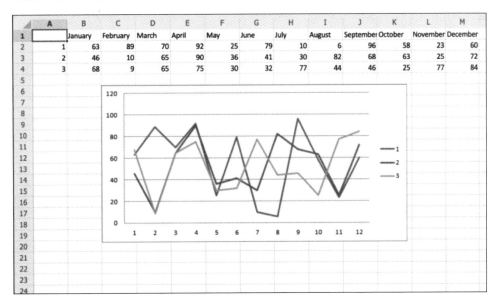

图 3-9　添加了折线图的表格

3.4　数据分析实例

3.4.1　背景与前期准备

本实例中使用的数据为 Consumer Reviews of Amazon Dataset 中的一部分，读者可以在随书的资料中找到名为 Consumer_Reviews_of_Amazon. xlsx 的文件。Consumer Reviews of Amazon Dataset 有超过 34 000 条针对 Amazon 产品（如 Kindle、Fire TV Stick 等）的消费者评论，以及 Datafiniti 产品数据库提供的更多评论。数据集中包括基本产品信息、评分、评论文本等相关信息。本节提供的数据截取了数据集中的一部分，完整的数据集可从 Datafiniti 的网站获得。

通过这些数据，读者可以了解亚马逊的消费电子产品销售情况，分析每次交易中消费者的评论，甚至可以进一步构建机器学习模型对产品的销售情况进行预测，如：

（1）最受欢迎的亚马逊产品是什么？

（2）每个产品的初始和当前顾客评论数量是多少？

（3）产品发布后的前 90 天内的评论与产品价格相比如何？

（4）产品发布后的前 90 天内的评论与整个销售周期相比如何？

将评论文本中的关键字与评论评分相对应来训练情感分类模型。

本节主要聚焦于数据的可视化分析，展示如何使用 openpyxl 读取数据，如何与 Pandas、Matplotlib 等工具交互，以及如何将其他工具生成的可视化结果重新导回到 Excel 中。

首先新建一个工作目录，并将 Consumer_Reviews_of_Amazon. xlsx 复制到当前的工作目录下，然后使用如下命令安装额外的环境依赖。

```
pip install numpy matplotlib sklearn pandas Pillow
```

3.4.2　使用 openpyxl 读取数据并转为 DataFrame

代码如下所示。

```
1    import pandas as pd
2    from openpyxl import load_workbook
3
4    workbook = load_workbook(filename = "Consumer_Reviews_of_Amazon.xlsx")
5    sheet = workbook.active
6
7    data = sheet.values
8
9    # 将第一行作为 DataFrame 结构的第一列
10   cols = next(data)
11   data = list(data)
12
13   df = pd.DataFrame(data, columns = cols)
```

在第 4 行中,加载准备好的文件。在第 5 行中,获得默认工作表 sheet。在第 7 行中,通过 sheet 的 values 属性提取工作表中所有的数据。在第 10 行中,将 data 的第一行单独取出,作为 Pandas 中 DataFrame 的列名,然后在 11 行中将 data 生成器转化为 Python List(注意,这里的 Python List 中不包含原工作表中的第一行,请读者自行思考原因)。最后,在第 13 行中将数据转化为 DataFrame,留作下一步使用。

3.4.3 绘制数值列直方图

得到待分析的数据后,通常要做的第一步就是统计各列的数值分布,使用直方图直观地展示出来。下面将自定义一个较为通用的直方图绘制函数,这个函数使用直方图将表中所有数值可枚举(1~50 种)的列展示出来,代码如下所示。

```
1   from mpl_toolkits.mplot3d import Axes3D
2   from sklearn.preprocessing import StandardScaler
3   import matplotlib.pyplot as plt        # 绘制
4   import numpy as np                      # 线性代数
5   import os                               # 访问目录结构
6
7   # 列数据的柱形分布图
8   def plotPerColumnDistribution(df, nGraphShown, nGraphPerRow):
9       nunique = df.nunique()
10      df = df[[col for col in df if nunique[col] > 1 and nunique[col] < 50]]
        # 为了显示,选择具有 1~50 个唯一值的列
11      nRow, nCol = df.shape
12      columnNames = list(df)
13      nGraphRow = (nCol + nGraphPerRow - 1) / nGraphPerRow
14      plt.figure(num = None, figsize = (6 * nGraphPerRow, 8 * nGraphRow), dpi = 80,
    facecolor = 'w', edgecolor = 'k')
15      for i in range(min(nCol, nGraphShown)):
16        plt.subplot(nGraphRow, nGraphPerRow, i + 1)
17        columnDf = df.iloc[:, i]
18        if (not np.issubdtype(type(columnDf.iloc[0]), np.number)):
19          valueCounts = columnDf.value_counts()
20          valueCounts.plot.bar()
21        else:
22          columnDf.hist()
23        plt.ylabel('counts')
24        plt.xticks(rotation = 90)
25        plt.title(f'{columnNames[i]} (column {i})')
26      plt.tight_layout(pad = 1.0, w_pad = 1.0, h_pad = 1.0)
27      plt.show()
28      plt.savefig('./ColumnDistribution.png')
29
30  plotPerColumnDistribution(df, 10, 5)
```

plotPerColumnDistribution 函数接受 3 个参数:df 为 DataFrame 数据集;nGraphShown 为图总数的上限;nGraphPerRow 为每行的图片数。在第 9 行中使用 Pandas 的 nunique 方法获得每一列的不重复值的总数。在第 10 行中将不重复值总数为 1~50 的列保留,其余剔除。第 11~14 行计算总行数,并设置 Matplotlib 的画布尺寸和排布。从第 15 行开

始依次绘制每个子图。绘制过程中需要区分值的类型，如果该列不是数值类型，则需要对各种值的出现数量进行统计，并通过 plot.bar()方法绘制到画布上（第18~20行）；如果该列是数值类型，则只需要调用 hist()函数即可完成绘制（第22行）。在第23~25行中设置图题以及坐标轴标签。在第26行和第27行中调整布局后即可通过 plt.show()查看绘制结果，如图3-10所示。

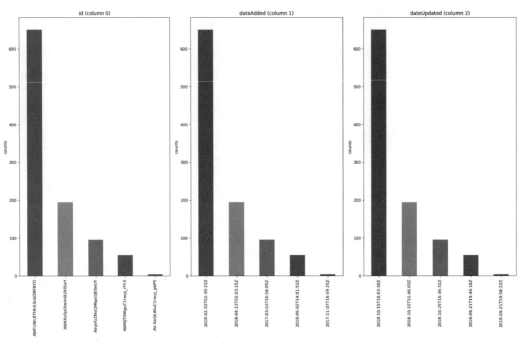

图 3-10   ColumnDistribution

3.4.4　绘制相关性矩阵

相关性矩阵是表示变量之间的相关系数的表。表格中的每个单元格均显示两个变量之间的相关性。通常在进行数据建模之前需要计算相关性矩阵，主要原因有以下3个。

（1）通过相关性矩阵图表，可以较为清晰直观地看出数据中的隐藏特征。

（2）相关性矩阵可以作为其他分析的输入特征。例如，使用相关矩阵作为探索性因素分析、确认性因素分析、结构方程模型的输入，或者在线性回归时用来成对排除缺失值。

（3）作为检查其他分析结果时的诊断因素。例如，对于线性回归，变量间相关性过高则表明线性回归的估计值是不可靠的。

同样地，本节将会定义一个较为通用的相关性矩阵构建函数，代码如下所示。

```
1   def plotCorrelationMatrix(df, graphWidth):
2       filename = df.dataframeName
3       df = df.dropna('columns')                      # 去除值为 NaN 的列
4       df = df[[col for col in df if df[col].nunique() > 1]] # 保留超过 1 个唯一值的列
5       if df.shape[1] < 2:
```

```
 6              print(f'No correlation plots shown: The number of non - NaN or constant columns
   ({df.shape[1]}) is less than 2')
 7              return
 8          corr = df.corr()
 9          plt.figure(num = None, figsize = (graphWidth, graphWidth), dpi = 80,
   facecolor = 'w', edgecolor = 'k')
10          corrMat = plt.matshow(corr, fignum = 1)
11          plt.xticks(range(len(corr.columns)), corr.columns, rotation = 90)
12          plt.yticks(range(len(corr.columns)), corr.columns)
13          plt.gca().xaxis.tick_bottom()
14          plt.colorbar(corrMat)
15          plt.title(f'Correlation Matrix for {filename}', fontsize = 15)
16          plt.show()
17          plt.savefig('./CorrelationMatrix.png')
18
19  df.dataframeName = 'CRA'
20  plotCorrelationMatrix(df, 8)
```

在第 2 行中获得当前表名(注意,手动构建的 Dataframe 需要手动指定 dataframeName,见第 19 行)。在第 3 行中将表中的空值全部丢弃。在第 4 行中将所有值都相同的列全部丢弃。这时,如果列数小于 2,则无法进行相关性分析,打印警告并直接返回。在第 8 行中通过 corr()方法获得相关性矩阵的原始数据。在第 10~17 行中设置画布并绘制,最终的效果如图 3-11 所示。

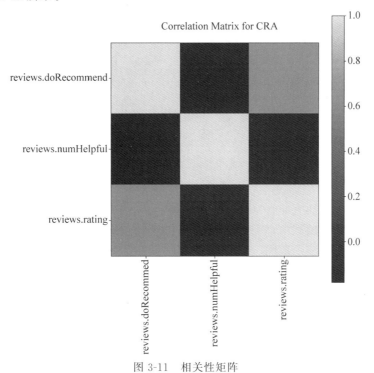

图 3-11　相关性矩阵

在图 3-11 中,颜色越浅则相关性越高。可以看到,用户是否对商品进行打分与是否进行评论的相关性很强。这表明评论与打分是两个关联极强的因素,可以进一步设计模型根据其中一个来预测另一个。

3.4.5 绘制散布矩阵

散布矩阵（Scatterplot Matrix）又叫 scagnostic，是一种常用的高维度数据可视化技术，最初是由 John 和 Paul Turkey 提出的。它将高维度的数据的每两个变量组成一个散点图，再将它们按照一定的顺序组成散点图矩阵。通过这样的可视化方式，能够将高维度数据中所有的变量两两之间的关系展示出来。

下面将介绍如何构建一个简单的散布矩阵函数，代码如下所示。

```python
1   def plotScatterMatrix(df, plotSize, textSize):
2       df = df.select_dtypes(include = [np.number])          # 保留类型为数字的列
3       # Remove rows and columns that would lead to df being singular
4       df = df.dropna('columns')
5       df = df[[col for col in df if df[col].nunique() > 1]]  # 保留超过 1 个唯一值的列
6       columnNames = list(df)
7       if len(columnNames) > 10:                             # 减少矩阵求逆的列数
8           columnNames = columnNames[:10]
9       df = df[columnNames]
10      ax = pd.plotting.scatter_matrix(df, alpha = 0.75, figsize = [plotSize, plotSize], diagonal = 'kde')
11      corrs = df.corr().values
12      for i, j in zip( * plt.np.triu_indices_from(ax, k = 1)):
13          ax[i, j].annotate('Corr. coef = %.3f' % corrs[i, j], (0.8, 0.2), xycoords = 'axes fraction', ha = 'center', va = 'center', size = textSize)
14      plt.suptitle('Scatter and Density Plot')
15      plt.show()
16      plt.savefig('./ScatterMatrix.png')
17
18  plotScatterMatrix(df, 9, 10)
```

在第 2 行中去除所有非数字类型的列。在第 4 行中将表中的空值全部丢弃。在第 5 行中将所有值都相同的列全部丢弃。第 6、7 行截取了前 10 列进行展示，这是因为如果列数过多会超出屏幕的显示范围，读者可以自行选择需要绘制的特定列。在第 10 行中通过 pd.plotting.scatter_matrix 初始化画布。在第 11 行中获取相关性系数。第 12、13 行将依次获取不同的列组合，并绘制该组合的相关性图表。在第 14～16 行中绘制并保存图片。最终的可视化结果如图 3-12 所示。

在图 3-12 中，左上和右下展示了 numHelpful 和 rating 的数据分布，可以看到绝大多数商品的 numHelpful 数量为 0，而其他数量的分布比较平均。绝大部分商品的 rating 为 5 分，20%左右的商品是 4 分，低于 4 分的数量较少。左下和右上的散点图展示了数据在交叉的两个维度上的分布，绝大部分的 numHelpful 评价都来源于打分为 5 分的商品，且分数越低，出现 numHelpful 评价的概率越小，这符合日常生活的直觉。

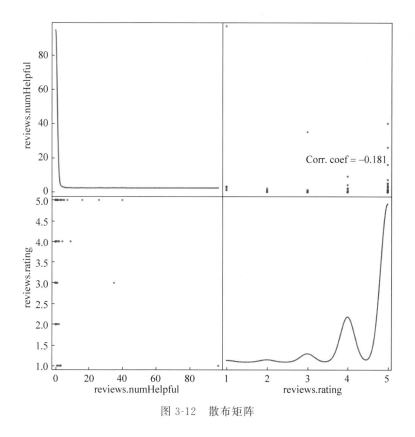

图 3-12 散布矩阵

3.4.6 将可视化结果插入 Excel 表格

前面的可视化图表都以 PNG 图片格式存储在工作路径中,下面介绍如何将图片插入 Excel 工作簿,代码如下所示。

```python
from openpyxl import Workbook
from openpyxl.drawing.image import Image

workbook = Workbook()
sheet = workbook.active

vis = Image("ScatterMatrix.png")

# 改变形状,避免 logo 占据整个表格
vis.height = 600
vis.width = 600

sheet.add_image(vis, "A1")
workbook.save(filename = "visualization.xlsx")
```

在上述代码中，首先创建了一个新的工作簿，而后通过 openpyxl 的 Image 模块加载了已经预先生成的 ScatterMatrix.png。在调整了图片的大小后，将其插入 A1 单元格，最后保存工作簿。流程十分清晰简单，最终的效果如图 3-13 所示。

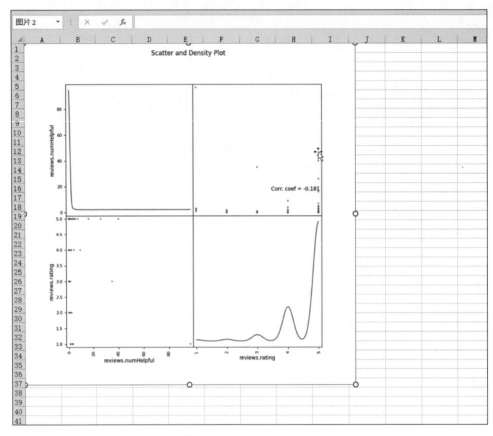

图 3-13　visualization.xlsx

第 **4** 章

美国加利福尼亚州房价预测的数据分析

本章将介绍房价预测的实践案例。通过学习这个案例,能了解数据分析的基本步骤和方法。房价变动是各地居民和房地产投资者最为关注的问题之一。到底是什么影响着房价? 如果给出房子的信息,能对价格进行预测吗? 这个案例将会一步步解析房价的历史数据,对房价的影响因素做出分析,最后通过 sklearn 中的模型对房价进行简单的预测。这个案例基于加利福尼亚州的房价数据集,数据集下载地址为 https://www.dcc. fc.up.pt/~ltorgo/Regression/cal_housing.html。

视频讲解

4.1 数据的读入和初步分析

4.1.1 数据读入

首先,使用 Pandas 读取 CSV 数据,读取后的数据类型为 DataFrame。此外,还可以用 head 方法查看部分数据。

数据包含以下 9 个属性。

(1) longitude:经度。

(2) latitude:纬度。

(3) housingMedianAge:房子中位年龄。

(4) totalRooms:总房间数。

(5) totalBedrooms:总卧室数。

(6) population:人口数量。

(7) households:家庭。

(8) medianIncome:收入中位数。

（9）medianHouseValue：房子价格中位数。

读入房价数据的代码如下所示。其中，dataframe.head(num)会显示前 num 条数据。如果直接使用 dataframe.head()，会显示最前面和最后的部分数据。

```
import pandas as pd
data = pd.read_csv("./data/housing.csv")
data.head(10)
```

结果如图 4-1 所示。

	longitude	latitude	housingMedianAge	totalRooms	totalBedrooms	population	households	medianIncome	medianHouseValue
0	-122.23	37.88	41.0	880.0	129.0	322.0	126.0	8.3252	452600.0
1	-122.22	37.86	21.0	7099.0	1106.0	2401.0	1138.0	8.3014	358500.0
2	-122.24	37.85	52.0	1467.0	190.0	496.0	177.0	7.2574	352100.0
3	-122.25	37.85	52.0	1274.0	235.0	558.0	219.0	5.6431	341300.0
4	-122.25	37.85	52.0	1627.0	280.0	565.0	259.0	3.8462	342200.0
5	-122.25	37.85	52.0	919.0	213.0	413.0	193.0	4.0368	269700.0
6	-122.25	37.84	52.0	2535.0	489.0	1094.0	514.0	3.6591	299200.0
7	-122.25	37.84	52.0	3104.0	687.0	1157.0	647.0	3.1200	241400.0
8	-122.26	37.84	42.0	2555.0	665.0	1206.0	595.0	2.0804	226700.0
9	-122.25	37.84	52.0	3549.0	707.0	1551.0	714.0	3.6912	261100.0

图 4-1　读入房价数据

Pandas 中还有一个非常好用的方法 describe，它会显示数据的最大值（max）、最小值（min）、中位数（50%）、标准差（std）等。下面用该方法查看数据的基本信息，代码如下所示。

```
data.describe()
```

结果如图 4-2 所示。

	longitude	latitude	housingMedianAge	totalRooms	totalBedrooms	population	households	medianIncome	medianHouseValue
count	20640.000000	20640.000000	20640.000000	20640.000000	20640.000000	20640.000000	20640.000000	20640.000000	20640.000000
mean	-119.569704	35.631861	28.639486	2635.763081	537.898014	1425.476744	499.539680	3.870671	206855.816909
std	2.003532	2.135952	12.585558	2181.615252	421.247906	1132.462122	382.329753	1.899822	115395.615874
min	-124.350000	32.540000	1.000000	2.000000	1.000000	3.000000	1.000000	0.499900	14999.000000
25%	-121.800000	33.930000	18.000000	1447.750000	295.000000	787.000000	280.000000	2.563400	119600.000000
50%	-118.490000	34.260000	29.000000	2127.000000	435.000000	1166.000000	409.000000	3.534800	179700.000000
75%	-118.010000	37.710000	37.000000	3148.000000	647.000000	1725.000000	605.000000	4.743250	264725.000000
max	-114.310000	41.950000	52.000000	39320.000000	6445.000000	35682.000000	6082.000000	15.000100	500001.000000

图 4-2　查看数据的基本信息

4.1.2　分割测试集与训练集

分割测试集与训练集可以利用 sklearn 中的 train_test_split 方法。该方法有以下 4 个常用参数。

（1）test_size：样本占比，如果是整数的话就是样本的数量。

（2）random_state：用于设置随机数生成器的种子。

（3）shuffle：布尔值。默认为 True，表示在分割数据集前先对数据进行洗牌（随机打乱数据集）。

（4）stratify：默认为 None。当 shuffle 为 True 时，不为 None。如果不是 None，则数据集以分层方式拆分，并使用其作为类标签。

示例代码如下所示。

```
from sklearn.model_selection import train_test_split
train_set, test_set = train_test_split(data, test_size = 0.2, random_state = 42)
```

4.1.3 数据的初步分析

通过 describe 方法可以对数据总体有基本的把握，那么更具体的数据分布呢？下面介绍 Pandas 中的另一个好用的工具——hist 函数。通过如下所示的代码，就能简单迅速地画出值的分布直方图。

```
data.hist(bins = 30, figsize = (15,10))
```

结果如图 4-3 所示。

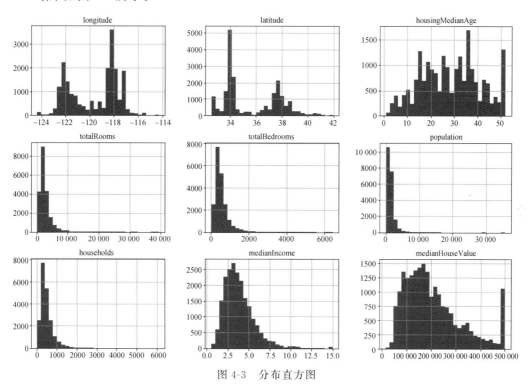

图 4-3 分布直方图

如果只想画出其中一个直方图，如 households，则使用 data.hist('households')就可以实现了。

除了直方图，还有很多方式可以表达数据分布和内容。以下代码通过 scatter()函数展示经度和纬度的散点图。该散点图是有实际含义的，经纬度的二维分布也就是实际的地形的分布。

```
import matplotlib.pyplot as plt
plt.scatter(data['longitude'], data['latitude'])
plt.title('% s vs % s' % ('longitude', 'latitude'))
plt.show()
```

结果如图 4-4 所示。

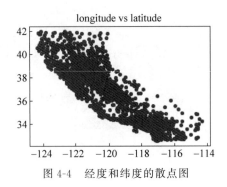

图 4-4　经度和纬度的散点图

以下代码绘制了 medianHouseValue 随 population 变化的折线图。

```
data.plot('population', 'medianHouseValue')
plt.show()
```

结果如图 4-5 所示。

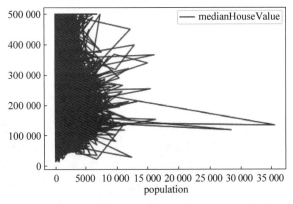

图 4-5　medianHouseValue 随 population 变化的折线图

另外，对于 Pandas 中的 DataFrame 结构，可以用 corr 方法获得相关系数，配合 seaborn 包的使用绘制热力图，从而轻松得到各变量之间的相关程度。代码如下所示。Dataframe.corr()函数是其中一个重要函数，其常用参数如下：

（1）method：可选值为{'pearson'，'kendall'，'spearman'}。

（2）pearson：衡量两个数据集合是否在一条线上面，即针对线性数据的相关系数计算，针对非线性数据会有误差。

（3）kendall：用于反映分类变量相关性的指标，即针对无序序列的相关系数，非正态分布的数据。

（4）spearman：非线性的、非正态分布的数据的相关系数。

（5）min_periods：样本最少的数据量。

```
import seaborn as sns
import matplotlib.pyplot as plt
sns.set(context = 'paper', font = 'monospace')
housing_corr_matrix = data.corr()
fig, axe = plt.subplots(figsize = (12,8))
cmap = sns.diverging_palette(200, 10, center = 'light', as_cmap = True)
sns.heatmap(housing_corr_matrix, vmax = 1, square = True, cmap = cmap, annot = True)
```

结果如图4-6所示。

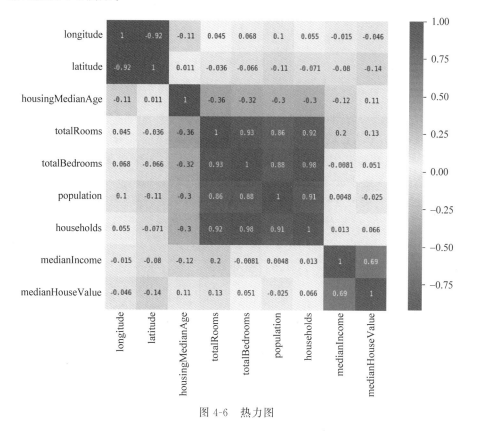

图4-6　热力图

接下来，可以在经纬度图上绘制房屋价格与人口的分布，代码如下所示。

```
import matplotlib.pyplot as plt
data.plot(kind = "scatter", x = "longitude", y = "latitude", alpha = 0.4,
    s = data["population"]/50, label = "population", figsize = (10,7),
```

```
        c = data["medianHouseValue"], cmap = plt.get_cmap("jet"), colorbar = True,
        sharex = False)
plt.legend()
```

结果如图 4-7 所示。

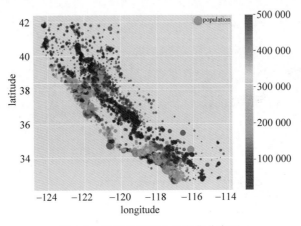

图 4-7　房屋价格随人口变化分布图

做出这样一幅精美的图像用 plot 就可以实现。其参数 alpha 代表点的不透明度。当点的透明度很高时，单个点的颜色很浅。这样点越密集，对应区域的颜色就越深。通过颜色深浅就可以看出数据的几种区域。alpha＝0 为无色，即整个绘图区域无图，类似于 [R,G,B,alpha] 四通道中的 alpha 通道。s 参数为 kind＝"scatter"下才有的，否则会报错 unknown propert。它表示点的大小，数值越大则对应点越大。c 参数也是 kind＝"scatter"下才有的，它为每一个点赋予颜色。colorbar（图中最右侧的颜色条）参数搭配使用。图中越大、透明度越低的地方代表人口越多，越接近 colorbar 顶端颜色的地方代表房产价格越高。经过了这一系列分析后，对数据可以有非常直观的了解。

4.2　数据的预处理

4.2.1　拆分数据

首先用 drop 方法去掉本案例中要预测的值 medianHouseValue，得到输入数据。再取 medianHouseValue 的值作为 label，代码如下所示。

```
housing = train_set.drop('medianHouseValue', axis = 1)
labels = train_set['medianHouseValue'].copy()
```

4.2.2　空白值的填充

在得到数据之后，一般不能直接用数据来构建模型，因为原始数据可能存在不完整、缺失、格式错误等情况,需要对原始数据进行清洗、格式统一、标准化,以及不完整数据的清除或补充。如果数据样本量较大,而缺失的数据很少,则可以直接清除不完整数据或者不完整的特征。除此之外,还可以在适当条件下进行取中位数或平均值填充。如果存在数据缺失,则要对缺失数据进行处理。首先使用dataframe.isnull().any()查看是否有缺失数据,代码如下所示。

```
data.isnull().any()
```

结果如图4-8所示。

图4-8　查看是否有缺失数据

通过上述的验证可以看出数据集中是没有缺失数据的。假如数据集中有缺失数据,如假设缺失longitude,可以进行如下操作删除或填充数据,从而得到一份非常完整的数据。

```
# 删除样本
data.dropna(subset = ['longitude'])
# 删除特征
data.drop('longitude', axis = 1)
median = data['longitude'].median()
data['longitude'].fillna(median)
```

sklearn包也可以用来处理缺失数据,其使用方法如下:

```
sklearn.preprocessing.Imputer(missing_values = 'NaN', strategy = 'mean', axis = 0, verbose = 0, copy = True)
```

该方法包括以下4个主要参数。

(1) missing_values:缺失值,可以为整数或NaN(缺失值),默认为NaN。

(2) strategy:替换策略。若为mean时,用特征列的均值替换;若为median时,用特征列的中位数替换;若为most_frequent时,用特征列的众数替换。

(3) axis:指定轴数,默认axis=0代表列,axis=1代表行。

(4) copy:True表示不在原数据集上修改,False表示就地修改。

4.2.3　数据标准化

数据标准化常用的方式包括中心化和缩放。中心化是平移数据样本到某个位置。缩放是通过除以一个固定值,将数据固定在某个范围内。下面将介绍两种标准化方法。

1. z-score 标准化(zero-mean normalization)

z-score 标准化也叫标准差标准化,先减去均值,后除以均方根。它提高了数据可比性,同时削弱了数据解释性,是用得最多的数据标准化方法。它的输出为:每个属性值均值为 0,方差为 1,呈正态分布。

公式为 $x^* = \dfrac{x - \mu}{\sigma}$。其中 μ 为所有样本数据的均值,σ 为所有样本数据的标准差。sklearn 提供了 StandardScaler 方法进行 z-score 标准化,使用方法如下:

```
sklearn.preprocessing.StandardScaler(copy = True, with_mean = True, with_std = True)
```

2. 最小最大值标准化(将数据缩放到一定范围内)

通过数中的最大最小值进行缩放。该方法对于方差非常小的属性来说可以增强其稳性。

公式为 $x^* = \dfrac{x - \min}{\max - \min}$。其中 min 为特征的最小值,max 为特征的最大值。sklearn 提供了 MinMaxScaler 进行最大最小值标准化,使用方法如下:

```
sklearn.preprocessing.MinMaxScaler(feature_range = (0, 1), copy = True)
```

在本例中,统一采用 z-score 标准化。

4.2.4　数据的流程化处理

对数据的处理是有先后顺序的,sklearn 提供了 pipeline 帮助进行顺序的管理。例如,如果要先进行空白值的填充再进行数据标准化,则可以创建一个 pipeline。

对数据进行处理的代码如下所示。需要注意,经过处理后,数据从 DataFrame 的形式变成了 Numpy 数组的形式。

```
from sklearn.impute import SimpleImputer
from sklearn.preprocessing import StandardScaler
from sklearn.pipeline import Pipeline
pipeline = Pipeline([
    ('imputer', SimpleImputer()),
    ('scarle', StandardScaler())
])
data_prepared = pipeline.fit_transform(housing)
```

4.3　模型的构建

4.3.1　查看不同模型的表现

在处理好数据之后,将进行模型的构建。在这个案例中,采用了均方根误差(root mean square error,RMSE)对模型进行评价,公式如下所示。

$$\mathrm{RMSE_{fo}} = \left[\frac{\sum_{i=1}^{N} (z_{f_i} - z_{o_i})^2}{N} \right]^{1/2} \tag{4.1}$$

在一般的训练中,通常可以选取多个模型,通过计算误差得出最好的模型。在本案例中,对线性回归、随机森林、Lasso、ElasticNet 模型进行了训练,得出随机森林(random forest regressor)的效果是最好的,因为它的均方根误差最小。代码如下所示。

```
import numpy as np
from sklearn.model_selection import cross_val_score
from sklearn.linear_model import LinearRegression, Lasso, ElasticNet
from sklearn.ensemble import RandomForestRegressor
#交叉验证,这里采用10折
n_fold = 10
def get_rmse(model):
    rmse = np.sqrt( - cross_val_score(model, data_prepared, labels, scoring = 'neg_mean_
squared_error', cv = n_fold))
    return(rmse)
#选择模型
linreg = LinearRegression()
forest = RandomForestRegressor(n_estimators = 10, random_state = 42)
lasso = Lasso(alpha = 0.0005, random_state = 1)
enet = ElasticNet(alpha = 0.0005, l1_ratio = 0.9, random_state = 3)
#查看各模型得分
print(get_rmse(linreg))
print(get_rmse(forest))
print(get_rmse(lasso))
print(get_rmse(enet))
```

结果如图 4-9 所示。

```
[66170.13482881 72783.99723185 68950.52987763 67640.0509114
 70438.49542911 66523.65704676 66541.25492139 70992.53769382
 74292.46725992 70675.67306462]
[49883.68850033 54909.78308343 51240.88750259 52552.29917765
 53300.0150413  48634.96097475 48834.40568444 54189.23115009
 54947.82654684 53314.50190307]
[66170.13503103 72783.99705085 68950.5299215  67640.05083453
 70438.49558172 66523.65733725 66541.25497136 70992.53755095
 74292.46632022 70675.67351968]
[66170.54655706 72782.93115158 68950.57951309 67640.80988122
 70439.08339686 66524.92428124 66540.78553265 70991.94645963
 74288.22908927 70677.06838679]
```

图 4-9　比较模型

决策树是一种监督学习算法，它适用于分类问题和连续变量的预测。决策树对每一个特征进行判断，分成许多分支，通过分支一步步向下对问题进行分类。

随机森林指的是利用多棵树对样本进行训练并预测的一种分类器。该分类器最早由Leo Breiman 和 Adele Cutler 提出。它是一个包含多棵决策树的分类器，其输出的类别是由个别树输出的类别的众数而定。在进行分类任务输入样本时，随机森林中的每一棵决策树都会分别进行分类，得出自己的分类结果。最后，综合所有决策树的分类结果，哪一个分类最多，那么随机森林就会把这个结果当作最终的结果。

Lasso 算法（least absolute shrinkage and selection operator，又译最小绝对值收敛和选择算子、套索算法）是一种同时进行特征选择和正则化（数学）的回归分析方法，旨在增强统计模型的预测准确性和可解释性，最初由斯坦福大学统计学教授 Robert Tibshirani 于 1996 年基于 Leo Breiman 的非负参数推断（nonnegative garrote，NNG）提出。

ElasticNet 是一种使用 L1 和 L2 先验作为正则化矩阵的线性回归模型。当多个特征和另一个特征相关时，ElasticNet 非常有用。Lasso 算法倾向于随机选择其中一个，而 ElasticNet 倾向于选择两个。ElasticNet 综合了 L1 正则化项和 L2 正则化项，其公式如下所示。

$$\min\left(\frac{1}{2m}\left[\sum_{i=1}^{m}(h_\theta(x^i)-y^i)^2+\lambda\sum_{j=1}^{n}\theta_j^2\right]+\lambda\sum_{j=1}^{n}|\theta|\right) \tag{4.2}$$

4.3.2　选择效果最好的模型进行预测

从 4.3.1 节的结果可以看出，随机森林的效果最好，因此选择随机森林进行调参和预测。这样，当碰到新的数据集时，如得知了除房价以外的信息时，就能够对房价进行预测了。

这里将用测试集对模型进行预测。首先对测试集数据进行处理，代码如下所示。

```
test_housing = test_set.drop('medianHouseValue', axis = 1)
test_labels = test_set['medianHouseValue'].copy()
test_data = pipeline.fit_transform(test_housing)
```

再进行处理之后，用随机森林模型进行训练和预测，predict_labels 是预测结果，代码如下所示。

```
forest.fit(data_prepared, labels)
predict_labels = forest.predict(test_data)
```

最后可以对预测的效果进行可视化，分别绘制实际房价和预测房价。为了使图像更加直观，这里选取了前 100 个数据进行绘制，代码如下所示。

```
origin_labels = np.array(test_labels)
plt.plot(origin_labels[0:100], label = 'origin_labels')
plt.plot(predict_labels[0:100], label = 'predict_labels')
plt.legend()
```

绘制结果如图 4-10 所示。

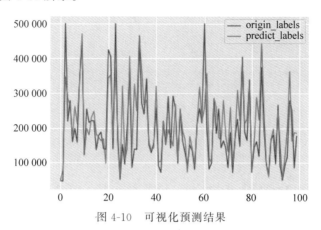

图 4-10　可视化预测结果

比较预测结果和实际结果,可以看出,模型的预测能力还是相当不错的,因为该模型在训练阶段没有处理过这组数据。当然,如果有更多的数据,或者找到更好的模型,模型的预测结果会更加准确。

第 5 章

影评数据分析与电影推荐

视频讲解

    数据分析是信息时代的一个基础而又重要的工作。面对飞速增长的数据,如何从这些数据中挖掘到更有价值的信息成为一个重要的研究方向。机器学习在各个领域的应用逐渐成熟,它已成为数据分析和人工智能的重要工具。数据分析和挖掘的一个很重要的应用领域是推荐服务。本章将利用机器学习进行影评数据分析,并结合分析结果向用户推荐电影,从而展示数据分析的整个过程。一般来说,数据分析可以简单划分为明确分析目标,数据采集、清洗和整理,数据建模和分析,以及结果展示或服务部署。在本章的实践中,这些步骤都会有所体现。

5.1　明确目标与准备数据

    本案例的最终目标比较明确:根据用户对不同电影的评分情况来推荐新的电影。而要实现这个目标,其阶段性的目标可能包含找出和某用户有类似观影爱好的用户、找出和某一个电影有相似的观众群的电影等。要实现这些阶段性目标,首先要准备分析所需的数据。

    在进行数据采集时,需要根据实际的业务环境采用不同的方式,如使用爬虫、对接数据库、使用接口等。有时在进行监督学习时,需要对采集的数据进行手动标记。由于本案例需要的是用户对电影的评分数据,因此可以使用爬虫获取豆瓣电影影评数据。需要注意的是,与用户信息相关的数据需要进行脱敏处理。因为本案例使用的是开源的数据,而且爬虫不是本章的重点,所以在此不再进行说明。

    获取的数据有两个文件:包含加密的用户 ID、电影 ID、评分值的用户评分文件 ratings. csv 和包含电影 ID、电影名称的电影信息文件 movies. csv。因为数据比较简单,所以基本上可以省去特征方面的复杂处理过程。在实际操作中,如果无法保证获取的数据质量,就需要对数据进行清洗,包括对数据格式的统一、缺失数据的补充等。在数据清洗完成后,还需要对数据进行整理,如根据业务逻辑进行分类、去除冗余数据等。在数据整理完成之后需要选择合适的特征,特征的选择也会根据后续的分析进行变化。关于特征的处理有一个专门的研究方向——特征工程,它也是数据分析过程中很重要且耗时的部分。

5.2　工具选择

在实现目标之前,需要对数据进行统计分析,从而了解数据的分布情况,以及数据的质量是否能够支撑我们的目标。Pandas 很适合完成这项工作。

开发工具选择比较适合尝试性开发的 Jupyter Notebook。Jupyter Notebook 是一个交互式笔记本,支持运行 40 多种编程语言。它的本质是一个 Web 应用程序,便于创建和共享文学化程序文档,支持实时代码、数学方程、可视化和 markdown。由于其灵活交互的优势,因此很适合探索性质的开发工作。其安装和使用都比较简单,这里不再做详细介绍。使用方式推荐 VS Code 开发工具,它可以直接支持 Jupyter Notebook,不需要手动启动服务,界面如图 5-1 所示。

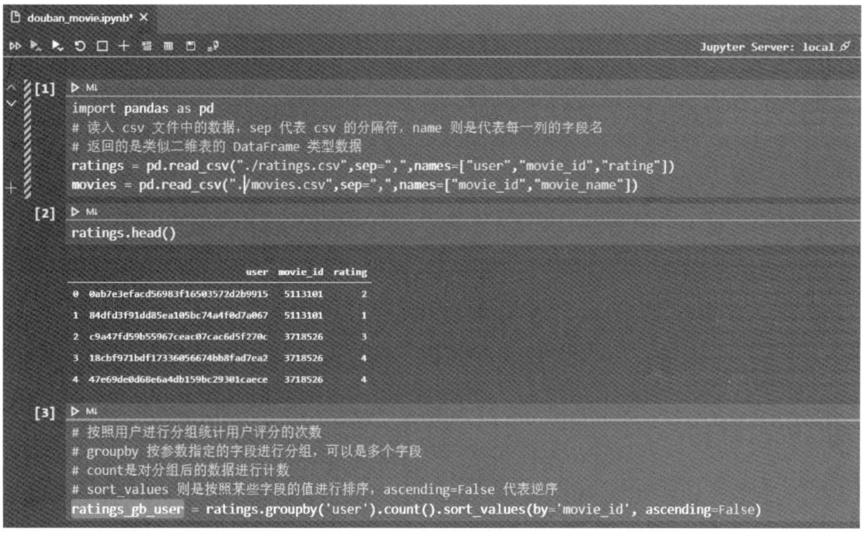

图 5-1　VS Code Jupyter Notebook 界面展示

5.3　初步分析

准备好环境和数据之后,需要对数据进行初步的分析,一方面可以初步了解数据的构成;另一方面可以判断数据的质量。数据初步分析往往是统计性的、多角度的,带有很大的尝试性。然后再根据得到的结果进行深入的挖掘,得到更有价值的结果。对于当前的数据,可以分别从用户和电影两个角度入手。

在进入初步分析之前,需要先导入基础的用户评分数据和电影信息数据,代码如下所示。

```
import pandas as pd
ratings = pd.read_csv("./ratings.csv",sep = ",",names = ["user","movie_id","rating"])
movies = pd.read_csv("./movies.csv",sep = ",",names = ["movie_id","movie_name"])
```

其中,sep 代表分隔符,name 代表每一列的字段名,返回的是类似二维表的 DataFrame 类型数据。

5.3.1　用户角度分析

首先可以使用 Pandas 的 head() 函数查看 ratings 的结构,代码如下所示。head() 是 DataFrame 的成员函数,用于返回前 n 行数据。其中,n 是参数,它代表选择的行数,默认值是 5。

```
>>> ratings.head()
```

输出为:

	user	movie_id	rating
0	0ab7e3efacd56983f16503572d2b9915	5113101	2
1	84dfd3f91dd85ea105bc74a4f0d7a067	5113101	1
2	c9a47fd59b55967ceac07cac6d5f270c	3718526	3
3	18cbf971bdf17336056674bb8fad7ea2	3718526	4
4	47e69de0d68e6a4db159bc29301caece	3718526	4

可以看到,用户 ID 是长度一致的字符串(实际是经过 MD5 处理的字符串),影片 ID 是数字。如果想查看一共有多少条数据,可以使用 rating. shape,输出为(1048575,3)。1048575 代表一共有 10 485 75 条数据,3 对应 3 列。

然后可以查看用户的评论情况,如数据中一共有多少人参与评论及每个人评论的次数。由于 ratings 数据中的每个用户都可以为多部电影进行评分,因此可以按用户进行分组,然后使用 count() 统计数量。为了方便查看,可以对分组计数后的数据进行排序,再使用 head() 函数查看排序后的情况,代码如下所示。其中 groupby 指按参数指定的字段进行分组,它可以有多个字段;count 是对分组后的数据进行计数;sort_values 则是按照某些字段的值进行排序;ascending=False 代表逆序。

```
>>> ratings_gb_user =
ratings.groupby('user').count().sort_values(by = 'movie_id',
ascending = False)
>>> ratings_gb_user.head()
```

输出为:

user	movie_id	rating
535e6f7ef1626bedd166e4dfa49bc0b4	1149	1149

425889580eb67241e5ebcd9f9ae8a465	1083	1083
3917c1b1b030c6d249e1a798b3154c43	1062	1062
b076f6c5d5aa95d016a9597ee96d4600	864	864
b05ae0036abc8f113d7e491f502a7fa8	844	844

可以看出,评分次数最多的用户 ID 是 535e6f7ef1626bedd166e4dfa49bc0b4,一共评论了 1149 次。这里 movie_id 和 rating 的数据是相同的,是因为其计数规则一致,属于冗余数据。因为 head()函数能看到的数据太少,所以可以使用 describe()函数查看统计信息,代码如下所示。

```
>>> ratings_gb_user.describe()
```

输出为:

	movie_id	rating
count	273826.000000	273826.000000
mean	3.829348	3.829348
std	14.087626	14.087626
min	1.000000	1.000000
25 %	1.000000	1.000000
50 %	1.000000	1.000000
75 %	3.000000	3.000000
max	1149.000000	1149.000000

从输出的信息中可以看出,一共有 273 826 个用户参与评分,用户评分的平均次数是 3.829 348 次。标准差是 14.087 626,相对来说还是比较大的。而从最大值、最小值和中位数可以看出,大部分用户对影片的评分次数还是很少的。

如果想更直观地查看数据的分布情况,可以查看直方图,代码如下所示。

```
>>> ratings_gb_user.movie_id.hist(bins = 50)
```

效果如图 5-2 所示。

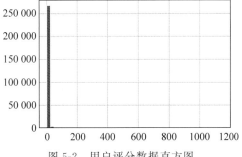

图 5-2　用户评分数据直方图

可以看出，大部分用户都集中在评分次数很少的区域，基本上没有大于 100 的数据。

如果想查看某一个区间的数据，可以使用 range 参数。例如，想看评论次数为 1～10 的用户分布情况，可以将参数 range 设置为[1，10]，代码如下：

```
>>> ratings_gb_user.movie_id.hist(bins = 50)
```

结果如图 5-3 所示。

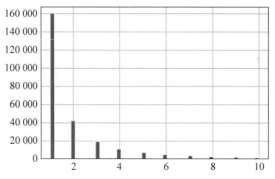

图 5-3　评论次数为 1～10 的用户分布情况

可以看到，无论是整体还是局部，评论次数越多，对应的用户数越少。结合之前的分析，大部分用户（75％）的评分次数都小于 4 次，这基本上符合常规的认知。

除了从评论次数上进行分析，也可以从评分值上进行统计，代码如下所示。其中，groupby 指按参数指定的字段进行分组，它可以有多个字段；count 是对分组后的数据进行计数；sort_values 是按照某些字段的值进行排序；ascending＝False 代表逆序。

```
>>> user_rating = ratings.groupby('user').mean().sort_values(by = 'rating', ascending =
False)
>>> user_rating.rating.describe()
```

输出为：

```
count        273826.00000
mean              3.439616
std               1.081518
min               1.000000
25 %              3.000000
50 %              3.500000
75 %              4.000000
max               5.000000
Name: rating, dtype: float64
```

可以看出，所有用户的评分的均值是 3.439616，而且大部分人（75％）的评分在 4 分左右,所以整体的评分还是比较高的,说明用户对电影的态度并不是很苛刻,或者收集的数据中电影的总体质量不错。

接着可以将评分次数和评分值进行结合,从二维的角度进行观察,代码如下所示。其中,groupby 指按参数指定的字段进行分组,它可以有多个字段;count 是对分组后的数据进行计数;sort_values 是按照某些字段的值进行排序;ascending＝False 代表逆序。

```
>>> user_rating = ratings.groupby('user').mean().sort_values(by = 'rating', ascending = False)
>>> ratings_gb_user = ratings_gb_user.rename(columns = {'movie_id_x':'movie_id','rating_y': 'rating'})
>>> ratings_gb_user.plot(x = 'movie_id', y = 'rating', kind = 'scatter')
```

结果如图 5-4 所示。

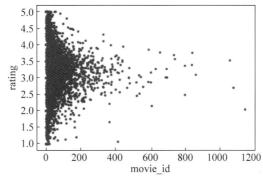

图 5-4　结合评分次数和评分值

可以看到,分布基本上呈“＞”形状,大部分用户评分较少,且中间分数的用户偏多。

5.3.2　电影角度分析

接下来,可以用相似的方法从电影的角度查看数据的分布情况,如每一部电影被评分的次数。要获取每一部电影的被评分次数就需要对影片的 ID 进行分组和计数。为了提高数据的可观性,可以通过关联操作显示影片的名称,使用 Pandas 的 merge 函数可以很容易实现,代码如下所示。在 merge 函数中,参数 how 代表关联的方式,如 inner 是内关联,left 是左关联,right 代表右关联;on 是关联时使用的键名,由于 ratings 和 movies 对应的电影的字段名是一样的,因此可以只传入 movie_id 这一个参数,否则需要使用 left_on 和 right_on 参数。

```
>>> ratings_gb_movie = ratings.groupby('movie_id').count().sort_values(by = 'user', ascending = False)
>>> ratings_gb_movie = pd.merge(ratings_gb_movie,movies, how = 'left', on = 'movie_id')
>>> ratings_gb_movie.head()
```

输出为：

```
    movie_id    user rating    movie_name
0   3077412     320  320       寻龙诀
1   1292052     318  318       肖申克的救赎 - 电影
2   25723907    317  317       捉妖记
3   1291561     317  317       千与千寻
4   2133323     316  316       白日梦想家 - 电影
```

可以看到，被评分次数最多的电影是《寻龙诀》，一共被评分 320 次。同样，user 和 rating 的数据是一致的，属于冗余数据。下面查看详细的统计数据，代码如下所示。

```
>>> ratings_gb_movie.user.describe()
```

输出为：

```
count    22847.00000
mean        45.895522
std         61.683860
min          1.000000
25%          4.000000
50%         17.000000
75%         71.000000
max        320.000000
```

可以看到，一共有 22 847 部电影被用户评分，平均被评分次数接近 46，大部分影片（75%）的被评分次数在 71 次左右。

接着查看直方图，代码如下所示。

```
>>> ratings_gb_user.movie_id.hist(bins = 50)
```

结果如图 5-5 所示。

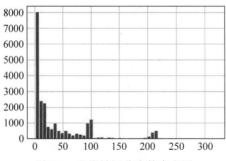

图 5-5　电影被评分次数直方图

可以看到,大约被评分 80 次之前的电影数,基本上是随着评论次数的增加在减少,但是被评论 100 次和 200 次左右的影片却有异常的增加。此外,可以看到分布的标准差比较大,从而得知数据质量并不是太高,但整体上的趋势还是基本符合常识。

接下来,同样要对评分值进行观察,代码如下所示。

```
>>> movie_rating = ratings.groupby('movie_id').mean().sort_values(by = 'rating', ascending =
False)
>>> movie_rating.describe()
```

输出为:

```
count    22847.000000
mean         3.225343
std          0.786019
min          1.000000
25 %         2.800000
50 %         3.333333
75 %         3.764022
max          5.000000
```

从统计数据中可以看出,所有电影的平均分数和中位数很接近,大约是 3.3,说明整体的分布比较均匀。

然后将结合被评分次数和评分值进行分析,代码如下所示。

```
>>> ratings_gb_movie = pd.merge(ratings_gb_movie, movie_rating, how = 'left', on = 'movie_
id')
>>> ratings_gb_movie.head()
```

输出为:

```
     movie_id    user    rating_x  movie_name      rating_y
0    3077412     320     320       寻龙诀           3.506250
1    1292052     318     318       肖申克的救赎 - 电影   4.672956
2    25723907    317     317       捉妖记           3.192429
3    1291561     317     317       千与千寻          4.542587
4    2133323     316     316       白日梦想家         3.990506
```

从输出的数据可以看出,有些电影(如《寻龙诀》)虽然本身被评分的次数很多,但是综合评分并不高,这也符合实际的情况。

查看散点图,代码如下所示。

```
>>> ratings_gb_movie.plot(x = 'user', y = 'rating', kind = 'scatter')
```

结果如图 5-6 所示。

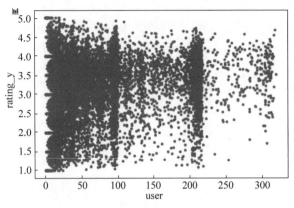

图 5-6　结合被评分次数和评分值的散点图

可以看到，总体上数据还是呈现"＞"分布，但是在被评分次数为 100 次和 200 次左右出现了比较分散的情况，这和图 5-5 是相对应的。这也许是一种特殊现象，而是否是一种规律就需要更多的数据来分析和研究。

当前的分析结果可以有较多用途，如做一个观众评分量排行榜或者电影评分排行榜等。结合电影标签就可以做用户的兴趣分析。

5.4　电影推荐

在对数据有足够的认知之后，可以根据当前数据给用户推荐其没有看过但是很有可能会喜欢的电影。推荐算法大致可以分为三类：协同过滤推荐算法、基于内容的推荐算法和基于知识的推荐算法。其中，协同过滤推荐算法是诞生较早且较为著名的算法，其通过对用户历史行为数据的挖掘发现用户的偏好，基于不同的偏好对用户进行群组划分并推荐品味相似的商品。

协同过滤推荐算法分为两类，分别是基于用户的协同过滤算法（user-based collaborative filtering）和基于物品的协同过滤算法（item-based collaborative filtering）。基于用户的协同过滤算法是通过用户的历史行为数据发现用户对商品或内容的喜好（如商品购买、收藏、内容评论或分享），并对这些喜好进行度量和打分。根据不同用户对相同商品或内容的态度和偏好程度计算用户之间的关系，然后在有相同喜好的用户间进行商品推荐。其中，比较重要的就是距离的计算，可以使用余弦相似性、Jaccard 实现。整体的实现思路是：使用余弦相似性构建邻近性矩阵，再使用 KNN 算法从邻近性矩阵中找到某用户邻近的用户，并将这些邻近用户点评过的电影作为备选，然后将邻近性的值作为推荐的得分，相同的分数可以累加，最后排除该用户已经评价过的电影。部分脚本如下所示。

```
# 根据余弦相似性建立邻近性矩阵
ratings_pivot = ratings.pivot('user','movie_id','rating')
ratings_pivot.fillna(value = 0)
```

```
m,n = ratings_pivot.shape
userdist = np.zeros([m,m])
for i in range(m):
    for j in range(m):
        userdist[i,j] = np.dot(ratings_pivot.iloc[i,],ratings_pivot.iloc[j,]) \
        /np.sqrt(np.dot(ratings_pivot.iloc[i,],ratings_pivot.iloc[i,])\
         * np.dot(ratings_pivot.iloc[j,],ratings_pivot.iloc[j,]))
proximity_matrix = pd.DataFrame(userdist,index = list(ratings_pivot.index),columns = list
(ratings_pivot.index))

# 找到邻近的k个值
def find_user_knn(user, proximity_matrix = proximity_matrix, k = 10):
    nhbrs = userdistdf.sort(user,ascending = False)[user]1:k + 1]
    #在一列中降序排序,除去第一个(自己)后为近邻
    return nhbrs

# 获取推荐电影的列表
def recommend_movie(user, ratings_pivot = ratings_pivot, proximity_matrix = proximity_
matrix):
    nhbrs = find_user_knn(user, proximity_matrix = proximity_matrix, k = 10)
    recommendlist = {}
    for nhbrid in nhbrs.index:
        ratings_nhbr = ratings[ratings['user'] == nhbrid]
        for movie_id in ratings_nhbr['movie_id']:
            if movie_id not in recommendlist:
                recommendlist[movie_id] = nhbrs[nhbrid]
            else:
                recommendlist[movie_id] = recommendlist[movie_id] + nhbrs[nhbrid]
    # 去除用户已经评分过的电影
    ratings_user = ratings[ratings['user'] == user]
    for movie_id in ratings_user['movie_id']:
        if movie_id in recommendlist:
            recommendlist.pop(movie_id)
    output = pd.Series(recommendlist)
    recommendlistdf = pd.DataFrame(output, columns = ['score'])
    recommendlistdf.index.names = ['movie_id']
    return recommendlistdf.sort('score',ascending = False)
```

　　建立邻近性矩阵是很消耗内存的操作,如果执行过程中出现内存错误,则需要换用内存更大的机器运行,或者对数据进行采样处理,从而减少计算量。代码中给出的是基于用户的协同过滤算法,读者可以尝试写出基于电影的协同过滤算法,然后对比算法的优良性。

第 6 章

医疗花费预测

视频讲解

本案例的目标是根据一个人的年龄、性别、BMI、子女个数、是否吸烟和生活地区,预测这个人在医疗方面花费的金额,数据来源于 DataFountain。

sklearn 库提供了大量的机器学习的常用工具,本案例将使用其中的 DBSCAN 聚类算法、支持向量机分类算法和线性回归对数据进行处理和预测,从而得到较为可靠的结果。

6.1 数据读取

本案例的数据集采用 CSV 文件的形式。下面将使用 Pandas 库读取 CSV 文件,得到一个 DataFrame 类型的对象,代码如下所示。通过调用该对象的 head()方法,可以得到文件中最前面的几条数据,便于对数据进行观察。

```
import pandas as pd

train = pd.read_csv("train.csv")
train.head(5)
#输出结果
     age   sex      bmi    children   smoker    region       charges
0    19    female   27.900   0         yes       southwest    16884.92400
1    18    male     33.770   1         no        southeast    1725.55230
2    28    male     33.000   3         no        southeast    4449.46200
3    33    male     22.705   0         no        northwest    21984.47061
4    32    male     28.880   0         no        northwest    3866.85520
```

从上述代码中可以看出,age 和 children 是整数类型,bmi 和 charges 是浮点类型,sex、smoker 和 region 是字符串类型。

6.2　数据预处理

6.2.1　字符串类型的转换

为了便于之后的一系列分析,首先需要将无法参与计算的字符串类型转换为整数类型。sklearn. preprocess 包提供了方便的转换工具,可以直接将这些字符串类型的数据编码为相应的整数,具体如表 6-1 所示。

表 6-1　sklearn. preprocess 包中提供的编码器

名　　称	描　　述
OrdinalEncoder	对二维数组对象进行序数编码的编码器
OneHotEncoder	对二维数组对象进行独热编码的编码器
LabelEncoder	对一维数组对象进行序数编码的编码器

如表 6-1 所示,若对 sex、smoker 和 region 进行序数编码,需要使用 OrdinalEncoder 编码器,相关代码如下所示。

```
from sklearn. preprocessing import OrdinalEncoder
import numpy as np

encoder = OrdinalEncoder(dtype = np. int)
train[['sex', 'smoker', 'region']] = \
encoder. fit_transform(train[['sex', 'smoker', 'region']])
train. head(5)
# 输出结果
   age  sex  bmi     children  smoker  region  charges
0  46   1    38.170  2         0       2       13991.2296
1  50   1    27.455  1         0       0       14903.6078
2  41   1    23.490  1         0       0       11314.7455
3  56   0    25.650  0         0       1       17043.5022
4  39   0    41.800  0         0       2       10923.7187
```

其中,OrdinalEncoder 需要指定参数 dtype 为 np. int。如果不指定该参数,编码器将会把这些字符串类型的数据编码为浮点类型。在指定该参数以后,这些数据将会被编码为整数类型。

6.2.2　数据的分布和映射

在处理完字符串类型的转换后,对其余数据进行观察,发现 age、bmi 和 charges 属于连续数据,而 children 是离散数据。在本案例中,使用 seaborn 库对连续数据的分布进行可视化,示例代码如下所示。

```
import seaborn
seaborn. distplot(train['charges'])
```

使用 seaborn.distplot 方法对数据中的 charges 列进行可视化，结果如图 6-1 所示。

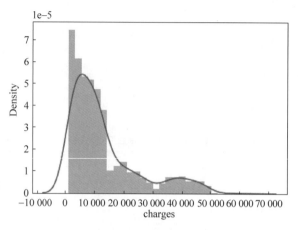

图 6-1　charges 的分布

可以看出，charges 近似符合对数正态分布，因此对 charges 取对数，再一次进行可视化。charges 的对数、age 和 bmi 的可视化结果如图 6-2 所示。

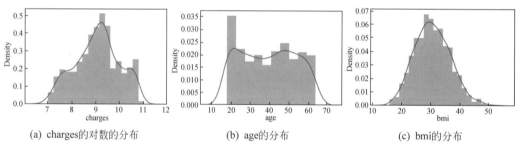

(a) charges的对数的分布　　　　　(b) age的分布　　　　　(c) bmi的分布

图 6-2　可视化 charges 的对数、age 和 bmi

其中，age 近似服从均匀分布，应使用最大最小值标准化的方法将 age 的取值映射到区间[0,1]；而 charges 的对数和 bmi 近似服从正态分布，应使用 z-score 标准化的方法将取值映射到标准正态分布。sklearn.preprocess 包中提供的标准化工具如表 6-2 所示。

表 6-2　sklearn.preprocess 包中提供的标准化工具

名　　称	描　　述
MinMaxScaler	对二维数组对象进行最大最小值标准化
StandardScaler	对二维数组对象进行 z-score 标准化

相关代码如下所示。

```
from sklearn.preprocessing import MinMaxScaler, StandardScaler

min_max_scaler = MinMaxScaler()
```

```
zscore_scaler = StandardScaler()
train['charges'] = np.log(train['charges'])
train[['age']] = min_max_scaler.fit_transform(train[['age']])
train[['bmi', 'charges']] = \
zscore_scaler.fit_transform(train[['bmi', 'charges']])
train.head(5)
#输出结果
      age       sex    bmi         children   smoker   region   charges
0   0.021739   0     - 0.474040    0          1        3        0.694896
1   0.000000   1     0.491162      1          0        2        - 1.777032
2   0.217391   1     0.364551      3          0        2        - 0.750452
3   0.326087   1     - 1.328252    0          0        1        0.980918
4   0.304348   1     - 0.312899    0          0        1        - 0.902549
```

6.3 数据分析

6.3.1 协方差矩阵和热力图

通过查看样本的协方差矩阵,可以初步观察样本的属性和预测目标 charges 的关系。使用热力图可以方便地查看协方差矩阵的取值,相关代码如下所示,结果如图 6-3 所示。

```
seaborn.heatmap(train.corr())
```

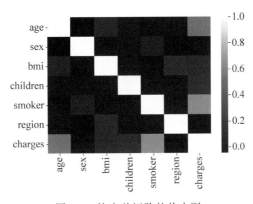

图 6-3 协方差矩阵的热力图

在图 6-3 中,颜色越浅表示数值越高,颜色越深表示数值越低,颜色和数值的对照关系位于图的右侧。从热力图中可以粗略看出,charges 和 age、smoker 的关系非常明显,不能直接看出其他的属性和 charges 的相关性。

6.3.2 DBSCAN 聚类算法

使用 Matplotlib 观察所有样本根据连续值 age、bmi 和 charges 绘制的图像,相关代码如下所示,结果如图 6-4 所示。

```
import matplotlib.pyplot as plt

def graph3d(data, x, y, z):
    ax = plt.figure().add_subplot(111, projection = '3d')
    ax.scatter(data[x], data[y], data[z], s = 10, c = 'r', marker = '.')
    ax.set_xlabel(x)
    ax.set_ylabel(y)
    ax.set_zlabel(z)
plt.show()

graph3d(train, 'age', 'bmi', 'charges')
```

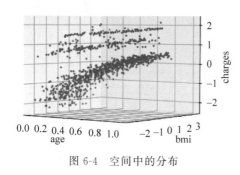

图 6-4 空间中的分布

可以发现,数据大致分布于三个曲面。当数据具有明显的分层时,适合使用 DBSCAN 聚类方法对数据进行分类,从而对不同类别的样本分别进行分析。

sklearn 库提供的一系列机器学习工具中包含 DBSCAN 算法工具。DBSCAN 算法指定一个半径 ε 和一个数量 M,它将空间中的点分成 3 种:核心点指在半径范围 ε 内含有超过 M 个相邻点的点;边界点指非核心点,但在核心点半径 ε 范围内的点;其余的点称为噪声。DBSCAN 遍历每个点,判断每个点是否为核心点,寻找每个核心点周围的所有点,并将周围的点和相应核心点标记为同一个类别。

在遍历整个样本集的过程中,首先根据一个点的半径 ε 范围内的点的数量判断其是否为核心点。若是核心点,就将半径 ε 范围内的点和该点标记为同一类,并对每个周围的点做相同操作,再次查看是否为核心点。持续该过程,直到每个点都被遍历过。此时,未被分类的点就是噪声。

DBSCAN 算法需要对半径 ε 和阈值 M 进行调参。在本案例中,由于需要将样本分为 3 类,因此调整 $\varepsilon=0.45$,$M=10$,相关代码如下所示。

```
import sklearn.cluster as cluster

def dbscan(data, features = None):
    clusterer = cluster.DBSCAN(eps = 0.45, min_samples = 10)
    x = data
    if (features):
        x = data[features]
    y = clusterer.fit_predict(x.values)
    data["type"] = y
return data

train1 = train[["age", "bmi", "charges"]].copy(deep = True)
```

```
# 由于分布较为靠近,增加一个权重,将层间距离拉长
train1["charges"] *= 3

train["type"] = dbscan(train1)["type"]
train["type"].unique()
array([ 0, -1, 1, 2], dtype = int64)
```

聚类的结果可以使用 Matplotlib 进行观察,相关代码如下所示。

```
def graph3dc(train, x, y, z, type_name = "type"):
    ax = plt.figure().add_subplot(111, projection = '3d')
    data = train[train[type_name] == 0]
    ax.scatter(data[x], data[y], data[z], s = 10, c = 'r', marker = '.')
    data = train[train[type_name] == 1]
    ax.scatter(data[x], data[y], data[z], s = 10, c = 'g', marker = '.')
    data = train[train[type_name] == 2]
    ax.scatter(data[x], data[y], data[z], s = 10, c = 'b', marker = '.')
    ax.set_xlabel(x)
    ax.set_ylabel(y)
    ax.set_zlabel(z)
    plt.show()

graph3dc(train, 'age', 'bmi', 'charges')
```

聚类的结果如图 6-5 所示。

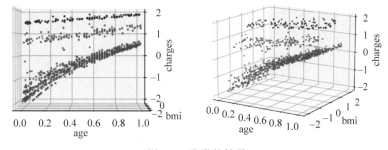

图 6-5　聚类的结果

6.3.3　支持向量机分类算法

由于 DBSCAN 聚类算法本身并不提供分类标准,使用 DBSCAN 聚类算法得到每个样本的聚类标签后,需要根据结果采用其他方法得到一个分类的标准,使测试集可以根据该标准进行分类。使用图 6-5 对应代码中提供的 graph3dc 方法观察样本的分布,可以发现 age、bmi、smoker 和样本的分类具有明显的关系,如图 6-6 所示。

样本的分布具有明显、规则的边界,因此适合使用支持向量机分类算法进行分类。支持向量机是通过寻找支持向量来表示一个平面,使用该平面对空间中的点进行划分,将两侧的点分别归类到不同的类别。

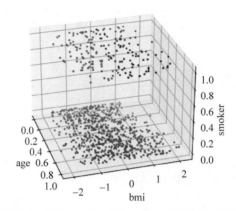

图 6-6　使用 age、bmi 和 smoker 绘制的散点图

sklearn 库提供了支持向量机分类算法的工具，代码如下所示，这段代码使用所有非噪声样本对支持向量机进行训练，并将支持向量机的预测结果和 DBSCAN 聚类的标签进行比较，得到分类的准确率约为 83%。

```
from sklearn.svm import SVC

train_svm = train[train["type"] != -1]
svm = SVC(kernel = 'linear')
svm.fit(train_svm[["age", "bmi", "smoker"]], train_svm["type"])

train["type_predict"] = svm.predict(train[["age", "bmi", "smoker"]])
(train[train["type"] == train["type_predict"]]).shape[0] / train.shape[0]
0.8336448598130841
```

6.4　线性回归

在使用 DBSCAN 聚类算法得到样本的类别后，对每一类样本分别进行线性回归，得到三个不同的线性模型。sklearn 库提供了线性回归的工具 LinearRegression，使用该工具分别对三类样本进行拟合。观察图 6-5 可以发现，charges 和 age 并非简单的线性关系，而是接近于二次函数的关系，因此构造新的属性 age2 表示 age 的平方，使用 age、age2 和 bmi 进行拟合。

在拟合之后，使用均方误差初步观察拟合的性能。sklearn 库提供了计算均方误差的函数 mean_squared_error，可用于相应的计算，代码如下所示。

```
from sklearn.linear_model import LinearRegression
from sklearn.metrics import mean_squared_error

train["age2"] = train["age"] ** 2

models = {}
```

```
for t in train["type"].unique():
    if t == -1:
        continue
    train_re = train[train["type"] == t]
    models[t] = LinearRegression()
models[t].fit(train_re[["age", "age2", "bmi"]], train_re["charges"])


train["charges_predict"] = 0
for t in train["type_predict"].unique():
    train.loc[train["type_predict"] == t, "charges_predict"] = \
        models[t].predict(train.loc[train["type_predict"] == t,
            ["age", "age2", "bmi"]])


mean_squared_error(train["charges"], train["charges_predict"])
# 输出结果
0.18895087209527614
```

6.5 结果预测

对结果进行预测,代码如下所示。该代码读取 test.csv 文件并将预测结果写入 submission.csv 中。

```
test = pd.read_csv("test.csv")
submission = test.copy(deep = True)


test[['sex', 'smoker', 'region']] = \
    encoder.transform(test[['sex', 'smoker', 'region']])


test[['age']] = min_max_scaler.transform(test[['age']])
test[['bmi', 'charges']] = zscore_scaler.transform(test[['bmi', 'charges']])


test["type"] = svm.predict(test[["age", "bmi", "smoker"]])


test["age2"] = test["age"] ** 2
for t in test["type"].unique():
    test.loc[test["type"] == t, "charges"] = \
        models[t].predict(test.loc[test["type"] == t,
            ["age", "age2", "bmi"]])


test[["bmi", "charges"]] = zscore_scaler.inverse_transform(
test[["bmi", "charges"]])
submission["charges"] = np.exp(test["charges"])


submission.to_csv('submission.csv')
```

6.6 结果分析

使用 seaborn 库提供的 lineplot 方法可以绘制折线图，代码如下所示，结果如图 6-7 所示。

```
test = pd.read_csv("test.csv")
seaborn.lineplot(data = {'test': test["charges"],
    'submission': submission["charges"]})
```

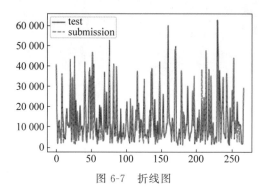

图 6-7 折线图

可以看出，本案例的预测结果和真实取值基本一致。

第 **7** 章

用户消费行为分析

用户行为分析是数据分析的一个重要应用领域。刷短视频 App 时的视频推荐、购物时各种相关产品的推荐等都是基于对用户行为的分析实现的。而本章要介绍的是用户行为分析中更为细分的方面，即用户消费行为的分析。通过对用户消费行为进行分析，商家可以知道哪些客户是重点服务对象，哪些客户会有更换服务的风险等。

视频讲解

本案例通过 RFM 模型实现用户消费行为的分析，即对给定数据进行用户分层。具体而言，RFM 数据分析工作流程由数据读入、数据清洗和预处理、RFM 统计量计算、RFM 归类和结果保存 5 个阶段组成。

7.1 RFM 模型简介

RFM 模型是衡量用户价值和用户创利能力的重要工具和手段。在众多的客户关系管理（customer relationship management，CRM）的分析模式中，RFM 模型被广泛提到。该模型通过一个用户的最近一次消费、消费频率及消费金额 3 项统计量描述该用户的价值状况，具体如下。

（1）最近一次消费（recency，简称 R）：用户上一次购买的时间。可计算最后一次交易距离今天的时间间隔。

（2）消费频率（frequency，简称 F）：用户在限定的期间内购买的次数。通常情况下，越常购买的用户，满意度越高。

（3）消费金额（monetary，简称 M）：用户在一段时间内的消费总金额。

7.2 数据读入

本案例使用 CSV 格式的表格数据，数据提供了详细的用户购买记录，包括用户 ID（CustomerID）、数量（Quantity）、购买时间（InvoiceDate）和单价（UnitPrice），具体如

表 7-1 所示。其中,购买时间通过开发票时间确定。

表 7-1 用户购买情况表

CustomerID	Quantity	InvoiceDate	UnitPrice
17850	6	1/12/2010 8:26	2.55
17850	6	1/12/2010 8:26	3.39
17850	8	1/12/2010 8:26	2.75
13047	3	1/12/2010 8:34	4.95
13047	3	1/12/2010 8:34	4.95
12583	24	1/12/2010 8:45	3.75
12583	24	1/12/2010 8:45	3.75

在读取数据之前,先导入需要使用的工具包,代码如下所示。

```
import numpy as np
import pandas as pd
import pandas_profiling
```

使用 Pandas 库直接对 CSV 文件进行解析读入,便于利用其内置的数据框架进行后续分析。

直接调用接口读入的代码如下所示。

```
df = pd.read_csv('OnlineRetail.csv', sep = ',')
```

7.3 数据清洗和预处理

观察原始数据,可以发现存在一些空数据。此外,为了计算 RFM 模型的三个统计量,还需要对原数据表进行一些合并操作,如以用户个体为粒度进行消费记录的合并。因此该部分主要有两个操作:数据清洗和数据预处理。

7.3.1 数据清洗

原始数据中存在一些空数据,即用户 ID 为空的数据,这部分数据显然是无法进行用户分类的。除了清洗这些数据外,部分数据的类型也需要进行转换:

(1) 用户 ID 需要转换为整数(默认为浮点小数)。

(2) 购买日期需要转换为日期格式(默认为文本格式,不便于后续利用 Pandas 框架进行日期计算)。

因此数据需要先进行清洗、剔除,再进行类型转换,代码如下所示。

```
df = df.dropna()
df[id_key] = df[id_key].astype(int)
df[amount_key] = df[amount_key].astype(int)
df[date_key] = pd.to_datetime(df[date_key], format = '%d-%m-%Y %H:%M')
```

经过清洗后的数据如图 7-1 所示,由于空间有限,仅显示首、尾部的数行数据。

```
        CustomerID  Quantity          InvoiceDate  UnitPrice
0            17850         6  2010-12-01 08:26:00       2.55
1            17850         6  2010-12-01 08:26:00       3.39
2            17850         8  2010-12-01 08:26:00       2.75
3            17850         6  2010-12-01 08:26:00       3.39
4            17850         6  2010-12-01 08:26:00       3.39
...            ...       ...                  ...        ...
541904       12680        12  2011-12-09 12:50:00       0.85
541905       12680         6  2011-12-09 12:50:00       2.10
541906       12680         4  2011-12-09 12:50:00       4.15
541907       12680         4  2011-12-09 12:50:00       4.15
541908       12680         3  2011-12-09 12:50:00       4.95
```

图 7-1　清洗后的数据部分展示

7.3.2　数据预处理

为了计算 RFM 模型的统计量,需要对清洗过的数据进行预处理,以便于后续计算。具体而言,需要按照用户进行消费记录的整合,包括计算出下列中间过程统计量:

（1）从用户的全部购买历史记录中,找出最近的购买日期。

（2）从用户的全部购买历史记录中,计算购买消费品总量。

（3）将用户购买记录条目中的购买单价和购买数量相乘,得到购买总金额。

具体实现代码如下所示。

```
df[total_price_key] = df[amount_key] * df[unit_price_key]
rfm = df.pivot_table(
    index = [id_key],
    aggfunc = {
        amount_key: 'sum',
        total_price_key: 'sum',
        date_key: 'max'
    }
)
```

7.4　RFM 统计量计算

对数据预处理后,可以方便地计算最近一次消费、消费频率和消费金额 3 项 RFM 统计量。使用 Python 代码与 Pandas 库逐个进行计算:

（1）预计算：先计算出今天的日期(使用的是数据表中的最新日期 max_dt)。

（2）R 计算：计算出每个用户最后一次交易距离今天的时间间隔，即 R。

（3）F 计算：通过预处理得到总的购买的消费品数目，即 F。

（4）M 计算：通过预处理得到总的消费金额，即 M。

对应代码如下所示。

```
max_dt = df[date_key].max()
rfm['R'] = (max_dt - df.groupby(by = id_key)[date_key].max()) /
np.timedelta64(1, 'D')
rfm['F'] = rfm[amount_key]
rfm['M'] = rfm[total_price_key]

rfm = rfm.drop(labels = [amount_key, total_price_key, date_key], axis = 1)
```

上述代码还剔除一些 RFM 表格中间暂时使用的列。

7.5　RFM 归类

计算得到 RFM 三个统计量后，可以根据 RFM 模型的定义，在将各列数据减去均值后，对用户进行归类，用户类型编码如表 7-2 所示。

表 7-2　用户类型编码

RFM 编码	用 户 类 型
111	重要价值用户
011	重要保持用户
101	重要挽留用户
001	重要发展用户
110	一般价值用户
010	一般保持用户
100	一般挽留用户
000	一般发展用户

以下代码中包含了对应功能的注释描述。

```
# 映射函数:计算 RFM 编码
def __RFM_line_wise_coding(r):
    level = r.map(lambda l: '1' if l > 0 else '0')
    return f'[{level.R + level.F + level.M}]'

# 映射函数:计算 RFM 模型的分类结果
def __RFM_line_wise_labeling(r):
    level = r.map(lambda l: '1' if l > 0 else '0')
    code = level.R + level.F + level.M
    d = {
        '111': '重要价值用户',
```

```
            '011': '重要保持用户',
            '101': '重要挽留用户',
            '001': '重要发展用户',
            '110': '一般价值用户',
            '010': '一般保持用户',
            '100': '一般挽留用户',
            '000': '一般发展用户'
        }
        label = d[code]
        return label


    # 映射函数:进行减去均值的标准化
    def __RFM_line_wise_normalizing(r):
        return r - r.mean()


    # RFM 模型工作主函数
    def RFM_modeling(rfm: pd.DataFrame):
        normed = rfm.apply(__RFM_line_wise_normalizing)
        rfm['code'] = normed.apply(__RFM_line_wise_coding, axis = 1)
        rfm['label'] = normed.apply(__RFM_line_wise_labeling, axis = 1)
    return rfm
```

最终的 RFM 表格简览如图 7-2 所示。由于空间有限,仅显示首尾的数行数据,同时展示了 RFM 编码和用户类型。

```
                    R     F        M   code   label
CustomerID
12346      325.106250     0     0.00  [100]  一般挽留用户
12347        1.873611  2458  4310.00  [011]  重要保持用户
12348       74.984028  2341  1797.24  [010]  一般保持用户
12349       18.124306   631  1757.55  [000]  一般发展用户
12350      309.867361   197   334.40  [100]  一般挽留用户
...               ...   ...      ...    ...     ...
18280      277.123611    45   180.60  [100]  一般挽留用户
18281      180.081250    54    80.82  [100]  一般挽留用户
18282        7.046528    98   176.60  [000]  一般发展用户
18283        3.033333  1397  2094.88  [011]  重要保持用户
18287       42.139583  1586  1837.28  [010]  一般保持用户
```

图 7-2　RFM 表格简览

7.6　结果保存

计算得到 RFM 分类结果后,将结果导出为 CSV 表格文件,以便后续进行进一步的观察和分析,代码如下所示。

```
rfm.to_csv('rfm_result.csv', encoding = 'GBK')
```

7.7　可视化结果

　　为了更好地展示用户分层的效果，我们对得到的分类结果进行了更详细的可视化。如图 7-3 所示，分别对用户类型的分布和百分占比进行了可视化，这将有助于对营销数据分析做整体的概览。

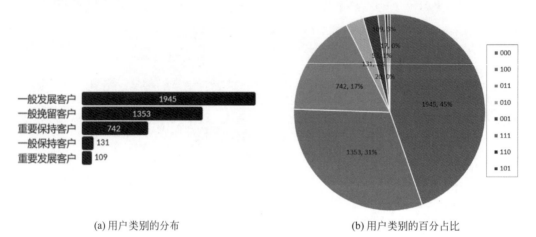

(a) 用户类别的分布　　　　　　　　　　　　　　(b) 用户类别的百分占比

图 7-3　对用户类型分类结果的可视化

　　此外，还对 RFM 的三个统计量的分布进行了总结。如图 7-4 所示，R、F、M 三个统计量都显示出明显的长尾分布，可以看出其实大多数用户的消费情况都处于一个很低的水平。这在某种程度上提醒我们，挖掘新用户、构造新需求、开展更广泛的营销是有必要的。

图 7-4　三个统计量分布示意图

第 **8** 章

用户流失预警

本案例使用美国电话公司的用户数据,该数据集包括客户在不同时段的电话使用情况的相关信息。用户流失分析对于各类电商平台而言是十分重要的,因为用户流失会导致 GMV(Gross Merchandise Volume,商品交易总额)下降,用户结构发生变化,使平台投入和策略都存在潜在风险。因此,需要建立用户流失预警模型,预测用户流失可能性,针对个体客户或群体客户展开精细化营销,从而降低用户流失风险。

视频讲解

代码实现分为以下 6 个步骤。

(1) 读入数据。

(2) 数据预处理。

(3) 自变量标准化。

(4) 五折交叉验证。

(5) 代入 SVC、随机森林及 KNN 三种模型。

(6) 确定 prob 阈值,输出精度评估。

8.1 读入数据

通过 pd. read_csv('churn. csv', sep=',', encoding='utf-8')读入美国电话公司的用户使用数据,并赋值为 df。查看数据类型 df. dtypes,具体如表 8-1 所示。

表 8-1 用户数据集数据类型表

名 称	数 据 类 型
State	object
Account Length	int64
Area Code	int64

续表

名　　称	数 据 类 型
Phone	object
Int'l Plan	object
VMail Plan	object
VMail Message	int64
Day Mins	float64
Day Calls	int64
Day Charge	float64
Eve Mins	float64
Eve Calls	int64
Eve Charge	float64
Night Mins	float64
Night Calls	int64
Night Charge	float64
Intl Mins	float64
Intl Calls	int64
Intl Charge	float64
CustServ Calls	int64
Churn?	object

通过 df.head()查看前几行数据，结果如图 8-1 所示。

State	Account Length	Area Code	Phone	Int'l Plan	VMail Plan	VMail Message	Day Mins	Day Calls	Day Charge
KS	128	415	382-4657	no	yes	25	265.1	110	45.07
OH	107	415	371-7191	no	yes	26	161.6	123	27.47
NJ	137	415	358-1921	no	no	0	243.4	114	41.38
OH	84	408	375-9999	yes	no	0	299.4	71	50.9
OK	75	415	330-6626	yes	no	0	166.7	113	28.34
AL	118	510	391-8027	yes	no	0	223.4	98	37.98
MA	121	510	355-9993	no	yes	24	218.2	88	37.09
MO	147	415	329-9001	yes	no	0	157	79	26.69
LA	117	408	335-4719	no	no	0	184.5	97	31.37

Eve Mins	Eve Calls	Eve Charge	Night Mins	Night Calls	Night Charge	Intl Mins	Intl Calls	Intl Charge	CustServ Calls	Churn?
197.4	99	16.78	244.7	91	11.01	10	3	2.7	1	False.
195.5	103	16.62	254.4	103	11.45	13.7	3	3.7	1	False.
121.2	110	10.3	162.6	104	7.32	12.2	5	3.29	0	False.
61.9	88	5.26	196.9	89	8.86	6.6	7	1.78	2	False.
148.3	122	12.61	186.9	121	8.41	10.1	3	2.73	3	False.
220.6	101	18.75	203.9	118	9.18	6.3	6	1.7	0	False.
348.5	108	29.62	212.6	118	9.57	7.5	7	2.03	3	False.
103.1	94	8.76	211.8	96	9.53	7.1	6	1.92	0	False.
351.6	80	29.89	215.8	90	9.71	8.7	4	2.35	1	False.

图 8-1　前几行数据展示

通过 df['Churn?'].value_counts()查看表 8-1 的因变量分布，可以得到正负样本比例为 1∶6，即平均每 7 个用户中有一个用户会流失，该数据集正负样本不太平衡。

8.2　数据预处理和自变量标准化

Churn? 是字符串类型的因变量，需要将该字段类型由字符串转换为二值变量（1、0）。首先删除因变量 Churn? 和与因变量无关的自变量（State、Area Code、Phone），而后将字符串转换成数值变量,并将自变量整理成数值类型的数组,代码如下所示。

```
churn_result = df['Churn?']
y = np.where(churn_result == 'True.',1,0)
to_drop = ['State','Area Code','Phone','Churn?']
churn_feat_space = df.drop(to_drop,axis = 1)
yes_no_cols = ["Int'l Plan","VMail Plan"]
churn_feat_space[yes_no_cols] = churn_feat_space[yes_no_cols] == 'yes'
X = churn_feat_space.as_matrix().astype(np.float)
```

此外,还需要将自变量处理成符合正态分布的标准化值,代码如下所示。

```
scaler = StandardScaler()
X = scaler.fit_transform(X)
```

8.3　五折交叉验证

KFold 函数来自 sklearn.model_selection 包,可以将数据处理成 n 等份,$n-1$ 份作为训练集,1 份作为测试集,代码如下所示。

```
def run_cv(X,y,clf_class, ** kwargs):
    kf = KFold(n_splits = 5,shuffle = True)
    y_pred = y.copy()
    for train_index, test_index in kf.split(X):
        X_train, X_test = X[train_index], X[test_index]
        y_train = y[train_index]
        clf = clf_class( ** kwargs)
        clf.fit(X_train,y_train)
        y_pred[test_index] = clf.predict(X_test)
    return y_pred
```

8.4　代入三种模型

X 为自变量,y 为因变量,分别引入 sklearn 包的三个模型 SVC、RF、KNN,调用多折交叉验证函数训练模型,得出测试集的预测结果,合并后得出所有预测结果,代码如下所示。

```
from sklearn.svm import SVC
from sklearn.ensemble import RandomForestClassifier as RF
from sklearn.neighbors import KNeighborsClassifier as KNN
run_cv(X,y,SVC)
run_cv(X,y,RF)
```

```
run_cv(X, y, KNN)
print ("Support vector machines:")
print (" % .3f" % accuracy(y, run_cv(X, y, SVC)))
print ("Random forest:")
print (" % .3f" % accuracy(y, run_cv(X, y, RF)))
print ("K - nearest - neighbors:")
print (" % .3f" % accuracy(y, run_cv(X, y, KNN)))
```

SVC 准确率为 0.921，RF 准确率为 0.944，KNN 准确率为 0.894。

在实际使用场景中，可以结合样本分布和业务需求指标，加入其他评价指标或自定义指标函数（如 TPR、FPR、recall、precision 等），读者可以自行尝试。

8.5　调整 prob 阈值，输出精度评估

输出预测结果是否流失的可能性，代码如下所示。

```
def run_prob_cv(X, y, clf_class, ** kwargs):
    kf = KFold(n_splits = 5, shuffle = True)
    y_prob = np.zeros((len(y), 2))
    for train_index, test_index in kf.split(X):
        X_train, X_test = X[train_index], X[test_index]
        y_train = y[train_index]
        clf = clf_class(** kwargs)
        clf.fit(X_train, y_train)

        y_prob[test_index] = clf.predict_proba(X_test)
    return y_prob
# 使用 10 estimators
pred_prob = run_prob_cv(X, y, RF, n_estimators = 10)

# 得出流失可能性概率
pred_churn = pred_prob[:, 1]
is_churn = y == 1

# 统计预测结果不同流失概率对应的用户数
counts = pd.value_counts(pred_churn)

# 预测结果不同流失概率对应的真正流失用户占比
true_prob = {}
for prob in counts.index:
    true_prob[prob] = np.mean(is_churn[pred_churn == prob])
    true_prob = pd.Series(true_prob)

# 合并数据
counts = pd.concat([counts, true_prob], axis = 1).reset_index()
counts.columns = ['pred_prob', 'count', 'true_prob']
```

结果如图 8-2 和图 8-3 所示。

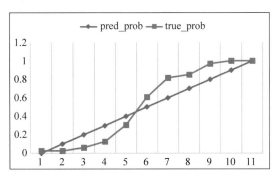

图 8-2 真实概率与预测概率比较图

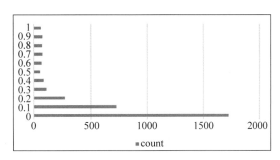

图 8-3 不同预测概率频数图

由图 8-2 可知,交叉点在 0.55 左右,所以将 prob 阈值设置为 0.55 得出的分类结果会更准确,使用默认值 0.5 也是可以的。由图 8-3 可知,预测结果分布与真实结果基本一致。

第 9 章

在Kaggle上预测房价

视频讲解

　　房价预测的数据是通用的,不会表现出可能需要专门模型(如音频或视频)的奇特结构。该数据集由 Bart de Cock 于 2011 年收集,涵盖了爱荷华州艾姆斯市 2006—2010 年的房价。它比 Harrison 和 Rubinfeld 于 1978 年收集的著名的波士顿住房数据集大得多,拥有更多示例和功能。数据集下载链接为 https://www.kaggle.com/c/house-prices-advanced-regression-techniques/data。

9.1　读取数据集

　　数据分为训练数据集和测试数据集。两个数据集都包括每栋房子的特征,如街道类型、建造年份、房顶类型、地下室状况等。这些特征有连续的数字、离散的标签,甚至是缺失值 na。只有训练数据集包括了每栋房子的价格,也就是标签。下面将通过 Pandas 库读取并处理数据。首先引入需要用到的包,并读取数据文件,将数据放在../data 目录,它包括两个 CSV 文件,代码如下所示。

```
import torch
from torch import nn
from torch.utils import data
import pandas as pd
import numpy as np
train_data = pd.read_csv('../data/kaggle_house_pred_train.csv')
test_data = pd.read_csv('../data/kaggle_house_pred_test.csv')
```

　　训练数据集包括 1460 个样本、80 个特征和 1 个标签。测试数据集包括 1459 个样本和 80 个特征。我们需要预测测试数据集中每个样本的标签。

首先查看前 4 个样本的前 4 个特征、后 2 个特征和标签(SalePrice),代码如下所示,输出结果如图 9-1 所示。

```
Show = train_data.iloc[0:4, [0, 1, 2, 3, -3, -2, -1]]
print(Show)
```

	Id	MSSubClass	MSZoning	LotFrontage	SaleType	SaleCondition	SalePrice
0	1	60	RL	65.0	WD	Normal	208500
1	2	20	RL	80.0	WD	Normal	18700
2	3	60	RL	68.0	WD	Normal	223500
3	4	70	RL	60.0	WD	Abnorml	140000

图 9-1　数据集内容节选

9.2　预处理数据集

开始建模之前,需要对数据进行预处理。首先对连续数值的特征进行标准化:设该特征在整个数据集上的均值为 μ,标准差为 σ,将该特征的每个值先减去 μ 再除以 σ 得到标准化后的每个特征值,即

$$x \leftarrow \frac{x - \mu}{\sigma}$$

对于缺失的特征值,将其替换成该特征的均值。将数据标准化有两个原因:首先,它被证明便于优化;其次,因为不知道哪些先验特征将是相关的,所以我们不想分配给一个特征的惩罚要比其他特征的惩罚更大。代码如下所示。

```
numeric_features =
all_features.dtypes[all_features.dtypes != 'object'].index
all_features[numeric_features] = all_features[numeric_features].apply(lambda x: (x -
x.mean()) / (x.std()))
# 标准化后,每个特征的均值变为 0,所以可以直接用 0 替换缺失值
all_features[numeric_features] = all_features[numeric_features].fillna(0)
```

接下来,将离散数值转换成指示特征。例如,假设特征 MSZoning 有两个不同的离散值 RL 和 RM,那么这一步转换将去掉 MSZoning 特征,并新加两个特征 MSZoning_RL 和 MSZoning_RM,值为 0 或 1。如果一个样本原来在 MSZoning 里的值为 RL,那么有 MSZoning_RL=1 且 MSZoning_RM=0。

最后,通过 values 属性得到 NumPy 格式的数据,并转换成 tensor 格式以便后面的训练,代码如下所示。

```
# dummy_na = True 将缺失值也当作合法的特征值,并为其创建指示特征
all_features = pd.get_dummies(all_features, dummy_na = True)
n_train = train_data.shape[0]
```

```
train_features = torch.tensor(all_features[:n_train].values,
dtype = torch.float32)
test_features = torch.tensor(all_features[n_train:].values,
dtype = torch.float32)
train_labels = torch.tensor(train_data.SalePrice.values.reshape( - 1, 1),
dtype = torch.float32)
```

9.3 训练模型

下面使用一个基本的线性回归模型和平方损失函数训练模型，代码如下所示。

```
loss = nn.MSELoss()
in_features = train_features.shape[1]
valid_l_sum / k
def get_net():
    net = nn.Sequential(nn.Linear(in_features,1))
    return net
```

对于房价，人们关心的是相对数量，而不是绝对数量，也就是说，更倾向于关注相对误差 $\frac{y - \hat{y}}{y}$，而不是绝对误差 $y - \hat{y}$。例如，在估算俄亥俄农村地区的房价时，我们的估算偏离了 100 000 美元，而那里的常规房价为 125 000 美元，那么这个估算会显得很差。但如果在估算加利福尼亚州的洛斯阿尔托斯山的房价时也偏离了 100 000 美元，这可能代表着很高的准确率，因为那里的房价中位数超过 400 万美元。

解决此问题的一种方法是测量价格估计值的对数的差。实际上，这也是 Kaggle 比赛用来评估参赛作品质量的官方错误度量。这导致在预测价格的对数与标签价格的对数之间出现以下均方根误差：

$$\sqrt{\frac{1}{n}\sum_{i=1}^{n}\left[\log(y_i) - \log(\hat{y_i})\right]^2}$$

对数均方根误差的实现代码如下所示。

```
def log_rmse(net, features, labels):
    clipped_preds = torch.clamp(net(features), 1, float('inf'))
    rmse = torch.sqrt(loss(torch.log(clipped_preds), torch.log(labels)))
    return rmse.item()
```

接下来，使用 load_array 函数读取 batch_size 大小的数据，代码如下所示。

```
def load_array(data_arrays, batch_size, is_train = True):
    dataset = data.TensorDataset( * data_arrays)
    return data.DataLoader(dataset, batch_size, shuffle = is_train)
```

这里介绍一种非常常用的优化方法 Adam。Adam 算法使用了动量变量 v_t 和小批量随机梯度按元素平方的指数加权移动平均变量 s_t，并在时间步 0 将它们中的每个元素初始化为 0。给定超参数 $0 \leqslant \beta_1 < 1$(建议设为 0.9)，时间步 t 的动量变量 v_t(即小批量随机梯度 g_t 的指数加权移动平均变量)为：

$$v_t \leftarrow \beta_1 v_{t-1} + (1 - \beta_1) g_t$$

给定超参数 $0 \leqslant \beta_2 < 1$(建议设为 0.999)，将小批量随机梯度按元素平方后的项 $g_t \odot g_t$ 进行指数加权移动平均计算得到 s_t：

$$s_t \leftarrow \beta_2 s_{t-1} + (1 - \beta_2) g_t \odot g_t$$

由于将 v_0 和 s_0 中的元素都初始化为 0，因此在时间步 t 得到 $v_t = (1 - \beta_1) \sum_{i=1}^{t} \beta_1^{t-i} g_i$。

将过去各时间步小批量随机梯度的权值相加，得到 $(1 - \beta_1) \sum_{i=1}^{t} \beta_1^{t-i} = 1 - \beta_1^t$。需要注意的是，当 t 较小时，过去各时间步小批量随机梯度权值之和会较小。例如，当 $\beta_1 = 0.9$ 时，$v_1 = 0.1 g_1$。为了消除这样的影响，对于任意时间步 t，可以将 v_t 除以 $1 - \beta_1$，从而使过去各时间步小批量随机梯度权值之和为 1，这也叫作偏差修正。在 Adam 算法中，对变量 v_t 和 s_t 均做偏差修正，有：

$$\hat{v}_t \leftarrow \frac{v_t}{1 - \beta_1^t}$$

$$\hat{s}_t \leftarrow \frac{s_t}{1 - \beta_2^t}$$

接下来，使用偏差修正后的变量 $\hat{v}_t$ 和 $\hat{s}_t$，将模型参数中每个元素的学习率经过计算后进行重新调整，则：

$$g_t' \leftarrow \frac{\eta \hat{v}_t}{\sqrt{\hat{s}_t} + \varepsilon}$$

其中 η 是学习率，ε 是为了维持数值稳定性而添加的常数，如 10^{-8}。目标函数自变量中每个元素都分别拥有自己的学习率。最后，使用 g_t' 迭代自变量，有：

$$x_t \leftarrow x_{t-1} - g_t'$$

Adam 优化算法适合解决含大规模数据和参数的优化问题，及包含很高噪声或稀疏梯度的问题，且对初始化的学习率不敏感。

接下来就可以实现 train 函数了，它调用 load_array 函数读取数据，并调用 PyTorch 封装好的 torch.optim.Adam 函数实现 Adam 算法，代码如下所示。

```
def train(net, train_features, train_labels, test_features, test_labels,
        num_epochs, learning_rate, weight_decay, batch_size):
    train_ls, test_ls = [ ], [ ]
    train_iter = load_array((train_features, train_labels), batch_size)
    # 这里使用 Adam 优化算法
    optimizer = torch.optim.Adam(net.parameters(), lr = learning_rate, weight_decay =
weight_decay)
    for epoch in range(num_epochs):
        for X, y in train_iter:
```

```
            optimizer.zero_grad()
            #计算 loss
            l = loss(net(X), y)
            #反向传播
            l.backward()
            optimizer.step()
        train_ls.append(log_rmse(net, train_features, train_labels))
        if test_labels is not None:
            test_ls.append(log_rmse(net, test_features, test_labels))
    return train_ls, test_ls
```

9.4   k 折交叉验证

由于验证数据集不参与模型的训练，当训练数据不够用时，预留大量的验证数据显得太奢侈。一种改善的方法是 k 折交叉验证（k-fold cross-validation）。在 k 折交叉验证中，把原始训练数据集分割成 k 个不重合的子数据集，然后做 k 次模型训练和验证。每一次使用一个子数据集验证模型，并使用其他 $k-1$ 个子数据集训练模型。在这 k 次训练和验证中，每次用来验证模型的子数据集都不同。最后，对这 k 次训练误差和验证误差分别求平均值。

以下代码实现了一个函数，它返回第 i 折交叉验证时所需要的训练数据和验证数据。

```
def get_k_fold_data(k, i, X, y):
    assert k > 1
    fold_size = X.shape[0] // k
    X_train, y_train = None, None
    for j in range(k):
        idx = slice(j * fold_size, (j + 1) * fold_size)
        X_part, y_part = X[idx, :], y[idx]
        if j == i:
            X_valid, y_valid = X_part, y_part
        elif X_train is None:
            X_train, y_train = X_part, y_part
        else:
            X_train = torch.cat([X_train, X_part], 0)
            y_train = torch.cat([y_train, y_part], 0)
    return X_train, y_train, X_valid, y_valid
```

在 k 折交叉验证中，训练 k 次并返回训练和验证的平均误差，代码如下所示。

```
def k_fold(k, X_train, y_train, num_epochs, learning_rate, weight_decay,
        batch_size):
    train_l_sum, valid_l_sum = 0, 0
    for i in range(k):
```

```
        data = get_k_fold_data(k, i, X_train, y_train)
        net = get_net()
        train_ls, valid_ls = train(net, * data, num_epochs, learning_rate,
                                   weight_decay, batch_size)
        train_l_sum += train_ls[ - 1]
        valid_l_sum += valid_ls[ - 1]
        print(f'fold {i + 1}, train log rmse {float(train_ls[ - 1]):f},
             'f'valid log rmse {float(valid_ls[ - 1]):f}')
    return train_l_sum / k, valid_l_sum / k
```

9.5　模型选择和调整

在本案例中,选择了一组未经调整的超参数,并将其留给读者以改进模型。找到一个好的选择可能要花费一些时间,具体取决于优化了多少变量。有了足够大的数据集和正常种类的超参数,k 折交叉验证趋向于在多重测试中具有一定的弹性,即可能会出现反复的波动。但是,如果尝试的选项过多,则可能会很幸运地找到一个比较有效的训练参数。需要注意的是,k 折交叉验证的成绩不一定和最后的准确率相一致,代码如下所示。

```
k, num_epochs, lr, weight_decay, batch_size = 5, 100, 5, 0, 64
train_l, valid_l = k_fold(k, train_features, train_labels, num_epochs, lr,
                          weight_decay, batch_size)
print(f'{k} - fold validation: avg train log rmse: {float(train_l):f},
     'f'avg valid log rmse: {float(valid_l):f}')
```

输出如下所示。图 9-2 展示了随着每次迭代 rmse 变化的图像。

```
fold 1, train log rmse 0.169967, valid log rmse 0.76558
fold 2, train log rmse 0.162237, valid log rmse 0.190564
fold 3, train log rmse 0.164303, valid log rmse 0.168910
fold 4, train log rmse 0.167704, valid log rmse 0.74440
fold 5, train log rmse 0.162949, valid log rmse 0.182701
5 - fold validation: avg train log rmse: 0.165432, avg valid log rmse: 0.170635
```

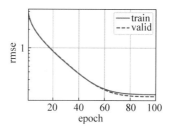

图 9-2　rmse 随训练迭代次数变化

注意，有时使用 k 折交叉验证的错误数量非常高，但训练错误的数量非常少，这表明模型过拟合。在整个训练过程中，将需要同时监控这两个数字。过拟合的减少表明数据可以支持更强大的模型。大量的过拟合表明可以通过合并正则化技术、权重衰减技术或者丢弃法获得更好的结果。

9.6 在 Kaggle 上提交预测结果

假设已经调好了超参数，找到了一个很好的选择，可以使用所有数据对其进行训练（而不是仅使用交叉验证切片中的数据的 $1-\dfrac{1}{k}$）。以此方式获得的模型可以应用于测试集。最后将预测结果保存在 CSV 文件中并上传到 Kaggle 官网（https://www.kaggle.com/c/house-prices-advanced-regression-techniques），可以看到自己的预测成绩。代码如下所示。

```python
def train_and_pred(train_features, test_feature, train_labels, test_data,
                   num_epochs, lr, weight_decay, batch_size):
    net = get_net()
    train_ls, _ = train(net, train_features, train_labels, None, None,
                        num_epochs, lr, weight_decay, batch_size)

    print(f'train log rmse {float(train_ls[-1]):f}')
    # 在测试集上运行网络
    preds = net(test_features).detach().numpy()
    # 修改格式导出到 kaggle
    test_data['SalePrice'] = pd.Series(preds.reshape(1, -1)[0])
    submission = pd.concat([test_data['Id'], test_data['SalePrice']], axis=1)
    submission.to_csv('submission.csv', index=False)
train_and_pred(train_features, test_features, train_labels, test_data,
               num_epochs, lr, weight_decay, batch_size)
```

使用全部数据进行训练后，rmse 随迭代次数变化的图像如图 9-3 所示。

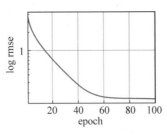

图 9-3　全部数据的训练结果

本案例使用简单的线性回归模型对房价进行预测，感兴趣的读者可以自己去修改模型层数、使用不同的激活函数或者调整学习率等超参数，从而获得更准确的结果。

第**10**章

世 界 杯

四年一度的世界杯是全世界足球爱好者的盛事。自 1930 年以来,除 1942 年和 1946 年因第二次世界大战的原因未能开赛以外,每一届世界杯都给人们留下了难忘的回忆。本章利用世界杯比赛、运动员等数据分析历届世界杯的进球、参赛队伍等方面的规律。

视频讲解

10.1 数据说明

本例主要使用的数据有 3 个,即世界杯比赛、世界杯运动员和世界杯基本情况。其中,"世界杯比赛"记录具体的每一场球赛的数据,"世界杯运动员"记录每一位参赛队员的基本情况,"世界杯基本情况"记录每一届世界杯的年份、东道主、四强、总进球数等内容。

以下代码展示了 3 条世界杯比赛数据。

```
import pandas as pd
import numy as np
import seaborn as sns
import itertools
import io
import base64
import os
import folium
import folium.plugins
import matplotlib.pyplot as plt
from matplotlib import rc,animation
from mpl_toolkits.mplot3d import Axes3D
from mpl_toolkits.basemap import Basemap
from wordcloud import WordCloud,STOPWORDS
matches = pd.read_csv('path/to/file/WorldCupMatches.csv')
```

```
players = pd.read_csv('path/to/file/WorldCupPlayers.csv')
cups = pd.read_csv('path/to/file/WorldCups.csv')
matches.head(3)
```

输出为：

```
      Year        Datetime             Stage       Stadium           City  \
0   1930.0   13 Jul 1930 - 15:00   Group 1        Pocitos    Montevideo
1   1930.0   13 Jul 1930 - 15:00   Group 4   Parque Central  Montevideo
2   1930.0   14 Jul 1930 - 12:45   Group 2   Parque Central  Montevideo

      Home Team Name      Home Team Goals      Away Team Goals    Away Team Name  \
0         France               4.0                  1.0             Mexico
1          USA                 3.0                  0.0             Belgium
2       Yugoslavia            2.0                  1.0             Brazil

Win conditions       Attendance       Half-time Home Goals   Half-time Away Goals  \
            0          4444.0                  3.0                    0.0
            1         18346.0                  2.0                    0.0
            2         24059.0                  2.0                    0.0

        Referee                    Assistant 1                Assistant 2  \
0  LOMBARDI Domingo (URU)   CRISTOPHE Henry (BEL)    REGO Gilberto (BRA)
1  MACIAS Jose (ARG)        MATEUCCI Francisco (URU) WARNKEN Alberto (CHI)
2  TEJADA Anibal (URU)      VALLARINO Ricardo (URU)  BALWAY Thomas (FRA)

     RoundID     MatchID     Home Team Initials    Away Team Initials
0    201.0      1096.0            FRA                    MEX
1    201.0      1090.0            USA                    BEL
2    201.0      1093.0            YUG                    BRA
```

可以看到数据包括的字段有年份、日期、比赛阶段、场馆、城市、主/客场队伍、主/客场得分、观众人数、半场比分、裁判、比赛轮次 ID、比赛 ID 以及主/客场队伍简称等。

以下代码展示了 3 条世界杯运动员数据。

```
players.head(3)
```

输出为：

```
     RoundID   MatchID   Team Initials    Coach Name          Line-up   Shirt Number  \
0     201      1096          FRA       CAUDRON Raoul (FRA)      S            0
1     201      1096          MEX       LUQUE Juan (MEX)         S            0
2     201      1096          FRA       CAUDRON Raoul (FRA)      S            0

        Player Name     Position   Event
0       Alex THEPOT       GK       NaN
1     Oscar BONFIGLIO     GK       NaN
2    Marcel LANGILLER     NaN      G40'
```

数据包含轮次 ID、比赛 ID、队伍简称、教练姓名、场上位置、号码、球员姓名等字段。
以下代码展示了 3 条世界杯基本情况数据。

```
cups.head(3)
```

输出为:

```
    Year  Country  Winner   Runners-Up      Third     Fourth    GoalsScored  \
0   1930  Uruguay  Uruguay  Argentina       USA        Yugoslavia  70
1   1934  Italy    Italy    Czechoslovakia  Germany    Austria     70
2   1938  France   Italy    Hungary         Brazil     Sweden      84


    QualifiedTeams  MatchesPlayed    Attendance
0   13              18               590.549
1   16              17               363.000
2   15              18               375.700
```

数据包含年份、主办国、前 4 名、总进球数、参赛队伍、比赛总数以及观众人数等字段。

10.2 世界杯观众

作为世界瞩目的体育盛事,比赛的观众数量是反映世界杯受关注程度最直接的指标,
因此分析从统计历届世界杯的观众总数开始,具体操作代码如下所示。首先去掉世界杯
比赛数据中 Attendance 字段的重复数据,然后根据 Year 字段对其进行累加,再使用
seaborn 和 Matplotlib 进行可视化,可视化结果如图 10-1 所示。

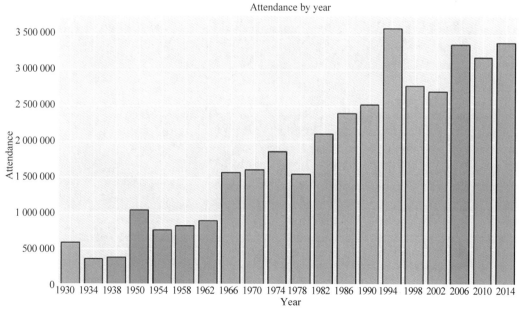

图 10-1 历届世界杯的观众数

```
matches.isnull().sum()
sns.set_style("darkgrid")
matches = matches.drop_duplicates(subset = "MatchID",keep = "first")
matches = matches[matches["Year"].notnull()]
att = matches.groupby("Year")["Attendance"].sum().reset_index()
att["Year"] = att["Year"].astype(int)
plt.figure(figsize = (12,7))
sns.barplot(att["Year"],att["Attendance"],
            linewidth = 1,edgecolor = "k" * len(att))
plt.grid(True)
plt.title("Attendance by year",color = 'b')
plt.show()
```

可以发现，世界杯的观众数整体呈现逐渐增加的趋势，1994 年世界杯的观众人数最多，1998 年和 2002 年的观众人数略有下滑，但依然高于 1994 年以前的观众数，2002 年以后的 3 届世界杯的观众数都稳定在 3 000 000 人次以上。考虑到赛制改变等因素，历届世界杯的比赛场次数量存在一定的差异，可以进一步计算每届世界杯观众数的平均值，进一步分析表示历届世界杯的影响力。其具体操作代码如下所示，可视化结果如图 10-2 所示。

```
att1 = matches.groupby("Year")["Attendance"].mean().reset_index()
att1["Year"] = att1["Year"].astype(int)
plt.figure(figsize = (12,7))
ax = sns.pointplot(att1["Year"],att1["Attendance"],color = "w")
ax.set_facecolor("k")
plt.grid(True,color = "grey",alpha = .3)
plt.title("Average attendance by year",color = 'b')
plt.show()
```

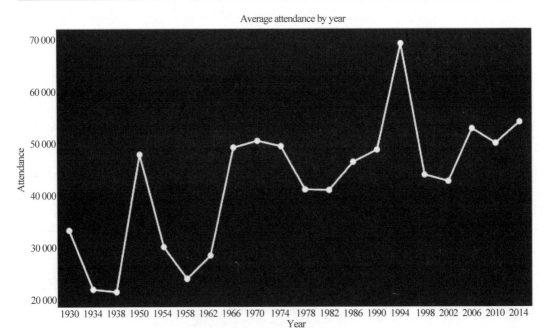

图 10-2　历届世界杯观众数的平均值

图 10-2 显示的结果与图 10-1 基本一致,整体呈上升趋势,1994 年最高,2006—2014 年的总人数稳定在较高水平。

当然,世界杯的观众人数也会受到主办国家、比赛城市的影响。以下代码计算各个比赛城市的平均观众人数,并用可视化方式展示平均值最高的 20 个城市,结果如图 10-3 所示。

```
ct_at = matches.groupby("City")["Attendance"].mean().reset_index()
ct_at = ct_at.sort_values(by = "Attendance",ascending = False)
plt.figure(figsize = (10,10))
ax = sns.barplot("Attendance","City",
                data = ct_at[:20],
                linewidth = 1,
                edgecolor = "k" * 20,
                palette = "Spectral_r")
for i,j in enumerate(" Average attendance : " + np.around(ct_at["Attendance"][:20],0).
                astype(str)):
    ax.text(.7,i,j,fontsize = 12)
plt.grid(True)
plt.title("Average attendance by city",color = 'b')
plt.show()
```

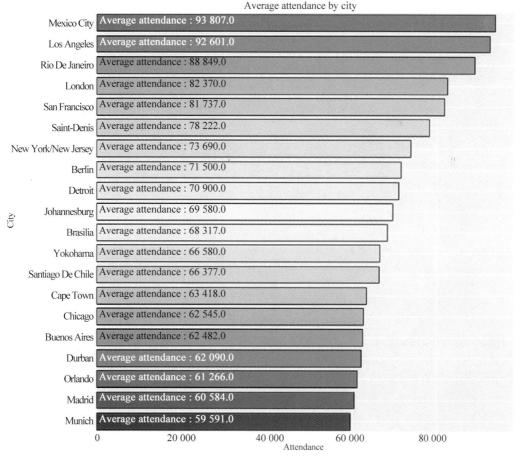

图 10-3　各个城市的平均观众人数(前 20 名)

一个城市可能有多个场馆，各个场馆的观众数可能也各不相同。以下代码计算了各
个场馆的平均观众人数，并取观众人数最多的 14 个场馆进行可视化，其结果如图 10-4 所
示，可以发现与图 10-3 中城市的结果略有出入。

```
matches["Year"] = matches["Year"].astype(int)
matches["Datetime"] = matches["Datetime"].str.split(" - ").str[0]
matches["Stadium"] = matches["Stadium"].str.replace('Estadio do Maracana',"Maracan?
Stadium")
matches["Stadium"] = matches["Stadium"].str
              .replace('Maracan - Estdio Jornalista Mrio Filho',
              "Maracan? Stadium")
std  = matches.groupby(["Stadium","City"])["Attendance"]
                     .mean().reset_index()
                     .sort_values(by = "Attendance",ascending = False)
plt.figure(figsize = (8,9))
ax = sns.barplot(y = std["Stadium"][:14],x = std["Attendance"][:14],palette = "cool",
linewidth = 1,edgecolor = "k" * 14)
plt.grid(True)
for i,j in enumerate(" City : " + std["City"][:14]):
    ax.text(.7,i,j,fontsize = 14)
plt.title("Stadiums with highest average attendance",color = 'b')
plt.show()
```

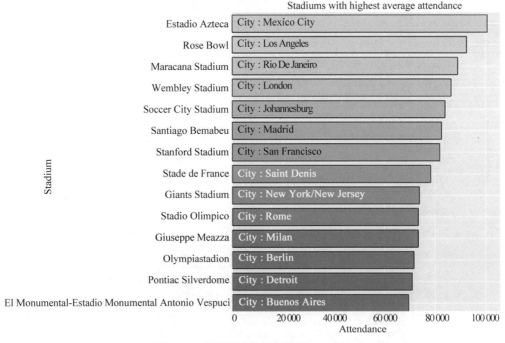

图 10-4　场馆的平均观众数(前 14 名)

　　无论场馆修得多么高级，城市多么发达，最终对观众、球迷吸引力最大的还是比赛本身。
以下代码筛选了历届观众数最多的 10 场比赛，并进行了可视化，结果如图 10-5 所示。

```
h_att = matches.sort_values(by = "Attendance",ascending = False)[:10]
h_att = h_att[['Year', 'Datetime','Stadium', 'City', 'Home Team Name',
               'Home Team Goals', 'Away Team Goals', 'Away Team Name',
               'Attendance', 'MatchID']]
h_att["Datetime"] = h_att["Datetime"].str.split(" - ").str[0]
h_att["mt"] = h_att["Home Team Name"] + " .Vs. " +
                     h_att["Away Team Name"]
plt.figure(figsize = (10,9))
ax = sns.barplot(y = h_att["mt"],
                 x = h_att["Attendance"],palette = "gist_ncar",
                 linewidth = 1,edgecolor = "k" * len(h_att))
plt.ylabel("teams")
plt.xlabel("Attendance")
plt.title("Matches with highest number of attendance",color = 'b')
plt.grid(True)
for i,j in enumerate(" stadium : " + h_att["Stadium"] + " ,
                     Date :" + h_att["Datetime"]):
    ax.text(.7,i,j,fontsize = 12,color = "white",weight = "bold")
plt.show()
```

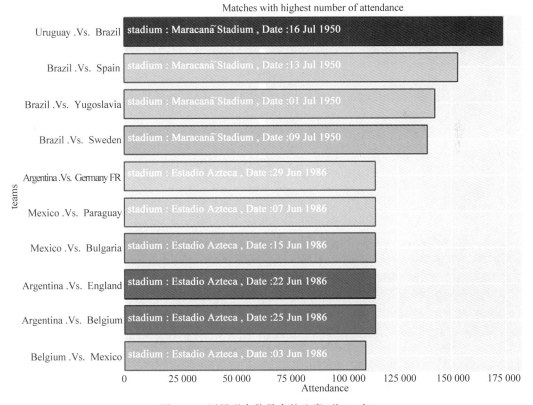

图 10-5 历届观众数最多的比赛(前 10 名)

10.3　世界杯冠军

截至 2014 年,世界杯一共举办了 20 届,共有 8 个国家获得过冠军。图 10-6 展示了 8 支冠军队伍的夺冠次数,可以看出巴西队夺冠次数最多,有 5 次,紧随其后的是意大利与德国。

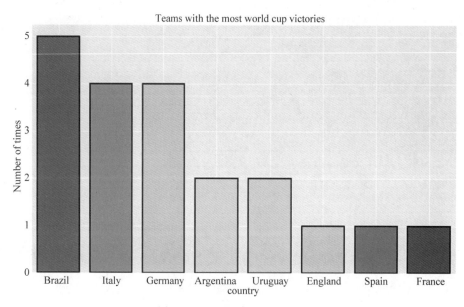

图 10-6　冠军队伍的夺冠次数

具体操作代码如下所示。

```
cups["Winner"] = cups["Winner"].replace("Germany FR","Germany")
cups["Runners - Up"] = cups["Runners - Up"]
                                .replace("Germany FR","Germany")
cou = cups["Winner"].value_counts().reset_index()
plt.figure(figsize = (12,7))
sns.barplot("index","Winner",data = cou,palette = "jet_r",
        linewidth = 2,edgecolor = "k" * len(cou))
plt.grid(True)
plt.ylabel("Number of times")
plt.xlabel("country")
plt.title("Teams with the most world cup victories",color = 'b')
plt.xticks(color = "navy",fontsize = 12)
plt.show()
```

放宽标准,考虑每届世界杯踢入总决赛的队伍,可以得到如图 10-7 所示的结果。

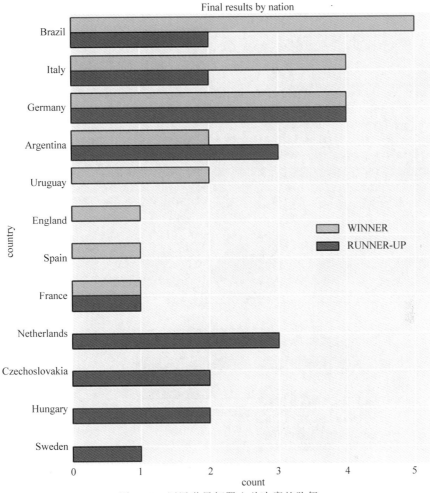

图 10-7 历届世界杯踢入总决赛的队伍

具体操作代码如下所示。

```
cou_w = cou.copy()
cou_w.columns = ["country","count"]
cou_w["type"] = "WINNER"
cou_r = cups["Runners-Up"].value_counts().reset_index()
cou_r.columns = ["country","count"]
cou_r["type"] = "RUNNER - UP"
cou_t = pd.concat([cou_w,cou_r],axis = 0)
plt.figure(figsize = (8,10))
sns.barplot("count","country",data = cou_t,
            hue = "type",palette = ["lime","r"],
            linewidth = 1,edgecolor = "k" * len(cou_t))
plt.grid(True)
plt.legend(loc = "center right",prop = {"size":14})
plt.title("Final results by nation",color = 'b')
plt.show()
```

类似地,统计历届世界杯获得第三、四名队伍的操作代码如下,结果如图 10-8 所示。

```python
thrd = cups["Third"].value_counts().reset_index()
thrd.columns = ["team","count"]
thrd["type"] = "THIRD PLACE"
frth = cups["Fourth"].value_counts().reset_index()
frth.columns = ["team","count"]
frth["type"] = "FOURTH PLACE"
plcs = pd.concat([thrd,frth],axis = 0)
plt.figure(figsize = (10,10))
sns.barplot("count","team",data = plcs,hue = "type",
            linewidth = 1,edgecolor = "k" * len(plcs),
            palette = ["grey","r"])
plt.grid(True)
plt.xticks(np.arange(0,4,1))
plt.title(" World cup final result for third and fourth place by nation",color = 'b')
plt.legend(loc = "center right",prop = {"size":12})
plt.show()
```

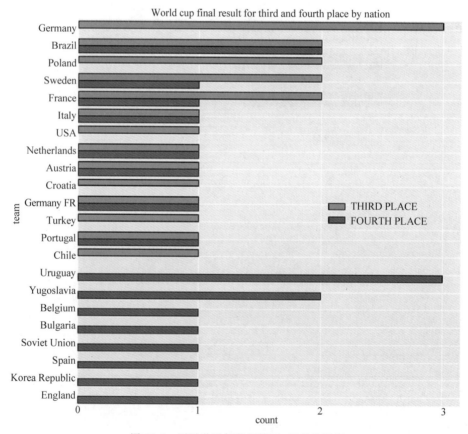

图 10-8　历届世界杯获得第三、四名的队伍

10.4 世界杯参赛队伍与比赛

世界杯赛制自 1930 年以来发生过几次调整,因此各届世界杯的参赛队伍、比赛总数略有不同。以下代码统计了历届世界杯的参赛队伍与比赛总数,图 10-9 为可视化结果。

```
plt.figure(figsize = (12,7))
sns.barplot(cups["Year"],cups["MatchesPlayed"],linewidth = 1,
            edgecolor = "k" * len(cups),color = "b",
            label = "Total matches played")
sns.barplot(cups["Year"],cups["QualifiedTeams"],linewidth = 1,
            edgecolor = "k" * len(cups),color = "r",
            label = "Total qualified teams")
plt.legend(loc = "best",prop = {"size":13})
plt.title("Qualified teams by year",color = 'b')
plt.grid(True)
plt.show()
```

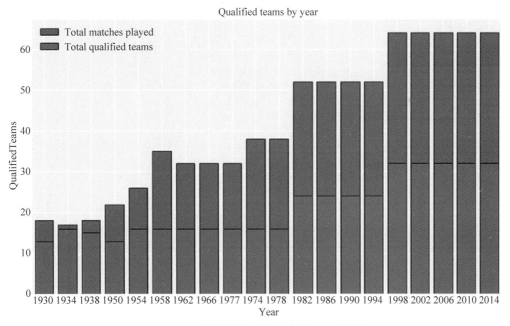

图 10-9 历届世界杯的参赛队伍与比赛总数

在世界杯比赛中,每支队伍因实力不同,参加的比赛数量不同。一般来讲,参加比赛越多的队伍说明参加的世界杯次数越多,在每届世界杯上被淘汰的越晚,因此实力更强。以下代码筛选了 25 支参加比赛最多的球队,图 10-10 是可视化结果。

```python
matches["Home Team Name"] = matches["Home Team Name"]
            .str.replace('rn"> United Arab Emirates',"United Arab Emirates")
matches["Home Team Name"] = matches["Home Team Name"]
            .str.replace('rn"> Republic of Ireland',"Republic of Ireland")
matches["Home Team Name"] = matches["Home Team Name"]
            .str.replace('rn"> Bosnia and Herzegovina',
                        "Bosnia and Herzegovina")
matches["Home Team Name"] = matches["Home Team Name"]
            .str.replace('rn"> Serbia and Montenegro',
                        "Serbia and Montenegro")
matches["Home Team Name"] = matches["Home Team Name"]
            .str.replace('rn"> Trinidad and Tobago',"Trinidad and Tobago")
matches["Home Team Name"] = matches["Home Team Name"]
            .str.replace("Soviet Union","Russia")
matches["Home Team Name"] = matches["Home Team Name"]
            .str.replace("Germany FR","Germany")
matches["Away Team Name"] = matches["Away Team Name"].str.replace('rn"> United Arab
Emirates',"United Arab Emirates")
matches["Away Team Name"] = matches["Away Team Name"]
            .str.replace("Cte d'Ivoire","C?te d'Ivoire")
matches["Away Team Name"] = matches["Away Team Name"]
            .str.replace('rn"> Republic of Ireland',"Republic of Ireland")
matches["Away Team Name"] = matches["Away Team Name"]
            .str.replace('rn"> Bosnia and Herzegovina',
                        "Bosnia and Herzegovina")
matches["Away Team Name"] = matches["Away Team Name"]
            .str.replace('rn"> Serbia and Montenegro',
                        "Serbia and Montenegro")
matches["Away Team Name"] = matches["Away Team Name"]
            .str.replace('rn"> Trinidad and Tobago',"Trinidad and Tobago")
matches["Away Team Name"] = matches["Away Team Name"]
            .str.replace("Germany FR","Germany")
matches["Away Team Name"] = matches["Away Team Name"]
            .str.replace("Soviet Union","Russia")
ht = matches["Home Team Name"].value_counts().reset_index()
ht.columns = ["team","matches"]
at = matches["Away Team Name"].value_counts().reset_index()
at.columns = ["team","matches"]
mt = pd.concat([ht,at],axis = 0)
mt = mt.groupby("team")["matches"].sum().reset_index()
            .sort_values(by = "matches",ascending = False)
plt.figure(figsize = (10,13))
ax = sns.barplot("matches","team",data = mt[:25],palette = "gnuplot_r",
                linewidth = 1,edgecolor = "k" * 25)
plt.grid(True)
plt.title("Teams with the most matches",color = 'b')
for i,j in enumerate("Matches played  : " +
            mt["matches"][:25].astype(str)):
    ax.text(.7,i,j,fontsize = 12,color = "white")
```

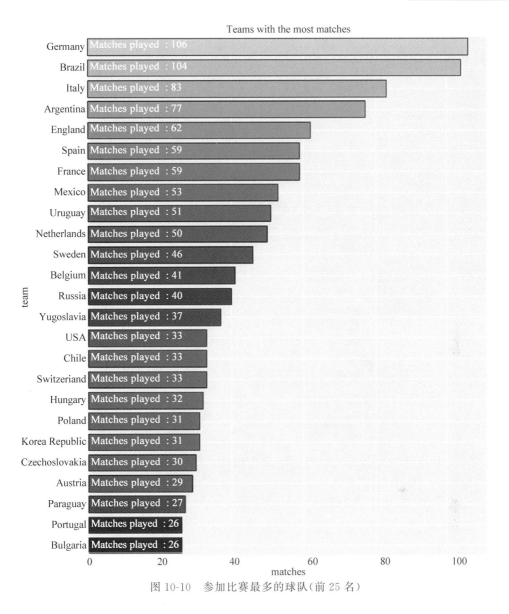

图 10-10 参加比赛最多的球队(前 25 名)

当然还可以进一步细化,统计各个队伍的比赛结果,具体操作代码如下,结果如图 10-11 所示。

```
wl1 = wl.copy()
wl1 = wl1.merge(mt, left_on = "team", right_on = "team", how = "left")
wl1["draws"] = wl1["matches"] - (wl1["wins"] + wl1["loses"])
wl1.index = wl1.team
wl1 = wl1.sort_values(by = "wins", ascending = True)
wl1[["wins", "draws", "loses"]].plot(kind = "barh", stacked = True
                                    , figsize = (10, 17)
                                    , colors = ["lawngreen", "royalblue", "r"]
                                    , linewidth = 1,
                                    , edgecolor = "k" * len(wl1))
```

```
plt.legend(loc = "center right",prop = {"size":20})
plt.xticks(np.arange(0,120,5))
plt.title("Match outcomes by countries",color = 'b')
plt.xlabel("matches played")
plt.show()
```

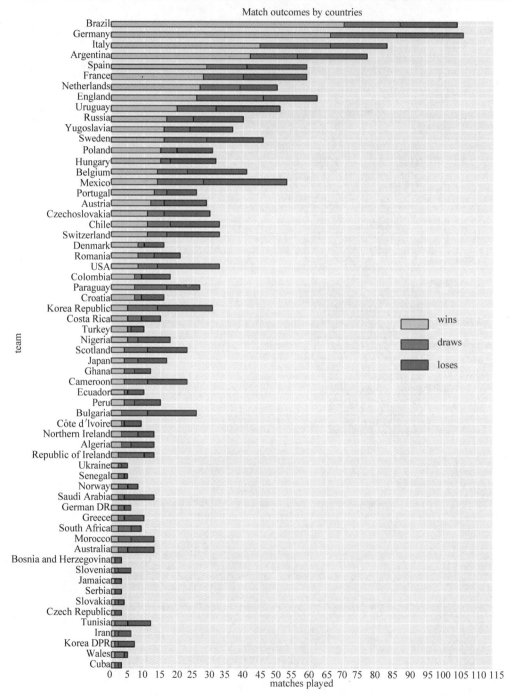

图 10-11　各队 3 种比赛结果次数的累计

从图 10-11 中可以进一步提取胜、负、平次数最多的队伍,具体操作代码如下,结果如图 10-12 所示。

```
cols = [ 'wins', 'loses', 'draws']
length = len(cols)
plt.figure(figsize = (8,18))
for i,j in itertools.zip_longest(cols,range(length)):
    plt.subplot(3,1,j + 1)
    ax = sns.barplot(i,"team",
                     data = wl1.sort_values(by = i,ascending = False)[:10],
                     linewidth = 1,edgecolor = "k" * 10,palette = "husl")
    for k,l in enumerate(wl1.sort_values(by = i,ascending = False)[:10]i]):
        ax.text(.7,k,l,fontsize = 13)
    plt.grid(True)
    plt.title("Countries with maximum " + i,color = 'b')
```

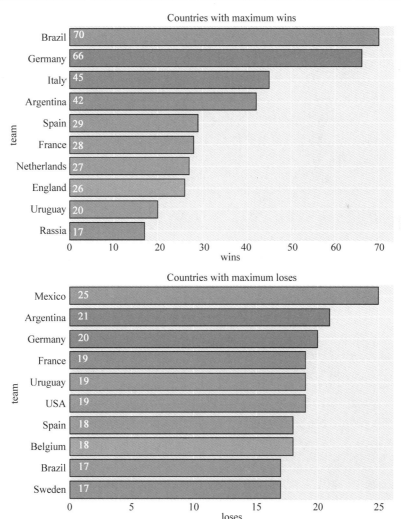

图 10-12　胜、负、平次数最多的队伍(前 10 名)

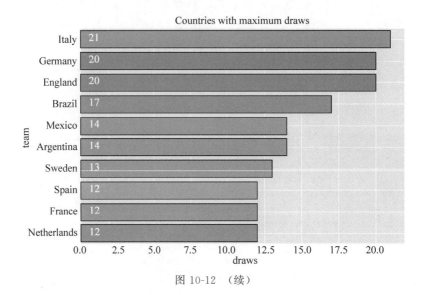

图 10-12 （续）

在比赛时，主/客场可能会影响比赛结果。以下代码计算了主/客场球队的胜率，其结果如图 10-13 所示。可以发现，57％的比赛是主场获胜，客场获胜的比赛仅有 20％，差异悬殊，所以说主场队伍确实是有一定优势的。另外，由于四舍五入的原因，三个概率的和并不是 100％，而是 99％，不过这对整体的分析没有影响，如果想得到更为具体的数据，可以调整输出的小数的位数。

```python
def label(matches):
    if matches["Home Team Goals"] > matches["Away Team Goals"]:
        return "Home team win"
    if matches["Away Team Goals"] > matches["Home Team Goals"]:
        return "Away team win"
    if matches["Home Team Goals"] == matches["Away Team Goals"]:
        return "DRAW"
            matches["outcome"] = matches
                            .apply(lambda matches:label(matches),axis = 1)
plt.figure(figsize = (9,9))
matches["outcome"].value_counts().plot.pie(autopct = "％1.0f％％",
                        fontsize = 14,colors = sns.color_palette("husl"),
                        wedgeprops = {"linewidth":2,
                                        "edgecolor":"white"}
                        ,shadow = True)
circ = plt.Circle((0,0),.7,color = "white")
plt.gca().add_artist(circ)
plt.title("＃ Match outcomes by home and away teams",color = 'b')
plt.show()
```

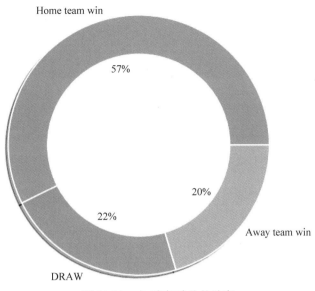

图 10-13　主/客场球队的胜率

10.5　世界杯进球

对于世界杯比赛,大家关注最多的还是进球。如果要分析进球,首先看一下历届世界杯的进球总数,其统计方法代码如下,结果如图 10-14 所示。

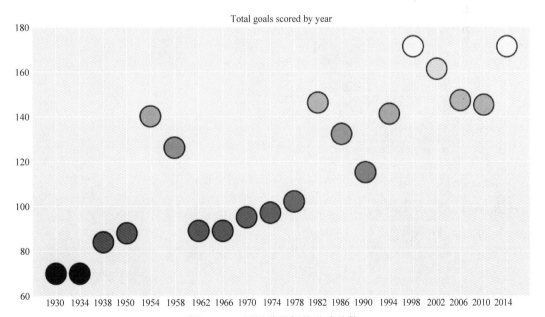

图 10-14　历届世界杯的进球总数

```python
plt.figure(figsize = (13,7))
cups["Year1"] = cups["Year"].astype(str)
ax = plt.scatter("Year1","GoalsScored",data = cups,
                 c = cups["GoalsScored"],cmap = "inferno",
                 s = 900,alpha = .7,
                 linewidth = 2,edgecolor = "k",)
plt.xticks(cups["Year1"].unique())
plt.yticks(np.arange(60,200,20))
plt.title('Total goals scored by year',color = 'b')
plt.show()
```

具体到球队上，可以统计各个球队在世界杯比赛中的进球数，其具体操作代码如下，可视化结果如图 10-15 所示。

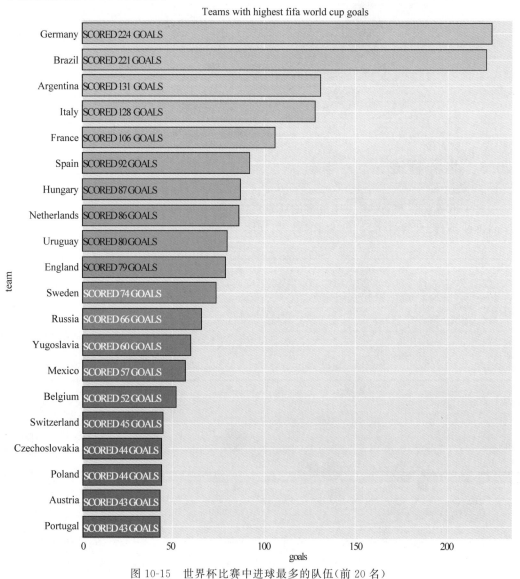

图 10-15　世界杯比赛中进球最多的队伍（前 20 名）

```
tt_gl_h = matches.groupby("Home Team Name")["Home Team Goals"].sum().reset_index()
tt_gl_h.columns = ["team","goals"]
tt_gl_a = matches.groupby("Away Team Name")["Away Team Goals"]
                    .sum().reset_index()
tt_gl_a.columns = ["team","goals"]
total_goals = pd.concat([tt_gl_h,tt_gl_a],axis = 0)
total_goals = total_goals.groupby("team")["goals"].sum().reset_index()
total_goals = total_goals.sort_values(by = "goals",ascending = False)
total_goals["goals"] = total_goals["goals"].astype(int)
plt.figure(figsize = (10,12))
ax = sns.barplot("goals","team",data = total_goals[:20],palette = "cool",
                linewidth = 1,edgecolor = "k" * 20)
for i,j in enumerate("SCORED " + total_goals["goals"][:20].astype(str) +
                " GOALS"):
    ax.text(.7,i,j,fontsize = 10,color = "k")
plt.title("Teams with highest fifa world cup goals",color = 'b')
plt.grid(True)
plt.show()
```

具体到比赛，可以计算每场比赛的进球数，其具体操作代码如下，结果如图 10-16 所示。

```
matches["total_goals"] = matches["Home Team Goals"] +
                matches["Away Team Goals"]
hig_gl = matches.sort_values(by = "total_goals",ascending = False)[:15]
                [['Year', 'Datetime', 'Stage', 'Stadium', 'City',
                 'Home Team Name','Home Team Goals',
                 'Away Team Goals', 'Away Team Name',
                 "total_goals"]]
hig_gl["match"] = hig_gl["Home Team Name"] + " .Vs. " +
                hig_gl['Away Team Name']
hig_gl.index = hig_gl["match"]
hig_gl = hig_gl.sort_values(by = "total_goals",ascending = True)
ax = hig_gl[["Home Team Goals","Away Team Goals"]]
                .plot(kind = "barh",stacked = True,figsize = (10,12),
                    linewidth = 2,edgecolor = "w" * 15)
plt.ylabel("home team vs away team",color = "b")
plt.xlabel("goals",color = "b")
plt.title("Highest total goals scored during a match ",color = 'b')
for i,j in enumerate("Date: " + hig_gl["Datetime"]):
    ax.text(.7,i,j,color = "w",fontsize = 11)
plt.show()
```

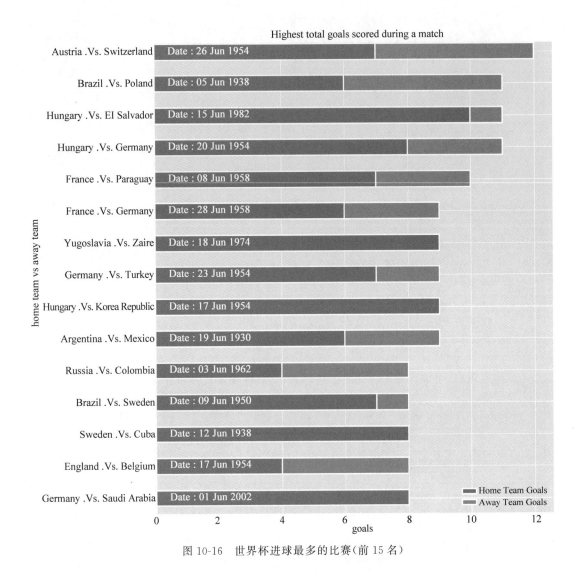

图 10-16 世界杯进球最多的比赛（前 15 名）

另外，可以进一步了解历届世界杯比赛进球数的分布，其方式如下，结果如图 10-17 所示。

```python
plt.figure(figsize = (13,8))
sns.boxplot(y = matches["total_goals"],x = matches["Year"])
plt.grid(True)
plt.title("Total goals scored during game by year",color = 'b')
plt.show()
```

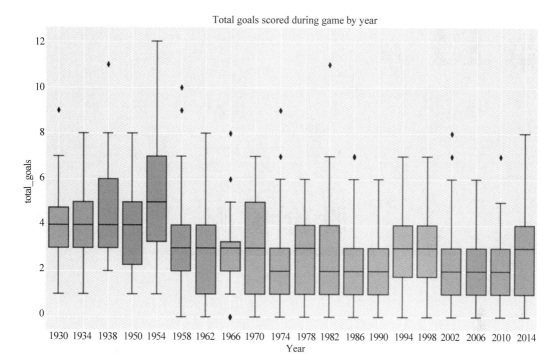

图 10-17　历届世界杯比赛进球数的分布

第11章

股 价 预 测

视频讲解

　　本案例数据来源于 Kaggle 数据集中的股票数据。该数据集以天为单位,跨度为 1991—2015 年的时间序列,包含股票开盘价、收盘价、交易量等信息。在特征变量较少或难于获取的情况下,我们希望通过现有的较少的自变量和因变量提升维度,进而挖掘与前滞自变量和因变量相关的时序特征。

　　本案例的主要目的是介绍一种升维特征工程方法,即 Tsfresh。它包含多种功能函数,能够完美地挖掘时序特征的诸多信息。通过股票预测案例,以最高价作为因变量,挖掘相关特征和其自身的时序特征,展现完整的数据挖掘过程和建模预测过程。

　　虽然 Tsfresh 能挖掘时序数据的特征,但是它在运行时的性能问题和维度灾难不得不寻找解决方案加以应对。关于性能问题,Tsfresh 进行维度扩充时采用分布式计算。关于维度灾难,一般升维后采用 PCA 降维,或者在升维前进行特征选择,或者采用最小范围参数进行升维。

11.1 使用 Tsfresh 进行升维和特征工程

　　Tsfresh 是 Python 的开源包,它可以对时序特征进行升维操作,挖掘时序特征的复杂性、相关性、滞后性、回归性、周期性、平稳性等。Tsfresh 包含超过 64 个特征提取功能函数,计算过程采取分布式处理方式,堪称时序数据特征处理的"瑞士军刀"。时序特征处理的部分功能函数如表 11-1 所示。

表 11-1　时序特征处理的部分功能函数表

编　　号	函　数　名	函 数 描 述
1	abs_energy(x)	返回时间序列的绝对能量,它是平方值的和
2	absolute_sum_of_changes(x)	返回序列 x 中连续变化的绝对值的和

续表

编　号	函　数　名	函　数　描　述
3	agg_autocorrelation(x,param)	时间序列自相关的描述性统计
4	agg_linear_trend(x,param)	计算在块上聚合的时间序列的值与从 0 到块数减 1 的序列的线性最小二乘回归
5	approximate_entropy(x,m,r)	实现了一个向量化的近似熵算法
6	ar_coefficient(x,param)	这个特征计算器适合自回归 AR(k)过程的无条件最大似然
7	augmented _ dickey _ fuller (x, param)	Augmented Dickey-Fuller 检验是一种假设检验,它检查一个时间序列样本中是否存在单位根
8	autocorrelation(x,lag)	根据公式计算指定滞后的自相关
9	binned_entropy(x,max_bins)	将 x 的值放入等距的最大容器中
10	c3(x,lag)	使用 c3 统计量测量时间序列的非线性

使用表 11-1 中的功能函数进行特征提取时,可以选择表中任意独立的函数进行特征衍生。例如,在计算单位根时,可以使用如下代码。

```
param = [{'attr':"teststat"},
         {'attr':"pvalue"},
         {'attr':"usedlag"}]
df = df1['diff'].groupby(df1['customer']).apply(lambda x: \
f_cal.augmented_dickey_fuller(x,param)).reset_index()
```

其中,teststat 指检验统计量; pvalue 指显著检验指标,一般它小于 0.05 时,可以认为时间序列平稳; usedlag 指滞后间隔。

根据时间序列,计算所有特征(基于 feature_calculators 包中 64 个特征计算函数,取不同参数传递进入函数,将原特征进行衍生),并过滤出对目标变量有意义且相关的特征。

例如,表 11-2 是自变量 X 数据集样例,在不同 id、不同时间序列 time 下,有 F_x、F_y、F_z、T_x、T_y、T_z 特征数据。

表 11-2　自变量 X 数据集样例

id	time	F_x	F_y	F_z	T_x	T_y	T_z
1	0	−1	−1	63	−3	−1	0
1	1	0	0	62	−3	−1	0
1	2	−1	−1	61	−3	0	0
1	3	−1	−1	63	−2	−1	0
1	4	−1	−1	63	−3	−1	0
1	5	−1	−1	63	−3	−1	0
1	6	−1	−1	63	−3	0	0
1	7	−1	−1	63	−3	−1	0
1	8	−1	−1	63	−3	−1	0
1	9	−1	−1	61	−3	0	0

续表

id	time	F_x	F_y	F_z	T_x	T_y	T_z
1	10	−1	−1	61	−3	0	0
1	11	−1	−1	64	−3	−1	0
1	12	−1	−1	64	−3	−1	0
1	13	−1	−1	60	−3	0	0
1	14	−1	0	64	−2	−1	0
2	0	−1	−1	63	−2	−1	0
2	1	−1	−1	63	−3	−1	0
2	2	−1	−1	61	−3	0	0
2	3	0	−4	63	1	0	0
2	4	0	−1	59	−2	0	−1
2	5	−3	3	57	−8	−3	−1
2	6	−1	3	70	−10	−2	−1
2	7	0	−3	61	0	0	0
2	8	0	−2	53	−1	−2	0
2	9	0	−3	66	1	4	0
2	10	−3	3	58	−10	−5	0
2	11	−1	−1	66	−4	−2	0
2	12	−1	−2	67	−3	−1	0
2	13	0	1	66	−6	−3	−1
2	14	−1	−1	59	−3	−4	0
⋮							

因变量 Y(每个 id 对应一个因变量值)数据集样例如表 11-3 所示。在不同 index 下，Y 对应因变量结果。

表 11-3   因变量 Y 数据集样例

index	Y
1	1
2	0
⋮	⋮

代码实现如下所示。

```
from tsfresh.examples import load_robot_execution_failures
from tsfresh.transformers import RelevantFeatureAugmenter
df_ts, y = load_robot_execution_failures()
X = pd.DataFrame(index=y.index)
X_train, X_test, y_train, y_test = train_test_split(X, y)
augmenter = RelevantFeatureAugmenter(column_id='id', column_sort='time')
augmenter.set_timeseries_container(df_ts)
augmenter.fit(X_train, y_train)
```

```
augmenter.set_timeseries_container(df_ts)
X_test_with_features = augmenter.transform(X_test)
```

输出结果如图 11-1 所示。

id	F_x__abs_e	F_y__abs_e	T_y__stand	T_y__variar	F_x__range	F_x__fft_co	T_y__fft_co	T_y__abs_e	F_x__cid_ce	F_z__stand	F_z__variar	F_z__agg_l	F_x__stand	F_x__variar	F_z__fft_co
66	1167	1783	78.7066	6194.729	4	22.4093	494.0468	112433	5.799771	401.9477	161561.9	221889.6	8.634813	74.56	2385.641
42	1219	9232	27.96633	782.1156	4	46.29048	164.8358	15799	4.141865	412.7534	170365.4	236713.6	7.904991	62.48889	2335.456
81	342	19607	40.93844	1675.956	2	39.47655	403.5641	62141	2.712995	114.2289	13048.25	10185.81	4.202645	17.66222	1116.958
14	17	52	2.357023	5.555556	9	3.091721	10.23218	165	6.48577	4.514667	20.38222	10.56	1.01105	1.022222	17.58526
16	33	34	1.123487	1.262222	10	1.076162	5.289591	292	4.672083	4.193116	17.58222	14.89	0.771722	0.595556	20.90406
12	30	70	2.462158	6.062222	7	4.370513	12.07561	147	5.662616	5.251878	27.58222	22.84	1.356466	1.84	19.89722
86	83497	21064	52.80715	2788.596	0	312.0441	429.6977	118013	1.05235	121.4202	14742.86	2252.41	38.23518	1461.929	999.7702
72	103	166	8.492088	72.11556	2	22.15938	83.12953	3290	2.791305	8.298326	68.86222	44.24	2.293953	5.262222	63.77671
33	1100	382	26.71695	713.7956	6	36.37411	34.49901	11259	5.323131	5.555378	30.86222	41.01	8.436956	71.18222	19.2332
13	31	135	2.848781	8.115556	8	3.141958	13.31764	157	6.226306	5.148463	26.50667	19.09	1.146977	1.315556	12.30036
83	5841	1801	7.190735	51.70667	0	49.74671	29.52249	3886	1.441341	51.26645	2628.249	439	5.329165	28.4	443.9365
71	156905	44507	120.8557	14606.11	0	151.4619	962.2022	3154858	1.205427	308.4818	95161	32098.25	18.43837	339.9733	2470.5
59	912	797	39.05688	1525.44	2	43.2754	325.3946	47607	1.47442	49.82886	2482.916	563.44	5.425864	29.44	421.3295
10	14	14	0.596285	0.355556	15	1	1.864141	12	5.669467	0.679869	0.462222	0.49	0.249444	0.062222	1.014358
31	199	2781	4.096611	16.78222	1	10.82411	27.26156	256	3.696806	7.418895	55.04	69.16	2.246973	5.048889	33.35287
19	6109	3766	36.92912	1363.76	0	108.3377	214.4268	23070	4.223896	7.266361	52.8	68.96	19.0711	363.7067	20.44281
1	14	13	0.471405	0.222222	15	1	1.165352	10	5.669467	1.203698	1.448889	0.65	0.249444	0.062222	1.033838
18	17	48	2.315167	5.36	11	1.003771	2.749147	234	5.57086	3.40979	11.62667	16.81	0.879394	0.773333	11.57059
85	1683	1523	3.841296	14.75556	0	36.77003	26.63101	503	1.420319	14.50149	210.2933	44.89	4.616877	21.31556	111.1743
49	25307	127583	135.2527	18293.29	1	326.1263	1149.492	637881	3.123616	189.4633	35896.33	45926.49	38.23785	1462.133	1300.957
37	3408	67139	86.83154	7539.716	0	83.47095	619.1068	272643	3.401541	327.6814	107375.1	141508.6	13.24236	175.36	2326.017

图 11-1　输出结果示意图

根据图 11-1 可知，最终变量 column 如表 11-4 所示。

表 11-4　衍生变量样例表

编　　号	衍 生 变 量
1	F_x__abs_energy
2	F_y__abs_energy
3	T_y__standard_deviation
4	T_y__variance
5	F_x__range_count__max_1__min_－1
6	F_x__fft_coefficient__coeff_1__attr_"abs"
7	T_y__fft_coefficient__coeff_1__attr_"abs"
8	T_y__abs_energy
9	F_x__cid_ce__normalize_True
10	F_z__standard_deviation
11	F_z__variance
12	F_z__agg_linear_trend__f_agg_"var"__chunk_len_10__attr_"intercept"
13	F_x__standard_deviation
14	F_x__variance
15	F_z__fft_coefficient__coeff_1__attr_"abs"
16	F_x__ratio_value_number_to_time_series_length
17	T_y__fft_coefficient__coeff_2__attr_"abs"
18	F_x__variance_larger_than_standard_deviation
19	F_x__autocorrelation__lag_1
20	F_x__partial_autocorrelation__lag_1
⋮	⋮

函数 RelevantFeatureAugmenter 将根据 id 进行分组，自动计算时间序列的相关特征，并过滤出对因变量有意义且相关的特征。返回的结果中，每一行表示对一个对象抽取特征后的结果。为了方便理解，以 id＝1 作为说明。id＝1 的对象在 F_x 特征上有 15 个时序数据，将这 15 个数据进行平方求和，得到的一个值作为这个 id＝1 的对象的第一个新特征，即 F_x_abs_energy；再对这 15 个时序数据做其他操作，如求均值、方差等，得到的结果依次往后排，直到计算完最后一列 T_z 的特征后，属于这个 id＝1 的对象的特征向量也就生成了。id＝2、id＝3 等对象的特征向量的生成过程同理。

上面介绍了如何提取单特征，下面将介绍批量特征的提取。批量特征提取可采用两种方式：一是使用 extract_features 根据指定的参数提取所有特征，然后使用 select_features 计算因变量与自变量的相关性，选择强相关特征；二是直接使用 extract_relevant_features 提取相关特征，代码如下所示。

```python
from tsfresh.examples.robot_execution_failures \
import download_robot_execution_failures, load_robot_execution_failures
from tsfresh \
import extract_features, extract_relevant_features, select_features
from tsfresh.utilities.dataframe_functions import impute
from tsfresh.feature_extraction import ComprehensiveFCParameters,\
MinimalFCParameters, EfficientFCParameters
df, y = load_robot_execution_failures()
#方法一
extraction_settings = ComprehensiveFCParameters()
X = extract_features(df,
                    column_id = 'id', column_sort = 'time',
                    default_fc_parameters = extraction_settings,
                    impute_function = impute)
X_filtered_2 = select_features(X, y)
#方法二
extraction_settings = ComprehensiveFCParameters()
X_filtered = extract_relevant_features(df, y,
                                      column_id = 'id', column_sort = 'time',
                                      default_fc_parameters = extraction_settings)
```

其中，MinimalFCParameters 是提取少量基础特征；EfficientFCParameters 是提取可以快速计算的特征；ComprehensiveFCParameters 是提取最大特征集，需要花费大量时间。

方法一和方法二的功能是等效的，目标都是提取相关特征。在已知自变量和因变量的情况下，才能使用上述方法。二者的区别在于，如果因变量未知，可采用方法一的 extract_features 展开，而方法二无法直接使用。

11.2 程序设计思路

程序设计分为以下 6 个步骤。

（1）读入时间序列数据。

（2）特征工程，将时间序列转换为分组的移窗时间序列。

（3）特征工程,使用 Tsfresh 包对多个分组的移窗时间序列进行自动特征计算,具体特征请参照 11.1 节中的 Tsfresh 列表。

（4）特征工程,对 Tsfresh 生成的衍生变量进行特征过滤,案例中只使用了过滤唯一值,拼接上一个时间片的因变量。实际上,这个步骤可以有很多方式。例如,可以使用 11.1 节中的两种方法过滤出对目标变量重要或相关的自变量；如果自变量之间存在相关性,可以使用 PCA 做特征降维。

（5）使用 AdaBoostRegressor 模型进行回归预测。

（6）对预测结果和真实结果进行精度评估并绘图展现。

11.3　程序设计步骤

11.3.1　读入并分析数据

通过 pd.read_csv('dataset.csv',sep=',',encoding = 'utf-8')读入股票数据,并赋值给 x,分析各个特征的时序序列趋势线。数据类型 x.dtypes 如表 11-5 所示。

表 11-5　股票数据集数据类型

数 据 名 称	数 据 类 型
index_code	object
date	object
open	float64
close	float64
low	float64
high	float64
volume	float64
money	float64
change	float64
label	float64
time	datetime64[ns]

使用 x.head()读取股票数据集的前几行数据,如表 11-6 所示。

表 11-6　股票数据集的前几行数据

index_code（股票编号）	date（日期）	open（开盘价格）	close（收盘价格）	low（最低价格）	high（最高价格）	volume（成交量）	money（成交金额）	change（换手率）	label（标签）
sh000001	1990/12/20	104.3	104.39	99.98	104.39	197000	85000	0.044108822	109.13
sh000001	1990/12/21	109.07	109.13	103.73	109.13	28000	16100	0.045406648	114.55
sh000001	1990/12/24	113.57	114.55	109.13	114.55	32000	31100	0.049665537	120.25
sh000001	1990/12/25	120.09	120.25	114.55	120.25	15000	6500	0.04975993	125.27
sh000001	1990/12/26	125.27	125.27	120.25	125.27	100000	53700	0.041746362	125.28
sh000001	1990/12/27	125.27	125.28	125.27	125.28	66000	104600	7.98E−05	126.45
sh000001	1990/12/28	126.39	126.45	125.28	126.45	108000	88000	0.00933908	127.61
sh000001	1990/12/31	126.56	127.61	126.48	127.61	78000	60000	0.009173586	128.84

画出各个特征的时间序列趋势线，代码如下所示。

```
x.drop(['index_code', 'date','time',"volume","money"], axis = 1).plot(figsize = (15, 6))
plt.show()
```

自变量特征的时间序列趋势线如图 11-2 所示。

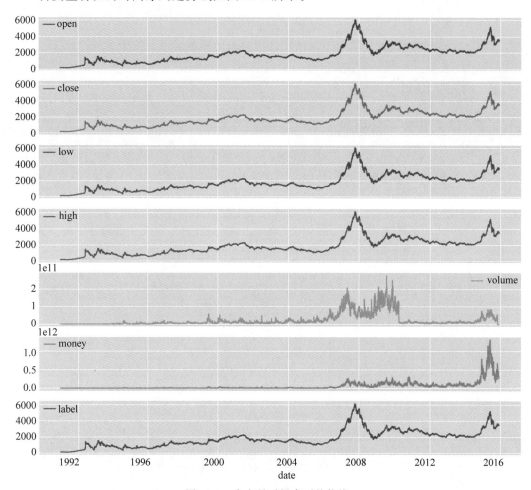

图 11-2　自变量时间序列趋势线

11.3.2　移窗

选择因变量，按照时间序列进行移窗，代码如下所示。

```
df_shift, y = make_forecasting_frame(x["high"], kind = "price", max_timeshift = 20,
rolling_direction = 1)
```

其中，kind 为分类，一般为字符串；max_timeshift 为最大分组时间序列长度；rolling_
direction 为移窗步长。

11.3.3 升维

使用 Tsfresh 包进行维度提升,代码如下所示。

```
X = extract_features(df_shift, column_id = "id", column_sort = "time", column_value =
"value", impute_function = impute, show_warnings = False)
```

11.3.4 方差过滤

下面进行简单方差过滤,即过滤掉唯一值的变量,代码如下所示。因为前一个时间片的变量对因变量强相关,所以加上该变量作为自变量。

```
X = X.loc[:, X.apply(pd.Series.nunique) != 1]
X["feature_last_value"] = y.shift(1)
X = X.iloc[1:, ]
y = y.iloc[1: ]
```

11.3.5 使用 AdaBoostRegressor 模型进行回归预测

建立 AdaBoostRegressor 模型,代码如下所示。循环从 100 开始到 y 的长度结束,每次循环使用前 i 行训练模型,并使用该模型对第 $i+1$ 行进行预测。

```
ada = AdaBoostRegressor(n_estimators = 10)
y_pred = [np.NaN] * len(y)

isp = 100
assert isp > 0

for i in tqdm(range(isp, len(y))):

    ada.fit(X.iloc[:i], y[:i])
    y_pred[i] = ada.predict(X.iloc[i, :].values.reshape((1, -1)))[0]

y_pred = pd.Series(data = y_pred, index = y.index)
```

11.3.6 预测结果分析

将预测结果和真实值拼接起来,代码如下所示。

```
ys = pd.concat([y_pred, y], axis = 1).rename(columns = {0: 'pred', 'value': 'true'})
ys.index = pd.to_datetime(ys.index)
ys.plot(figsize = (15, 8))
plt.title('Predicted and True Price')
plt.show()
```

画出预测结果和真实值的时间序列趋势线，如图 11-3 所示。由于预测结果和真实值十分接近，所以图中的两条曲线看起来是重合的。

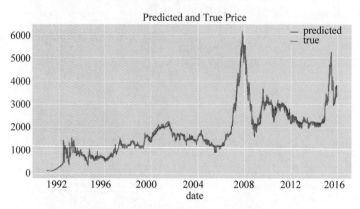

图 11-3　真实值与预测结果趋势线

第 **12** 章

基于上下文感知的多模态交通推荐

本案例与百度地图有关,展示 Python 在交通推荐领域的应用。通过交通推荐,城市变得更加智能和环保,这也是数据分析在公共领域的应用意义。

12.1 案例目标

本案例的目标是:根据用户的出行目的,帮助用户制订合适的出行计划,如步行、骑自行车、自驾、乘坐公共交通等。多模态交通推荐的开发可以减少交通时间和交通拥挤,平衡交通流,最终促进智能交通系统的发展。

尽管导航应用程序(如百度地图和谷歌地图)上的交通推荐已经很流行,但现有的交通推荐局限于单一交通方式。在基于上下文感知的多模态交通推荐中,对于不同的用户和时空背景,交通方式首选项有所不同。例如,对于大多数城市通勤者来说,乘坐地铁比乘坐出租车更具时间成本效益;经济弱势群体在交通选择上更喜欢骑自行车或者步行。设想另外一种场景,在 OD pair(起点和目的地)间的距离相对大且旅行时间也不是非常紧张的情况下,出租车和公交车结合可能是一种划算的出行方式。

在 2018 年年初,百度地图发布了基于上下文感知的多模式交通推荐服务,用户界面如图 12-1 所

视频讲解

图 12-1　百度地图上基于上下文感知的交通推荐服务的用户界面

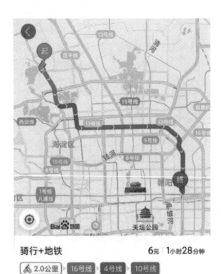

骑行+地铁　　　　　　6元｜1小时28分钟

步行1.2公里·马连洼站(A口)上车·23站

◎ 起点 (百度科技园)

🚲 百度科技园附近

　　骑行

　　骑行2.0公里 (9分钟)　　　　　导航 ▶

◎ 马连洼站附近

图 12-2　第一种交通方式的明细图

示。图 12-2 是图 12-1 中推荐的第一种交通方式的明细图。

12.2 数据说明

使用从百度地图收集的用户行为数据和一组用户属性数据来推荐合适的出行模式。用户行为数据捕获用户与导航应用程序之间的交互。根据用户交互循环，用户行为数据可以进一步分类为查询记录、显示记录和点击记录。每个记录都与会话 ID 和时间戳相关联。会话 ID 连接查询记录、显示记录和点击记录。

阶段 1 的所有数据都是从北京收集的，时间为 2018 年 10 月 1 日至 2018 年 11 月 30 日。

12.2.1 查询记录

查询记录代表百度地图上用户的一条路线搜索记录，如图 12-3 所示。每条查询记录都由会话 ID、配置文件 ID、时间戳、起点的坐标、目的地的坐标组成。例如，[387056,234590,"2018-11-01 15：15：36",(116.30,40.05),(116.35,39.99)]表示用户在 2018 年 11 月 1 日下午查询从(116.30,40.05)到(116.35,39.99)的行程。所有坐标均为 WGS84 标准。

sid	pid	req_time	o	d
387056	234590	2018-11-01 15:15:36	(116.30,40.05)	(116.35,39.99)
902489	849336	2019-01-16 19:57:41	(117.33,39.08)	(117.32,39.09)
156976	221455	2018-12-17 09:05:12	(12148,31.21)	(121.44,31.110)
183026	891650	2019-01-04 12:38:16	(112.52,38.18)	(112.5438.101)
729561	8322489	2019-04-01 21:47:37	(120.01,31.71)	(120.01,31.72)

图 12-3　路线搜索记录

12.2.2 显示记录

显示记录是百度地图向用户显示的可行路径，如图 12-4 所示。每条显示记录由会话

ID、时间戳和显示计划组成。每个显示计划包括交通方式、估计的路线距离(以 m 为单位)、估计到达时间(ETA,以 s 为单位)、估计的价格(以人民币的分为单位)。为了避免混淆,显示记录中最多有一个特定交通方式的计划,共有 11 种交通方式。交通方式可以是单模式的(如自驾、公交车、自行车)或多模式的(如出租车和公交车、自行车和公交车),将这些交通方式编码为 1～11 的数字标签。例如,[387056,"2018-11-01 15:15:40",[{"mode":1,"distance":3220,"ETA":2134,"price":12},{"mode":3,"distance":3520,"ETA":2841,"price":2}]]是包含两个显示计划的显示记录。

| sid | plan_time | route plans 1 | | | | ... |
		Transport mode	Distance(m)	ETA(S)	estimated price (RMB cent)	...
387056	2018-11-01 15:15:40	1	8220	2134	26000	...
902489	2019-01-16 19:57:44	3	1645	740	200	...
156976	2018-12-17 09:05:15	4	14873	4824	9300	...
183026	2019-01-04 12:38:18	11	11903	3224	4600	...
729561	2019-04-01 21:47:38	6	3362	1324	700	...

图 12-4　显示记录

12.2.3　点击记录

点击记录表示用户对不同建议的反馈,即用户选择某种交通方式并查看其详细信息,如图 12-5 所示。在每条记录中,点击数据包含会话 ID、时间戳和交通方式。

sid	click_time	click_mode
387056	2018-11-01 15:15:47	1
902489	2019-01-16 19:57:46	3
156976	2018-12-17 09:05:30	7
183026	2019-01-04 12:38:22	8
729561	2019-04-01 21:47:39	6

图 12-5　点击记录

12.2.4　用户记录

用户记录反映了用户对交通方式的个人偏好,如图 12-6 所示。每个查询记录都可以通过用户 ID 关联用户记录获取用户信息。每条用户记录由一个用户 ID 和一组热编码的用户属性组成。因为隐私问题,所以不直接提供真实的用户 ID。多个具有相同属性的用户共享一条用户记录。例如,考虑到性别和年龄属性,数据集将两个 35 岁的男性标识为相同的用户。

pid	p1	p2	…	pn
234590	0	1	…	0
849336	1	1	…	0
221455	1	0	…	0
891650	0	0	…	0
8322489	0	0	…	1

图 12-6　用户记录

12.3　解决方案

12.3.1　导入工具包和数据

首先导入需要的工具包，包括 Pandas、NumPy 等，具体代码如下所示。

```
import json
import pandas as pd
import numpy as np
import time
from sklearn.model_selection import StratifiedKFold
from sklearn.metrics import f1_score
from collections import Counter
from sklearn.decomposition import TruncatedSVD
from sklearn.feature_extraction.text import TfidfVectorizer
from tqdm import tqdm
import lightgbm as lgb
```

然后从 CSV 文件中读取数据并进行合并，具体代码如下所示。

```
def merge_raw_data():
    tr_queries = pd.read_csv('../data/train_queries.csv')
    te_queries = pd.read_csv('../data/test_queries.csv')
    tr_plans = pd.read_csv('../data/train_plans.csv')
    te_plans = pd.read_csv('../data/test_plans.csv')
    tr_click = pd.read_csv('../data/train_clicks.csv')
    ♯将训练数据的三个表合并
    tr_data = tr_queries.merge(tr_click, on = 'sid', how = 'left')
    tr_data = tr_data.merge(tr_plans, on = 'sid', how = 'left')
    tr_data = tr_data.drop(['click_time'], axis = 1)
    tr_data['click_mode'] = tr_data['click_mode'].fillna(0)
    ♯ 增加一个 date 字段，并赋值为 20181001，然后从 req_time 里抽取日期值
    tr_data['date'] = pd.to_datetime('20181001')._date_repr
    for i in range(len(tr_data)):
        x = tr_data.loc[i, "req_time"]
```

```
        x = pd.to_datetime(x)._date_repr
        tr_data.loc[i, "date"] = x
    # 合并测试数据的三个表,并派生值全为 - 1 的 click_mode 字段
    te_data = te_queries.merge(te_plans, on = 'sid', how = 'left')
    te_data['click_mode'] = - 1
    te_data['date'] = pd.to_datetime('20181001')._date_repr
    for i in range(len(te_data)):
        x = te_data.loc[i, "req_time"]
        x = pd.to_datetime(x)._date_repr
        te_data.loc[i, "date"] = x
    # 将训练数据和测试数据合并在一个 DataFrame 里
    data = pd.concat([tr_data, te_data], axis = 0, sort = True)
    data = data.reset_index(drop = True)
    return data
```

12.3.2 特征导入和数据处理

首先提取 OD 特征。由于 OD 特征中包含与距离及绝对位置等相关的信息,因此对其进行解析。因为其本身是有相对大小关系的,所以不再对其进行编码,具体代码如下所示。

```
def gen_od_feas(data):
    data['o1'] = data['o'].apply(lambda x: float(x.split(',')[0]))
    data['o2'] = data['o'].apply(lambda x: float(x.split(',')[1]))
    data['d1'] = data['d'].apply(lambda x: float(x.split(',')[0]))
    data['d2'] = data['d'].apply(lambda x: float(x.split(',')[1]))
    return data
```

接下来提取显示记录中的特征。显示记录中包含的信息非常多,如价格、时间、距离等,因此它是数据处理的重要环节,主要可以归纳为如下的特征:

(1) 各种交通方式价格的统计值(mean、min、max、std)。

(2) 各种交通方式的时间的统计值(mean、min、max、std)。

(3) 各种交通方式的距离的统计值(mean、min、max、std)。

(4) 其他的特征,如最大距离的交通方式、最高价格的交通方式、最短时间的交通方式等。

数据提取代码如下所示。

```
def gen_plan_feas(data):
    n = data.shape[0]
    mode_list_feas = np.zeros((n, 12))
    max_dist, min_dist, mean_dist, std_dist = np.zeros((n,)), np.zeros((n,)), np.zeros((n,)), np.zeros((n,))
    max_price, min_price, mean_price, std_price = np.zeros((n,)), np.zeros((n,)), np.zeros((n,)), np.zeros((n,))
```

```
    max_eta, min_eta, mean_eta, std_eta = np.zeros((n,)), np.zeros((n,)), np.zeros
((n,)), np.zeros((n,))
    min_dist_mode, max_dist_mode, min_price_mode, max_price_mode, min_eta_mode, max_eta_
mode, first_mode, second_mode, third_mode, forth_mode, fifth_mode = np.zeros((n,)),
        np.zeros((n,)), np.zeros((n,)), np.zeros((n,)), np.zeros((n,)), np.zeros((n,)),
np.zeros((n,)), np.zeros((n,)), np.zeros((n,)), np.zeros((n,)), np.zeros((n,))
    mode_texts = []
    for i, plan in tqdm(enumerate(data['plans'].values)):
        first_mode[i] = 0
        second_mode[i] = -1
        third_mode[i] = -1
        forth_mode[i] = -1
        fifth_mode[i] = -1
        try:
            cur_plan_list = json.loads(plan)
        except:
            cur_plan_list = []
        if len(cur_plan_list) == 0:
            mode_list_feas[i, 0] = 1
            max_dist[i], min_dist[i], mean_dist[i], std_dist[i] = -1, -1, -1, -1
            max_price[i], min_price[i], mean_price[i], std_price[i] = -1, -1, -1, -1
            max_eta[i], min_eta[i], mean_eta[i], std_eta[i] = -1, -1, -1, -1
            max_dist_mode[i], min_dist_mode[i], max_price_mode[i], min_price_mode[i] =
-1, -1, -1, -1
            min_eta_mode[i], max_eta_mode[i] = -1, -1
            mode_texts.append('word_null')
        else:
            distance_list = []
            price_list = []
            eta_list = []
            mode_list = []
            for tmp_dit in cur_plan_list:
                distance_list.append(int(tmp_dit['distance']))
                if tmp_dit['price'] == '':
                    price_list.append(0)
                else:
                    price_list.append(int(tmp_dit['price']))
                eta_list.append(int(tmp_dit['eta']))
                mode_list.append(int(tmp_dit['transport_mode']))
            mode_texts.append(
                ''.join(['word{} '.format(mode) for mode in mode_list]))
            distance_list = np.array(distance_list)
            price_list = np.array(price_list)
```

```
        eta_list = np.array(eta_list)
        mode_list = np.array(mode_list, dtype = 'int')
        mode_list_feas[i, mode_list] = 1
        # argsort 返回升序排序时各个值的下标
        distance_sort_idx = np.argsort(distance_list)
        price_sort_idx = np.argsort(price_list)
        eta_sort_idx = np.argsort(eta_list)

        max_dist[i] = distance_list[distance_sort_idx[ - 1]]
        min_dist[i] = distance_list[distance_sort_idx[0]]
        mean_dist[i] = np.mean(distance_list)
        std_dist[i] = np.std(distance_list)

        max_price[i] = price_list[price_sort_idx[ - 1]]
        min_price[i] = price_list[price_sort_idx[0]]
        mean_price[i] = np.mean(price_list)
        std_price[i] = np.std(price_list)

        max_eta[i] = eta_list[eta_sort_idx[ - 1]]
        min_eta[i] = eta_list[eta_sort_idx[0]]
        mean_eta[i] = np.mean(eta_list)
        std_eta[i] = np.std(eta_list)

        first_mode[i] = mode_list[0]
        length = len(mode_list)
        if length > = 2:
            second_mode[i] = mode_list[1]
        if length > = 3:
            third_mode[i] = mode_list[2]
        if length > = 4:
            forth_mode[i] = mode_list[3]
        if length > = 5:
            fifth_mode[i] = mode_list[4]
        max_dist_mode[i] = mode_list[distance_sort_idx[ - 1]]
        min_dist_mode[i] = mode_list[distance_sort_idx[0]]

        max_price_mode[i] = mode_list[price_sort_idx[ - 1]]
        min_price_mode[i] = mode_list[price_sort_idx[0]]

        max_eta_mode[i] = mode_list[eta_sort_idx[ - 1]]
        min_eta_mode[i] = mode_list[eta_sort_idx[0]]

feature_data = pd.DataFrame(mode_list_feas)
feature_data.columns = ['mode_feas_{}'.format(i) for i in range(12)]
feature_data['max_dist'] = max_dist
feature_data['min_dist'] = min_dist
feature_data['mean_dist'] = mean_dist
```

```
    feature_data['std_dist'] = std_dist

    feature_data['max_price'] = max_price
    feature_data['min_price'] = min_price
    feature_data['mean_price'] = mean_price
    feature_data['std_price'] = std_price

    feature_data['max_eta'] = max_eta
    feature_data['min_eta'] = min_eta
    feature_data['mean_eta'] = mean_eta
    feature_data['std_eta'] = std_eta

    feature_data['max_dist_mode'] = max_dist_mode
    feature_data['min_dist_mode'] = min_dist_mode
    feature_data['max_price_mode'] = max_price_mode
    feature_data['min_price_mode'] = min_price_mode
    feature_data['max_eta_mode'] = max_eta_mode
    feature_data['min_eta_mode'] = min_eta_mode
    feature_data['first_mode'] = first_mode
    feature_data['second_mode'] = second_mode
    feature_data['third_mode'] = third_mode
    feature_data['forth_mode'] = forth_mode
    feature_data['fifth_mode'] = fifth_mode
    tfidf_enc = TfidfVectorizer(ngram_range = (1, 2))
    tfidf_vec = tfidf_enc.fit_transform(mode_texts)
    svd_enc = TruncatedSVD(n_components = 10, n_iter = 20, random_state = 2019)
    mode_svd = svd_enc.fit_transform(tfidf_vec)
    mode_svd = pd.DataFrame(mode_svd)
    mode_svd.columns = ['svd_mode_{}'.format(i) for i in range(10)]
    data = pd.concat([data, feature_data, mode_svd], axis = 1)
    return data
```

　　用户属性由 0 和 1 编码的 66 个字段表示，如果直接将这 66 个字段拼接到之前生成的 DataFrame 里，就会导致维度过多，因此读取用户属性数据后，使用 SVD 算法对其降维，具体代码如下所示。

```
def gen_profile_feas(data):
    profile_data = read_profile_data()
    x = profile_data.drop(['pid'], axis = 1).values
    svd = TruncatedSVD(n_components = 20, n_iter = 20, random_state = 2019)
    svd_x = svd.fit_transform(x)
    svd_feas = pd.DataFrame(svd_x)
    svd_feas.columns = ['svd_fea_{}'.format(i) for i in range(20)]
    svd_feas['pid'] = profile_data['pid'].values
    data['pid'] = data['pid'].fillna(-1)
    data = data.merge(svd_feas, on = 'pid', how = 'left')
    return data
```

　　日期类型对交通方式的选择有较大的影响。例如，在工作日为了避免堵车选择乘坐地铁上下班，在假期为了出行方便选择自驾等。所以根据给定的日期判断其是假期、周末或者工作日，具体代码如下所示。

```python
def get_date_type(date, day):
    holiday_list = ['2018-10-01', '2018-10-02', '2018-10-03', '2018-10-04',
'2018-10-05', '2018-10-06', '2018-10-07', '2018-10-02']
    if(date in holiday_list):
        return 2             # 假期
    elif day == 5 or day == 6:
        return 1             # 周末
    else:
        return 0             # 工作日


def gen_time_feas(data):
    data['req_time'] = pd.to_datetime(data['req_time'])
    data['plan_time'] = pd.to_datetime(data['plan_time'])
    data['weekday'] = data['req_time'].dt.dayofweek
    data['hour'] = data['req_time'].dt.hour
    data['minute'] = data['req_time'].dt.minute
    x = len(data)
    for i in range(len(data)):
        data.loc[i, 'date_type'] = get_date_type(data.loc[i, 'date'], data.loc[i,
'weekday'])
    return data
```

之前派生了 OD 表示起点、目的地之间的绝对位置，现在选择用曼哈顿距离表示起点、目的地之间的相对距离，具体代码如下所示。

```python
def get_manhattan_abs_distance(data):
    data['manhattan_dis'] = abs(data['o1'] - data['d1']) + abs(data['o2'] - data['d2'])
    return data
```

去掉部分原生字段后，根据是否有选择具体的出行方式（click_mode = -1 表示为测试数据）将数据分为训练集和测试集。具体代码如下所示。

```python
def split_train_test(data):
    train_data = data[data['click_mode'] != -1]
    test_data = data[data['click_mode'] == -1]
    submit = test_data[['sid']].copy()
    train_data = train_data.drop(['sid'], axis=1)
    test_data = test_data.drop(['sid'], axis=1)
    test_data = test_data.drop(['click_mode'], axis=1)
    train_y = pd.DataFrame()
```

```
        train_y['click_mode'] = train_data['click_mode']
        train_y['date'] = train_data['date']
        train_x = train_data.drop(['click_mode'], axis = 1)
        return train_x, train_y, test_data, submit


    def get_train_test_feas_data():
        data = merge_raw_data()
        data = gen_od_feas(data)
        data = gen_plan_feas(data)
        data = gen_profile_feas(data)
        data = gen_time_feas(data)
        data = get_manhattan_abs_distance(data)
        data = data.drop(
            ['o', 'd', 'minute', 'req_time', 'plan_time', 'req_time', 'plans', 'manhattan_dis'],
    axis = 1)
        train_x, train_y, test_x, submit = split_train_test(data)
        return train_x, train_y, test_x, submit
```

然后评估指标设计，具体代码如下所示。

```
    def eval_f(y_pred, train_data):
        y_true = train_data.label
        y_pred = y_pred.reshape((12, -1)).T
        y_pred = np.argmax(y_pred, axis = 1)
        score = f1_score(y_true, y_pred, average = 'weighted')
        return 'weighted-f1-score', score, True
```

12.3.3 模型训练与结果保存

模型训练代码如下所示。

```
    def train_lgb(train_x, train_y, test_x):
        time_now = time.strftime('%m%d%H%M')
        train_x = train_x.drop(['date'], axis = 1)
        train_y = train_y.drop(['date'], axis = 1)
        train_y = train_y['click_mode'].values
        test_x = test_x.drop(['date'], axis = 1)
        kfold = StratifiedKFold(n_splits = 5, shuffle = True, random_state = 2019)
        lgb_paras = {
            'objective': 'multiclass',
            'metrics': 'multiclass',
            'learning_rate': 0.03,
            'num_leaves': 31,
            'lambda_l1': 0.01,
            'lambda_l2': 10,
```

```
        'num_class': 12,
        'seed': 2019,
        'feature_fraction': 0.8,
        'bagging_fraction': 0.8,
        'bagging_freq': 4,
    }
    cate_cols = ['max_dist_mode', 'min_dist_mode', 'max_price_mode',
                'min_price_mode', 'max_eta_mode', 'min_eta_mode', 'weekday',
                'modes_order_1', 'modes_order_2','modes_order_3', 'modes_order_4',
                'modes_order_5', 'modes_order_6', 'modes_order_7', 'label'
                ]
    scores = []
    result_proba = []
    for tr_idx, val_idx in kfold.split(train_x, train_y):

        tr_x, tr_y, val_x, val_y = train_x.iloc[tr_idx], train_y[tr_idx], train_x.iloc
[val_idx], train_y[val_idx]
        train_set = lgb.Dataset(tr_x, tr_y, categorical_feature = cate_cols)
        val_set = lgb.Dataset(val_x, val_y, categorical_feature = cate_cols)
        lgb_model = lgb.train(lgb_paras, train_set,
                            valid_sets = [val_set], early_stopping_rounds = 100, num_
                            boost_round = 40000, verbose_eval = 50, feval = eval_f)
        val_pred = np.argmax(lgb_model.predict(
            val_x, num_iteration = lgb_model.best_iteration), axis = 1)
        val_score = f1_score(val_y, val_pred, average = 'weighted')
        gen_recall_precision(val_y, val_pred, time_now)
        result_proba.append(lgb_model.predict(test_x, num_iteration = lgb_model.best_
iteration))
        scores.append(val_score)
    print('cv f1 - score: ', np.mean(scores))
    pred_test = np.argmax(np.mean(result_proba, axis = 0), axis = 1)
    return pred_test, round(np.mean(scores),5)
```

结果保存的代码如下所示。

```
def submit_result(submit, result, model_name):
    submit['recommend_mode'] = result
    submit.to_csv('submit/{}.csv'.format(model_name), index = False)
```

第 13 章

美国波士顿房价预测

13.1 背景介绍

本节将提供一个银行业经常处理的房价预测问题案例。银行在开出购房贷款时,除了审核由贷款者提供的住房信息外,通常还需要使用额外的手段在银行内部对贷款者提供的信息进行评定,房价预测就是银行可能使用的手段之一。此外,房屋中介商也可以通过现场勘测获得的房屋信息,利用房价预测的模型了解最终可能出售的价格区间,从而制定一系列谈判方案,帮助买卖双方完成交易。

通常,完整的数据分析包含 5 个步骤:定义问题、收集数据、预处理数据(又称清洗数据)、数据分析与分析结果。本案例需要解决的问题是如何利用手头上已有的波士顿房源信息和房价,对后续尚未出售的房屋进行估价。数据已经由代理收集完毕,并提交到了指定的文件中(本案例中使用到的数据来源于知名的数据分析竞赛 Kaggle,所有数据都可以从 https://www.kaggle.com/c/5407/download-all 下载)。因此,我们的工作主要集中在收集数据之后的部分,即从预处理数据这一环节开始。在对数据完成清洗之后,利用在这一步骤中对数据获取的认识选用合适的模型对数据进行建模,最后用测试数据对生成的模型进行评估。

数据分析中人们通常使用 Jupyter Notebook 运行 Python 代码,它是一个基于网页的交互计算程序。利用它,开发人员可以完成计算的全过程,即开发、文档编写、运行代码和展示结果。同时,由于 Jupyter Notebook 基于 Web 技术开发,使用者还可以通过它使用另一台远程计算机的计算资源完成运算。很多公司都开放了免费的 Jupyter 计算实例,如 Google Colab 就为使用者提供了免费的 GPU 计算资源。图 13-1 展示了如何使用 Jupyter Notebook 来执行一段代码。

引入库。

```
In [1]:  import matplotlib.pyplot as plt
         import numpy as np
```

随机生成100个点，绘制它们的散点图。

```
In [14]:  data = np.random.rand(100, 2)
          data.shape
```
```
Out[14]:  (100, 2)
```

```
In [15]:  plt.scatter(x=data[:,0], y=data[:,1])
```
```
Out[15]:  <matplotlib.collections.PathCollection at 0x13ad2278670>
```

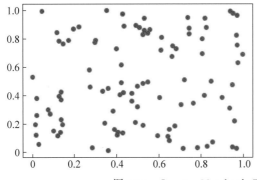

图13-1　Jupyter Notebook 示例

【试一试】　安装 Jupyter Notebook，并创建一个笔记本文件，在这个笔记本文件中仿照图 13-1 编写一段代码，生成两组各 100 个随机数，以第一组为横坐标、第二组为纵坐标，绘制出这些数据的散点图。

13.2　数据清洗

要使模型能够正确地处理数据，必须先对数据做出一定的预处理，对特征及特征的值进行变换。下面依次介绍对此数据集进行预处理的各个步骤。

在 Python 数据分析中，通常使用 Pandas 库对数据进行管理，它能够实现类似于 DBMS 的数据操作，如对两个表进行拼接、条件检索等。公开数据集通常以 CSV 的格式提供，使用 Pandas 的 pandas.read_csv(path,…) 方法就能够将它们引入进来。下面的代码将训练集数据从本地文件系统中引入，引入的数据在代码中体现为 train 这一变量引用的一个 Pandas DataFrame。

```
INPUT_PATH = './input/house-prices-advanced-regression-techniques'
train = pd.read_csv(f'{INPUT_PATH}/train.csv')
```

在开始所有工作之前，应当先对要处理的数据建立一个感性认识。本数据集提供了一个描述文件 data_description. txt，其中描述了每一特征具体的含义及可能的值。另外，还可以使用 DataFrame. head(self，n，…)方法输出前 n 个数据点，使用 DataFrame. describe(self，include='all'，…)方法查看所有特征的各个统计学特性。这两个方法的运行结果分别如图 13-2 和图 13-3 所示。

```
train.head(10)
```

	Id	MSSubClass	MSZoning	LotFrontage	LotArea	Street	Alley	LotShape
0	1	60	RL	65.0	8450	Pave	NaN	Reg
1	2	20	RL	80.0	9600	Pave	NaN	Reg
2	3	60	RL	68.0	11250	Pave	NaN	IR1
3	4	70	RL	60.0	9550	Pave	NaN	IR1
4	5	60	RL	84.0	14260	Pave	NaN	IR1
5	6	50	RL	85.0	14115	Pave	NaN	IR1
6	7	20	RL	75.0	10084	Pave	NaN	Reg
7	8	60	RL	NaN	10382	Pave	NaN	IR1
8	9	50	RM	51.0	6120	Pave	NaN	Reg
9	10	190	RL	50.0	7420	Pave	NaN	Reg

图 13-2　训练集前 10 个数据点

```
df.describe(include = 'all')
```

	Id	MSSubClass	MSZoning	LotFrontage	LotArea
count	1460.000000	1460.000000	1460	1201.000000	1460.000000
unique	NaN	NaN	5	NaN	NaN
top	NaN	NaN	RL	NaN	NaN
freq	NaN	NaN	1151	NaN	NaN
mean	730.500000	56.897260	NaN	70.049958	10516.828082
std	421.610009	42.300571	NaN	24.284752	9981.264932
min	1.000000	20.000000	NaN	21.000000	1300.000000
25%	365.750000	20.000000	NaN	59.000000	7553.500000
50%	730.500000	50.000000	NaN	69.000000	9478.500000
75%	1095.250000	70.000000	NaN	80.000000	11601.500000
max	1460.000000	190.000000	NaN	313.000000	215245.000000

图 13-3　训练集各个特征的统计学指标

　　通过这两个方法，可以了解到一个 DataFrame 的大致特征，这在数据清洗的过程中非常重要，这两个方法在后续的分析过程中还会被大量地使用。

　　【提示】　可以使用类似于词典索引的方法对 DataFrame 的数据进行条件检索。例

如,可以使用 DataFrame[condition]检索出所有 condition ＝＝True 的数据点,使用
DataFrame[list]抽取出所有列名存在于 list 中的数据子集。图 13-4 和图 13-5 给出了两
个示例。

```
train[['ID', 'SalePrice']].head(5)
```

	ID	SalePrice
0	1	208500
1	2	181500
2	3	223500
3	4	140000
4	5	250000

图 13-4　DataFrame[list] 运行结果

```
train[(train.SalePrice < 200000) & (train.ID < 10)]
```

	ID	MSSubClass	MSZoning	LotFrontage	LotArea	Street	Alley
1	2	20	RL	80.0	9600	Pave	NaN
3	4	70	RL	60.0	9550	Pave	NaN
5	6	50	RL	85.0	14115	Pave	NaN
8	9	50	RM	51.0	6120	Pave	NaN

图 13-5　DataFrame[condition] 运行结果

观察上面的输出结果不难发现,某些数据点的一部分特征中存在着 NaN 值。由于数
据收集中存在的各种问题,如收集方案的变更、内容涉及调查对象隐私等,数据集中的数
据并不总是完整的,它们可能在某些特征上有缺失,这些缺失的部分不能参与后续的模型
计算,因此必须先通过某种手段对数据进行一定的预处理,使数据集中不存在任何缺失。
具体的手段主要有 3 种:移除缺失某种特征的所有数据点;移除所有数据点中的某一特
征;对缺失的数据进行填补,这些手段分别适用于不同的场景。

首先分析哪些特征发生了缺失。下面的代码能够按照列计算发生了对应特征缺失的
样本数量,产生的结果 miss_cnt 也是一个 DataFrame。运行结果如图 13-6 所示。

```
print('数据总条数: ', train.shape[0])
miss_cnt = train.isna().sum()
miss_cnt = miss_cnt[miss_cnt != 0].sort_values(ascending = False)
print(miss_cnt)
```

可以发现,这些数据特征存在着不同程度的缺失。查看 data_description.txt 可以得
知,PoolQC 这一特征指的是房子游泳池的品质,它是一个分类型特征,即其值是离散的、

```
数据总条数： 1460
PoolQC          1453
MiscFeature     1406
Alley           1369
Fence           1179
FireplaceQu      690
LotFrontage      259
GarageYrBlt       81
GarageType        81
GarageFinish      81
GarageQual        81
GarageCond        81
BsmtFinType2      38
BsmtExposure      38
BsmtFinType1      37
BsmtCond          37
BsmtQual          37
MasVnrArea         8
MasVnrType         8
Electrical         1
dtype: int64
```

图 13-6　缺失数据的数量

不具有数学意义的。例如，常用的分类型评价指标包含 4 个值："优秀""良好""中等"
"差"。由于这一特征缺失的比例过高（99.5%），因此直接丢弃此特征。剩余的特征中，
MiscFeature、Alley、Fence、FireplaceQu、BsmtQual 也是分类型特征，由于它们都有一个
NA 值代表没有此方面特性，如 FireplaceQu 特征的 NA 值表示这个房子没有壁炉，因此
直接用 NA 值对缺失值进行填充即可。另一些特征，如 LotFrontage、BsmtExposure 等，
它们是数值类特征，即其值是连续的、具有数学意义的。这些数值缺失的比例并不高，可
以根据特征具体含义，采取填充平均值或填充 0 的方法进行补充。

【试一试】　查阅 Pandas 的文档，使用 DataFrame. drop(self,…)、DataFrame. dropna
(self,…)和 DataFrame. fillna(self,…)3 个方法完成上述数据处理操作。

　　用于训练的数学模型大多数都很容易受到异常值（outlier）的影响，因此最好在训练
之前先将这些异常值从训练集中移除。图 13-7 展示了一种发现异常值的方法，可以看到
GrLivArea 和 SalePrice 大致是箭头展示的线性关系，然而长方形框标注的两个样本严重
偏移了这条线，因此应当将它们从训练集中移除。

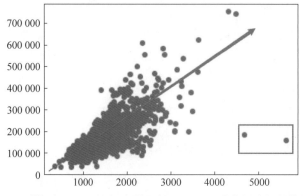

图 13-7　横坐标 GrLivArea 和纵坐标 SalePrice 两特征之间的散点图

```
plt.scatter(train['GrLivArea'], train['SalePrice'])
```

使用以下代码移除这两个异常值：

```
outliers = train[(train['GrLivArea'] > 4000) & (train['SalePrice'] < 200000)]
train.drop(index = outliers.index, inplace = True)
```

　　除了逐个特征手动绘制以外，还可以使用 seaborn. pairplot(data,…)方法绘制成对矩阵图，它能够根据横、纵坐标的数据类型自动选择绘制直方图和散点图。下面的代码对选定的几个特征绘制了成对矩阵图，结果如图 13-8 所示。可以注意到，第 1 行第 3 列的子图实际上就是图 13-7。

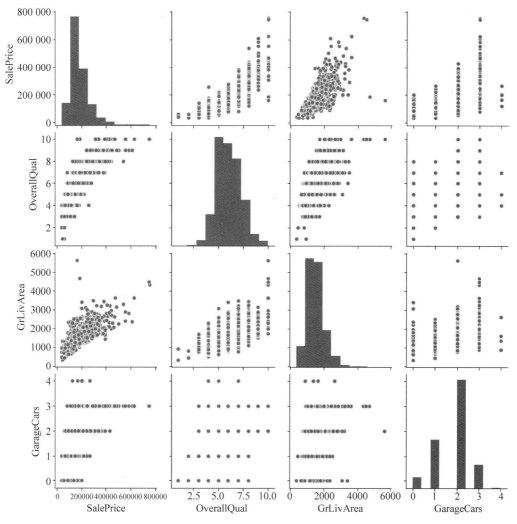

图 13-8　选定特征之间的成对矩阵图

```
sns.pairplot(train[[
    'SalePrice', 'OverallQual', 'GrLivArea', 'GarageCars'
]])
```

【试一试】 继续寻找其他的异常值，并将它们从训练集中移除。剩余的异常值数量不多，但移除它们能够显著改善模型的表现。

由于数据分析模型采用数学的方法对各个特征进行运算操作，且分类型特征的值无法参与数学运算，因此还需要将分类型特征转化为数值型特征。主要做法有两种，第一种是标签编码（label encode），即对一个特征下的所有已知离散值建立一个映射到整数值，如"中国""美国""德国""日本"分别映射到 0、1、2、3。但这种方法并不常用，首先这一映射可能不是满射，如果此时出现了未知的离散类型值，这种编码方式将无法有效地处理（如在前面的分类型特征中出现了一个值为"法国"的数据点）。另外，这些类型值本身可能是不可比的，但其映射之后的数值却存在着大小关系，例如"中国"和"美国"并不存在大小关系，但其映射值 0 小于 1，这有可能会影响到模型的表现。因此，人们通常采用另一种方法——独热编码（one hot encode），即将一个类型值转换为一个二元值域的新特征。独热编码避免了标签编码的缺陷，但也带来了一些新的问题，其中之一是它可能会导致数据特征过多，从而影响模型的训练速度。图 13-9 演示了独热编码方法编码的过程。

In[52]:
```
dt = pd.DataFrame([
    {'Country': 'China'},
    {'Country': 'US'},
    {'Country': 'Japan'},
    {'Country': 'China'}
])
dt.head()
```

Out[52]:

	Country
0	China
1	US
2	Japan
3	China

In[51]:
```
pd.get_dummies(dt)
```

Out[51]:

	Country_China	Country_Japan	Country_US
0	1	0	0
1	0	0	1
2	0	1	0
3	1	0	0

图 13-9 独热编码效果演示

【试一试】　Pandas 提供了 pandas.get_dummies(dataframe,…)方法快速地实现独热编码,而 scikit-learn.prepocessing 也提供了 LabelEncoder 和 OneHotEncoder 两个类帮助实现自动化的特征编码。查阅 scikit-learn 的文档,使用 OneHotEncoder 完成对训练集数据特征的编码工作。注意,OneHotEncoder.transform()返回的是一个 NumPy 数组,因此可能还需要搭配 OneHotEncoder.get_feature_names()接口获取生成的特征名,再使用 pandas.DataFrame(array,…)复原出一个 DataFrame。

除了通过特征编码生成新的特征之外,还可以通过人工分析生成一些更有效的特征。例如,数据集中的两个特征 YearRemodAdd 和 YrSold 分别表示房子上一次重新装修的年份和房子出售的年份,可以将这两个特征相减得到一个新的特征:YrSinceRemod,即房子重新装修了多久,这一特征显然对于房价会有更直接、显著的影响。再例如,可以将房子里的浴室面积按照公式 df['TotalBath'] = df['FullBath'] + df['BsmtFullBath'] + 0.5×(df['HalfBath']+df['BsmtHalfBath'])相加,生成 TotalBath 这一新的特征。

【试一试】　仔细阅读 data_description.txt,分析还能生成哪些特征。

在回归问题当中,数据的特征非常重要,更多的特征能够使模型达到更好的拟合程度,但同时也更容易使模型遇到过拟合的问题,即模型一味贴合训练数据导致其泛化能力变差。避免该问题的一种手段是通过分析数据各个特征之间的相关度来去除一些冗余的特征。可以使用 DataFrame.corr(self,…)计算各个特征之间的相关度,再使用 seaborn.heatmap(corr,…)生成相关度的热度图,示例代码如下。通过图 13-10 可以发现选定的特征与房价之间均有着非常高的相关度,而 GrLivArea 和 TotRmsAbvGrd 两个特征之间也具有非常高的相关度。如果后续训练模型的过程中发现可能存在过拟合的问题,可以返回这一步,将高相关度的特征去除一部分,再进行尝试。

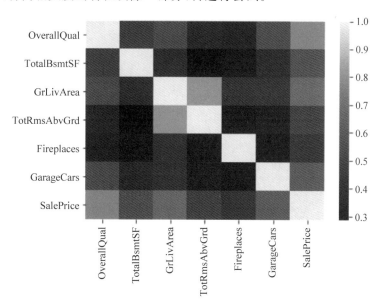

图 13-10　选定特征之间相关度的热力图

```
selected_columns = [
    'OverallQual', 'TotalBsmtSF', 'GrLivArea',
    'TotRmsAbvGrd', 'Fireplaces', 'GarageCars', 'SalePrice'
]
corr = train[selected_columns].corr()
sns.heatmap(corr)
```

为了进一步了解各个特征和目标变量之间的关系,可以绘制箱线图。箱线图的"箱"上界为 Q3(第三四分位数,即数据排序后 75% 的位置),下界为 Q1(第一四分位数,即数据排序后 25% 的位置);Q3－Q1 的对应值称为 IQR(interquartile range);"线"的上界为 Q3+1.5×IQR,下界为 Q1－1.5×IQR,位于线外的点均为可能的异常值。图 13-11 展示了如何使用 seaborn 绘制箱线图来描述 OverallQual(综合质量)和 SalePrice(售价)之间的联系,可以发现两者之间大致存在着正相关的关系,因此最好保留 OverallQual 这一特征,但其中存在着比较多的异常值,因此可能需要对该特征进行进一步的变换。

```
sns.boxplot(data = train, x = 'OverallQual', y = 'SalePrice')
```

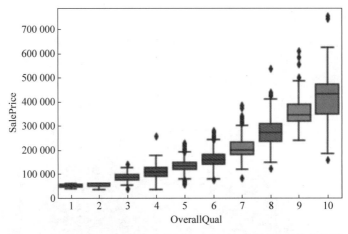

图 13-11　OverallQual(综合质量)和 SalePrice(售价)之间的箱线图

除了手动进行相关度分析,还可以使用主成分分析(PCA)等信息学方法对数据进行降维,但 PCA 存在一定局限性,这里限于篇幅不再详细展开。

为了让模型能够更好地对数据进行拟合,通常还要对数据的数值进行一定的处理。首先,很多回归模型对于符合正态分布的数据具有最好的拟合度,因此需要对数据进行一定的处理,使数据更趋近于正态分布。偏度(skewness)是用来描绘一系列数据符合正态分布的程度的指标,完全正态分布的数据偏度为 0。偏度绝对值越大,数据就越不符合正态分布。使用 DataFrame.skew(self,…)或者 scipy.stats.skew() 可以计算每一类特征总体的偏度。应用统计学中通常使用 np.log1p() 降低数据的偏度,即对数据值加 1 后求自然对数,也有更加通用的 Box-Cox 转换来实现去偏度。

首先对目标变量进行分析。使用 sns.displot(list，fit，⋯)可以绘制出数据的分布图，代码如下。从图 13-12 可以看出目标变量(蓝色)与拟合的正态分布(黑色)相比存在一定的左偏；这在概率曲线图中也有所体现，如图 13-13 所示。对于目标变量(即SalePrice)来说，使用 np.log1p(data，⋯)降低偏度，这样方便之后对预测结果的复原。

```python
from scipy.stats import norm
sns.distplot(train['SalePrice'], fit = norm)
```

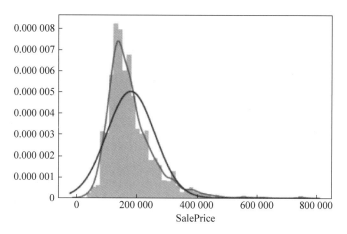

图 13-12　SalePrice 的分布概率图及其正态分布拟合曲线

```python
from scipy import stats
res = stats.probplot(train['SalePrice'], plot = plt)
```

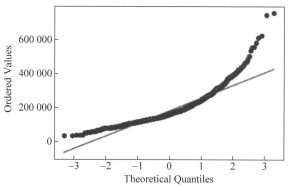

图 13-13　售价的概率曲线图

对于剩余的特征，使用以下代码自动地对偏度较高的特征进行 Box-Cox 转换来完成去偏度处理：

```
from scipy.special import boxcox1p
from scipy.stats import boxcox_normmax
skewness = dt.skew().abs()
skewed_columns = skewness[skewness >= 0.5].index
for column in skewed_columns:
dt[column] = boxcox1p(dt[column], boxcox_normmax(dt[column] + 1))
```

除了去偏度之外，还可以对变量的值域进行限定。sklearn 提供了 preprocessing.
MinMaxScaler 将所有数据转换到[0，1]的值域内，preprocessing.StandardScaler()将数据的均值置 0 且将方差置 1，这些都有助于提升模型的表现。

【注意】　使用的数据预处理方法并不总是越多越好。例如，sklearn 提供了 feature_
selection.SelectKBest 接口，它可以选择出与目标变量有最高相关度的特征子集。然而在这一个回归问题中，由于特征的数量并不特别大，而且后续使用了其他的方法避免模型过拟合的影响，因此使用它反而会导致模型最终的表现变差。

到这一步，能够影响房源价格的信息就已经基本完成预处理了。仍然需要注意的是，数据的清洗和后续的分析并不是一个线性的关系，往往在分析数据的过程中还会发现数据清洗存在着一部分缺陷，这个时候可以重新继续修正。

13.3　数据分析

在完成了对数据的预处理之后，即可开始建模拟合。在建模过程中，主要的工作集中在两部分：模型的选择和参数的调整。

可以用于回归的模型有很多种，如线性模型的脊回归（ridge regression）、Lasso、RANSAC 回归、决策树、随机森林乃至神经网络回归模型等。它们各有优缺点。例如，Lasso 中带有数据降维的步骤，RANSAC 回归在处理异常值时仍能有较好的鲁棒性，而随机森林不易发生过拟合。使用任意模型，配合合理的参数，都能够达到比较好的学习结果。

大多数的数据拟合模型都可以在 sklearn 库中找到，这些模型都具有类似的 API。以最简单的线性回归 linear_model.LinearRegression 为例，可以通过其构造方法 __init__
(fit_intercept=True, normalize=False, copy_X=True, n_jobs=None)构建一个模型，此构造方法中的各个参数是对模型接受调整的参数。除了用于调整训练过程的参数，大多数模型还有两个额外的参数。

（1）copy_X：bool，默认值为 True。该参数表示是否要在训练前对提供的训练集进行复制。除非训练集非常庞大，否则出于代码可预测性和可维护性的考虑，不需要修改这一参数。

（2）n_jobs：int or None，默认值为 None。表示在训练过程中最多会创建几个线程，设置为-1 将会自动创建数量和 CPU 核心数量相等的线程，None 表示只使用 1 个线程，除非 joblib 的上下文另有说明。官方的说明为，除非数据集足够大，否则修改这一参数不会带来特别多的速度提升。对于本章的数据集以及模型来说，将这个参数修改为-1 更为合理。

所有 sklearn 模型的构造方法，其返回的模型对象永远都会有两个方法：fit( )和 predict( )。

(1) fit(self，X，y，sample_weight)：用于训练拟合模型；返回值为 self(用于链式调用)。它有 3 个参数。

① X：可迭代对象，表示训练集数据。

② y：可迭代对象，在无监督学习的模型中为可选参数，表示与训练集数据相对应的目标变量集。

③ sample_weight：表示各个样本的权重，默认为 None。本案例中不需要对这个参数进行调整。

(2) predict(self，X)：使用此模型给出对应的预测；返回值为一个 NumPy 数组，表示预测值。参数 X 为可迭代对象，表示需要给定预测的样本集合。

这些 API 规定实际上形成了一个编程接口(interface)，这使任何调用模型的代码都可以通过替换提供的对象实现对模型本身的更换。同时，其他库可以通过采用此接口实现与 sklearn 模型的互换性(interchangeability)。一个典型的例子是同样在数据分析社区中非常受欢迎的 xgboost 库，任何 sklearn 的优化器都可以不加修改地直接套用在 xgboost 提供的模型上。

为了避免样本抽样给模型拟合带来的消极影响，通常会使用交叉验证(cross validation)的方法将数据分为多个折(fold)，分多次使用这些折对模型进行训练与验证，从而提高模型的健壮性，但手动实现交叉验证需要考虑到对模型抽样的记录，比较烦琐。与此同时，模型训练参数的调整也比较烦琐，需要手动编写代码不断地生成新的模型对象并对它们的结果进行比较。幸运的是，sklearn 提供了 GridSearchCV 类，它是一个宏模型(meta model)，它在自动生成新的模型的同时对每个模型进行交叉验证，并自动将结果最好的一组参数设置为当前模型的参数。下面的代码给出了使用 GridSearchCV 对 XGB 回归器参数的自动选择。

```
from sklearn.ensemble import GridSearchCV
from xgboost import XGBRegressor

tuned_parameters = [{
  'alpha': [1e-3, 0.01, 0.1, 0.2],
  'learning_rate': [1e-3, 0.01, 0.1, 0.5],
  'n_estimators': [50, 100, 150]
}, {
  'alpha': [1e-5],
  'n_estimators': [200]
}]
gridcv_xgb = GridSearchCV(XGBRegressor(), tuned_parameters, n_jobs = -1)
gridcv_xgb.fit(train, target)
print(gridcv_xgb.cv_results_)
```

tuned_parameters 是一个列表,其中的每一个对象都是一个词典,词典的键为需要测试的模型参数名,词典的值是一个可迭代对象,其中的每一个值是需要测试的参数值。上面的代码一共会生成 $4 \times 4 \times 3 + 1 \times 1 = 49$ 个模型,并自动对这些模型进行训练、测试,从所有模型中选择得分最高的一组。

【提示】　代码最终打印出的 cv_results_ 包含了各组参数生成模型的决定系数 R^2,它反映了模型预测结果的好坏,其值域为 $(-\infty, 1]$,越接近于 1 模型表现越好。

为了追求更好的学习效果,这里将使用集成学习的方法,采用投票(voting)或堆叠(stacking)的方式将多个模型的学习结果进行综合。其中,由于堆叠能够在有效结合各个模型优点的同时避免各个模型的缺点,它更广泛地在数据分析的各类比赛中被使用。堆叠的大致原理为,对每个模型进行交叉验证训练,对训练集的预测结果共同送入下一层模型中继续训练,如图 13-14 所示。

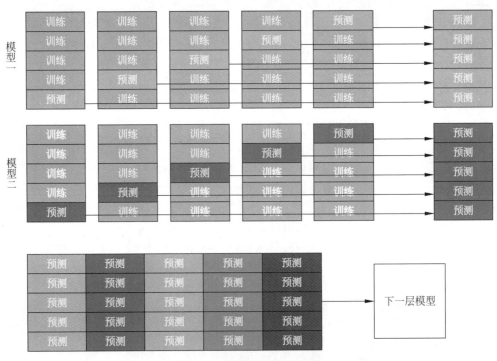

图 13-14　堆叠回归训练过程

sklearn 同样提供了自动实现堆叠训练的类 ensemble. StackingRegressor,它与其他的模型具有相同的 API。下面的代码使用 StackingRegressor 完成了最终模型的建立与训练。为了节省时间,避免单个 cell 执行时间太长,其中各个子模型的参数都由先前的GridSearchCV 得到后固定住。

```
from sklearn.gaussian_process import GaussianProcessRegressor
from sklearn.gaussian_process.kernels import RationalQuadratic, WhiteKernel, RBF
from sklearn.experimental import enable_hist_gradient_boosting
```

```
from sklearn.ensemble import StackingRegressor, HistGradientBoostingRegressor
from sklearn.linear_model import Lasso, ARDRegression, RANSACRegressor, Ridge
from sklearn.tree import ExtraTreeRegressor
from xgboost import XGBRegressor

kernel = RBF() + WhiteKernel() + RationalQuadratic()

sreg = StackingRegressor([
    ('adaboost', XGBRegressor(objective = 'reg:squarederror',
                        alpha = 0.1,
                        colsample_bytree = 0.35,
                        learning_rate = 0.1,
                        max_depth = 5,
                        n_estimators = 100)),
    ('guassian', GaussianProcessRegressor(kernel = kernel,
                            n_restarts_optimizer = 3,
                            alpha = 1e - 6)),
    ('lasso', Lasso(alpha = 1e - 4)),
    ('ard', ARDRegression(n_iter = 300)),
    ('randtree', ExtraTreeRegressor()),
    ('histgb', HistGradientBoostingRegressor(max_depth = 25, max_leaf_nodes = 10, max_iter =
100)),
    ('ransac - outlier', RANSACRegressor(base_estimator = Ridge(), max_trials = 500))
], n_jobs = - 1)
sreg.fit(train, target)
```

【试一试】　使用 GridSearchCV 定义一些模型，并将它们替换至 StackingRegressor 的构造方法调用中，使参数不再是固定的。

训练结束之后，使用 predict 方法即可生成最终的预测。需要注意的是，之前对目标变量进行了 np.log1p 的变换，因此需要对此变换进行还原，代码如下：

```
pred = sreg.predict(test)
pred = np.exp(pred) - 1
```

预测 pred 是一个 NumPy 数组，可以使用 ndarray.to_csv(self，path，…)将其保存到一个 CSV 文件中。

13.4　分析结果

在很多数据分析问题中，测试集是通过对原训练集分割划定出来的，此时可以通过 AUC(area under curve，是 ROC 曲线与坐标轴围成的区域面积)对预测结果进行评测。 AUC 的值域为[0.5，1]，它越接近 1，检测方法的真实程度越高。sklearn 同样提供了一系列用于评价模型表现的指标实现，可以使用 metrics.auc(x，y)计算 AUC。下面的代码给出了计算 AUC 的具体方法。

```
from sklearn import metrics
# y 为真实值,pred 为预测值
# fpr 为计算出的 false positive rate,tpr 为计算出的 true positive rate
fpr, tpr, thresholds = metrics.roc_curve(y, pred, pos_label = 2)
metrics.auc(fpr, tpr)
```

　　在本案例中,由于数据来自数据分析比赛,测试集的目标值并不公开,但可以通过 https://www.kaggle.com/c/5407/提交预测结果文件获得模型最终的评估得分,分数越接近 0 表示与真实值的差异越小。本案例的预测结果最终获得了 0.109 的评分,这表明我们的模型的表现非常优异,已经能够很好地对波士顿的房价做出较为精准的预测。

第 14 章

机器人最优路径走迷宫

本案例实现一个可以寻找最优路径的走迷宫的机器人。机器人处于地图环境中的某个位置，如果下一个动作是正确决策，就会获得正奖励；如果下一个动作是错误决策，就会获得负奖励。按照当前走法的路径概率、当前状态获得即时奖励、下一个动作获得衰减即时奖励，可决定获得最大收益的下一个动作，这样可确保机器人以最优路径走出迷宫。

视频讲解

14.1 关键技术

14.1.1 马尔可夫决策过程

马尔可夫决策过程由以下 5 个元素构成。

（1）S 表示状态集（states）。

（2）A 表示一组动作（actions）。

（3）P 表示状态转移概率，表示在当前 $s \in S$ 状态下，经过 $a \in A$ 作用后，会转移到的其他状态的概率分布情况。在状态 s 下执行动作 a，转移到 s' 的概率可以表示为 $P(s' | s, a)$。

（4）R 为奖励函数（reward function），表示智能体 agent 采取某个动作后的即时奖励。

（5）$\gamma \in (0,1)$ 为折扣系数，意味着当下的 reward 比未来反馈的 reward 更重要。

马尔可夫决策的状态迁移过程如图 14-1 所示。

$$s_0 \xrightarrow{a_0} s_1 \xrightarrow{a_1} s_2 \xrightarrow{a_2} s_3 \xrightarrow{a_3} \cdots$$

图 14-1　状态迁移过程

其中，$s \in S$ 表示智能体状态；$a \in A$ 表示动作。该过程的总回报为 $\sum_{t=0}^{\infty} \gamma^t R(s_t)$。

14.1.2 Bellman 方程

策略 π 是一个状态集 S 到动作集 A 的映射。如果智能体在每个时刻都根据 π 和当前时刻状态 s 决定下一步动作 a，就称智能体采取了策略 π。策略 π 的状态价值函数的定义为：以 s 为初始状态的智能体，在采取策略 π 的条件下，能获得的未来回报的期望，即

$$v^{\pi}(s) = E\left[\sum_{t=0}^{\infty} \gamma^t R(s_t) \mid s_0 = s; \pi\right]$$

最优价值函数定义为所有策略下的最优累计奖励期望，即

$$v^*(s) = \max_{\pi} v_{\pi}(s)$$

Bellman 方程将价值函数分解为当前的 reward 和下一步的价值，从而得到了 Bellman 最优化方程：

$$v^*(s) = \max_a \left(R(s) + \gamma \sum_{s' \in S} P(s' \mid s, a) v^*(s')\right)$$

14.2 程序设计步骤

程序设计分为以下两个步骤。

（1）初始化迷宫地图，初始设置为 4×4 的矩阵。

（2）根据不同位置的下一个动作获得即时奖励，计算不同位置对应的最优路径。

14.2.1 初始化迷宫地图

以下代码定义了强化学习所需的仿真器，其中包括三个主要函数：reset、step 及 render。

```python
from random import randint
class GridworldEnv:
    metadata = {'render.modes': ['human']}

    def __init__(self, height: int = 4, width: int = 4):
        self.shape = (height, width)
        self.reset()

    def reset(self, state: (int, int) = None):
        if state:
            assert len(state) == 2 and 0 <= state[0] < self.shape[0] and 0 <= state[1] <
self.shape[1], f"invalid state {state} for shape {self.shape}"
            self.state = state
        else:
            self.state = (randint(0, self.shape[0] - 1),
                          randint(0, self.shape[1] - 1))

    @property
    def is_done(self):
        max_state = (self.shape[0] - 1, self.shape[1] - 1)
```

```
            return self.state in {(0, 0), max_state}

    def is_inside(self, state: (int, int)):
        return 0 <= state[0] < self.shape[0] and 0 <= state[1] < self.shape[1]

    def step(self, action: Action) -> (
        'observation: (int, int)',
        'reward: float',
        'done: bool',
        ):
        if not self.is_done:
            height, width = self.shape
            y, x = self.state
            if action == Action.up:
                state = (y - 1, x)
            elif action == Action.left:
                state = (y, x - 1)
            elif action == Action.down:
                state = (y + 1, x)
            elif action == Action.right:
                state = (y, x + 1)
            else:
                raise ValueError(f"Unexpected action {action}")
            if self.is_inside(state):
                self.state = state
            else: return self.state, -float('inf'), False, {}
        return self.state, float(self.is_done) - 1, self.is_done

    def render(self):
        height, width = self.shape
        grid = [["o"] * width for _ in range(height)]
        grid[0][0] = "T"
        grid[-1][-1] = "T"
        grid[self.state[0] - 1]self.state[1] - 1] = "x"
        for row in grid:
            print(" ".join(row))
```

reset 函数用于复位仿真器。如果用户指定了机器人的初始位置，reset 函数就会将机器人放置在对应的位置，否则将随机选择一个位置作为初始位置。

step 函数可以修改机器人在仿真器中的位置。用户可以选择让机器人沿着上、下、左、右四个方向之一前进一格。这些方向被定义在枚举类中，代码如下所示。

```
from random import randint
class Action(Enum):
    up = 0
    left = 1
    down = 2
    right = 3
```

由于仿真器模拟的地图大小有限，机器人不能沿着一个方向一直走下去。如果撞墙，仿真器不会允许机器人继续移动，同时会返回负无穷作为此次移动的 reward。由此可见，机器人的学习目标是在不撞墙的情况下走到终点，否则就会遭到严重的惩罚。

render 函数用于渲染地图。这里采用比较简单的方式，即直接将地图打印在 console 中。以下代码展示了 render 的使用方法。

```
if __name__ == '__main__':
    env = GridworldEnv()
    env.reset()
    env.render()
```

默认迷宫为 4×4 的矩阵，x 为当前所处位置，T 为迷宫出口，o 为可到达的位置。一种可能的迷宫地图如下所示。

```
T x o o
o o o o
o o o o
o o o T
```

14.2.2 计算不同位置的最优路径

以下代码展示了强化学习模型的构建与求解。其中，gridworld 包就是上文定义的 GridworldEnv 所在的脚本文件。

```
import numpy as np

import gridworld as gw


def action_value(state: (int, int), action: gw.Action) -> float:
    env.reset((row_ind, col_ind))
    ob, reward, _, _ = env.step(action)
    return reward + discount_factor * values[ob]


def best_value(state: (int, int)) -> float:
    result = None
    for action in gw.Action:
        value = action_value(state, action)
        if result is None or result < value:
            result = value
    return result


theta = 0.0001
```

```
discount_factor = 0.5
env = gw.GridworldEnv()
values = np.zeros(env.shape)
while True:
    delta = 0
    for row_ind in range(env.shape[0]):
        for col_ind in range(env.shape[1]):
            state = (row_ind, col_ind)
            cur_best_value = best_value(state)
            delta = max(delta, np.abs(cur_best_value - values[state]))
            values[state] = cur_best_value
    if delta < theta:
        break
print("values:")
print(values)


policy = np.zeros(env.shape)
for row_ind in range(env.shape[0]):
    for col_ind in range(env.shape[1]):
        state = (row_ind, col_ind)
        for action in gw.Action:
            if action_value(state, action) == values[state]:
                policy[state] = action.value
                break
print("policy:")
print(policy)
```

脚本的主体部分可以分为上、下两部分。上半部分主要求解 Bellman 方程，得到 values 矩阵。下半部分根据 values 矩阵解析最优策略 policy。以下代码展示了学习算法的输出。

```
values:
[[ 0. 0. -1. -1.5]
 [ 0. -1. -1.5 -1. ]
 [ -1. -1.5 -1. 0. ]
 [ -1.5 -1. 0. 0. ]]
policy:
[[0. 1. 1. 1.]
 [0. 0. 0. 2.]
 [0. 0. 2. 2.]
 [0. 3. 3. 0.]]
```

下面简要分析 policy 的含义。policy 是一个 4 维矩阵，表示机器人处于迷宫中任意位置的情况下，应该如何移动才能最快找到两个出口（左上角和右下角）。例如，矩阵第二行最后一个元素为 2，表示机器人需要首先向下移动至第三行。第三行的最后一个元素也是 2，表示机器人需要继续向下移动至第 4 行。这时机器人已经到达终点，所以没有必要继续移动了。

第 15 章

基于K-means算法的鸢尾花数据聚类和可视化

视频讲解

　　无监督学习是一种机器学习方法,用于发现数据中的模式。无监督学习算法的输入数据是没有标签的,算法需要自行寻找数据中的结构。聚类是无监督学习的典型例子,它是指将物理或抽象对象的集合分成由类似的对象组成的多个类的过程。由聚类生成的簇是一组数据对象的集合,同一个簇中的对象相似,与其他簇中的对象相异。本章使用 K-means 算法实现一个无监督学习的任务,即鸢尾花数据的聚类。

15.1　数据及工具简介

15.1.1　Iris 数据集(鸢尾花数据集)

　　Iris 数据集是常用的分类实验数据集,由 Fisher 于 1936 年收集整理,也称鸢尾花数据集。它是一类多重变量分析的数据集。该数据集包含 150 个数据样本,可以分为 3 类,每类 50 个数据,每个数据包含 4 个属性:花萼长度、花萼宽度、花瓣长度和花瓣宽度,可通过这 4 个属性预测鸢尾花属于 setosa、versicolour、virginica 这 3 个种类中的哪一类。数据示例如下:

```
5.1,3.5,1.4,0.2,Iris - setosa
```

　　分析过程采用前 4 个数值进行聚类,然后对比聚类的结果与原始数据的第 5 项就可以得出聚类的错误率。

15.1.2　Tkinter

　　Python 提供了多个图形开发界面的库,Tkinter 模块(Tk 接口)是就 Python 的标准

Tk GUI 工具包的接口，Tk 和 Tkinter 可以在大多数的 UNIX 平台下使用，同时也可以应用在 Windows 和 Macintosh 系统中，Tk 8.0 的后续版本可以实现本地窗口风格，并良好地运行在绝大多数平台中。本案例将使用 Tkinter 创建一个简单的图形界面。

15.2 案例分析

15.2.1 模块引入

本案例中涉及文件操作，因此引入了 os 模块和 shutil 模块，Tkinter 及与之相关的一些内容用于图形化界面的创建，Matplotlib 和 mpl_toolkits 则作为可视化绘图的工具。首先需要导入这些工具包，代码如下所示。

```
1   # - * - coding:utf - 8 - * -
2   import os
3   import shutil
4   from tkinter import *
5   from tkinter import messagebox
6   import random as rd
7   import matplotlib
8   import matplotlib.pyplot as plt
9   from mpl_toolkits.mplot3d import Axes3D
```

由于 .py 文件一般默认采用 ASCII 编码，因此如果出现中文，运行时就会出现乱码，第1行的作用是将文件编码类型指定为 utf-8，这样就能够支持中文了。

15.2.2 布局图形界面

本案例采用 Tkinter 模块进行 UI 设计，通过 Text()、Label()、Button()等构造函数创建相应的文本框、标签、按钮等对象，然后用 grid_configure 布局系统排列组件。具体实现代码如下所示。

```
def main():
    '''
    布局图形界面
    '''
    #窗口设定
    root = Tk()
    frame = tkinter.Frame(master = root,borderwidth = 2)
    frame.pack(fill = BOTH,expand = 1)
    #组件创建
    logview = Text(frame,height = 1,width = 31)
    expression = Text(frame,height = 1,width = 31)
    er = Text(frame,height = 1,width = 31)
    label1 = Label(frame,text = 'file name')
    label2 = Label(frame,text = 'error percentage')
    label3 = Label(frame,text = 'errorback file name')
```

```
        b1 = Button(frame, text = 'loadfile', width = 15, command = lambda:read(logview))
        b2 = Button(frame, text = 'K - means', width = 15, command = lambda:km())
        b3 = Button (frame, text = 'error analysis', width = 31, command = lambda: analysis
(expression))
        b4 = Button(frame, text = 'get errorback text', width = 31, command = lambda: errortext
(wrongpoint, er))
        #组件布局
        label1.grid_configure(column = 1, row = 1, columnspan = 2, rowspan = 1)
        logview.grid_configure(column = 1, row = 2, columnspan = 2, rowspan = 1)
        b1.grid_configure(column = 1, row = 3, columnspan = 1, rowspan = 1)
        b2.grid_configure(column = 2, row = 3, columnspan = 1, rowspan = 1)
        label2.grid_configure(column = 1, row = 4, columnspan = 2, rowspan = 1)
        expression.grid_configure(column = 1, row = 5, columnspan = 2, rowspan = 1)
        b3.grid_configure(column = 1, row = 6, columnspan = 2, rowspan = 1)
        label3.grid_configure(column = 1, row = 7, columnspan = 2, rowspan = 1)
        er.grid_configure(column = 1, row = 8, columnspan = 2, rowspan = 1)
        b4.grid_configure(column = 1, row = 9, columnspan = 2, rowspan = 1)
        #顶层窗口标题的设置
        root.title('K - means')
        root.wm_resizable(width = False, height = False)
        root.mainloop()
if __name__ == '__main__':
        main()
```

创建按钮时,Button()构造函数有一个参数command,可以设置点击按钮后调用的函数,例如command=click表示点击按钮后会调用click函数,但这种方式无法传递参数,因此采用lambda表达式帮助实现参数的传递。图形界面如图15-1所示。

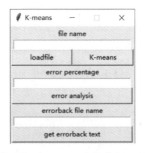

图 15-1　鸢尾花 K-means 聚类分析工具图形界面

15.2.3　读取数据文件

为了进行聚类分析,需要将磁盘中的 iris.data 数据文件中的数据读取到内存中,本案例通过 read()函数实现,详细代码及注释如下所示。

```
def read(log):
        '''
        读取数据文件 iris.data
        :param log:Text 类对象,图形界面文本框中内容传入
```

```
    :return:
    '''
    global n,m,dimension
    global point,ty,ch,gg,menu
    gg = [ ]
    menu = ''
    point = [[ ] for i in range(1000)]
    ty = [ ]
    ch = [ ]
    # 获取 GUI 文本框中的字符串(数据样本文件名)
    filename = log.get('1.0','1.end')
    line = [ ]
    # i0 和 j0 均为计数变量,i0 统计样本总量,j0 统计类别数
    i0 = 0
    j0 = 0
    # 如果用户输入的文件名在目录下存在,就加载该文件,否则报错
    if os.path.isfile(filename):
        # 将后缀名和文件名称分开存入列表
        gg = filename.split('.')
        # menu:存储获取的文件名
        menu = gg[0]
        # 判断是否已经在当前目录创建过数据文件夹,若已创建,则清空其中内容
        if os.path.exists(r'./' + menu):
            shutil.rmtree(r'./' + menu)
        # 创建数据文件夹
        # 文件夹名称就是数据文件名,如 iris.data,文件夹就是 iris
        os.makedirs(r'./' + menu)
        # 将原始数据文件复制到数据文件夹中
        shutil.copy(filename,'./' + menu)
        # 设置数据文件为可读,开始读取数据
        file = open(filename,'r')
        while True:
            # 提取数据文件中的一行字符串
            line0 = file.readline()
            if line0:
                # 根据数据格式,以','为分隔符提取各个数据项
                line = line0.split(',')
                # ch:临时变量,存储当前样本的类别标签名
                ch.append(line.pop())
                # ty:列表,存储数据文件中涉及的类别标签
                if ty == [ ]:
                    ty.append(ch[i0])
                    j0 += 1
                elif ty[len(ty) - 1]!= ch[i0]:
                    ty.append(ch[i0])
                    j0 += 1
                # dimension:原始数据中一个样本的维数
                dimension = len(line)
```

```
                        #point:二维列表,存储每个样本的各维度数值
                        for k in range(dimension):
                            point[i0].append(float(line[k]))
                        i0 = i0 + 1
                    #如果读到文件末尾就跳出文件读取的循环
                    else:
                        break
            file.close()
            #n:数据文件中的样本数
            n = i0
            #m:数据中涉及的类别数
            m = j0
            #成功加载数据后弹窗声明
            messagebox.showinfo('Congratulations','File loaded successfully!')
        else:
            #弹窗
            messagebox.showinfo('Warning!','No file found!')
```

因为 dimension、point、ty 等变量需要在不同的函数中使用,所以这里采用 global 关键字进行修饰,将它们声明为全局变量。使用 messagebox 中的 showinfo 方法可以弹窗,用来做消息提示。

15.2.4 聚类

这部分是 K-means 的主体核心。聚类算法通过 distance()和 km()两个函数实现,代码如下所示。

```
def distance(p,c):
    '''
    计算两点间的欧几里得距离
    :param p:第一个点
    :param c:第二个点
    :return:两点间的欧几里得距离
    '''
    ans = 0
    for k in range(dimension):
        ans += (p[k]-c[k])**2
    return ans
def km():
    '''
    K-means 聚类算法
    :return:
    '''
    global t
    global typ,center,center_new
    global far
    far = []
    t = [[] for j in range(m)]
```

```
        center = [[ ] for j in range(m)]
        center_new = [[ ] for j in range(m)]
        #随机生成初始聚类中心(个数等于类别数)
        for i in range(m):
            center[i] = point[rd.randint(0,n)]
        flag = True
        turn = 0
        while flag == True:
            turn += 1
            #typ:存储聚类后归入各个聚类中心的点的编号
            typ = [[ ] for j in range(m)]
            for i in range(n):
                # far:列表,存储当前点到各个聚类中心的距离
                far = [ ]
                #workpoint:存储循环中当前点的数据
                workpoint = point[i]
                #计算出当前点到各个聚类中心的距离,存入 far 中
                for j in range(m):
                    far.append(distance(workpoint,center[j]))
                #找出离当前点最近的聚类中心并将当前点归入该聚类中心
                typ[far.index(min(far))].append(i)
            #求出新的聚类中心
            for j in range(m):
                for i in range(dimension):
                    center_new[j].append(sum(point[k]i for k in typ[j])/len(typ[j]))
            #判断算法是否已经收敛,这里采用的标准是聚类中心不再变化
            if center == center_new:
                flag = False
            else:
                center = center_new
                center_new = [[ ] for j in range(m)]
        draw(dimension)
```

15.2.5　聚类结果可视化

本案例在绘制图形时做了分类讨论,这是很有必要的。虽然案例中是对鸢尾花数据进行聚类分析,但其实该程序对不同的数据都适用,所以应当考虑到不同数据的维数不能不同。鸢尾花数据集的维度为 4,而可视化的能力有限,最多只能绘制 3 维视图,所以对于维数超过 3 的数据,分析时统一取前 3 维数值进行可视化。

可视化主要通过 draw() 函数实现,详细代码如下所示。

```
def draw(dms):
    '''
    绘制聚类结果的 3 维图形
    :param dms: 数据的维数,从 K - means 主体的 km() 函数传入
    :return:
    '''
```

```
        ♯创建图标
        fig = plt.figure()
        ♯创建3维以下可用子图
        axes = plt.subplot(111)
        ♯建立颜色列表
        color = ['red','blue','green','yellow','black','orange']
    ♯考虑到可能出现各种维数的数据,绘图时按照数据维度分类讨论
        if dms == 1:
            for j in range(m):
                axes.scatter([point[i][0] for i in typ[j]],color[j])
            fig.savefig('./' + menu + '/' + menu + 'pic.png')
            plt.show()
        elif dms == 2:
            ♯用不同的颜色把每一类的点都画入图中
            for j in range(m):
                axes.scatter([point[i][0] for i in typ[j]],[point[i][1] for i in typ[j]],c =
color[j])
            ♯保存画好的图片
            fig.savefig('./' + menu + '/' + menu + 'pic.png')
            plt.show()
        else:
            ♯创建3维可用子图
            ax = fig.add_subplot(111,projection = '3d')
            for j in range(m):
                ax.scatter([point[i][0] for i in typ[j]],[point[i][1] for i in typ[j]],[point
[i][2] for i in typ[j]],c = color[j],marker = 'o')
            fig.savefig('./' + menu + '/' + menu + 'pic.png')
10          plt.show()
```

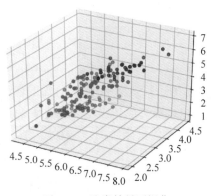

图15-2　聚类结果可视化

值得注意的是,draw(dms)函数中的 dms 是形式参数,来源是 km()函数中传入的 dimension 实际参数,但这是不必要的,因为 dimension 已经在 read(log)中声明为全局变量。在使用 pyplot 时,figure()创建的是画布,subplot()创建的是子图,在一张画布上可以放置多张子图。创建3维子图时,将 projection 参数设置为3d,然后通过 scatter 方法绘制子图对象。图15-2是运行程序后得到的聚类结果。

15.2.6　误差分析及其可视化

误差分析是难点,因为聚类只是得到簇,并不能获知簇的具体的类标签。以鸢尾花数据有 A、B、C 三类为例,通过聚类将150个数据样本分成三个簇,在聚类结果列表中,下标和类标签的对应关系可能是0-C、1-B 和2-A,而原始数据列表中可能是0-A、0-B 和2-C,采取的匹配策略是找出重合率最大的分类方式,例如聚类结果列表下标为0中包括的点和原始数据列表下标为2中包括的点重合率最

大，那么聚类结果列表中下标为 0 的簇应该和原始数据中下标为 2 的簇是同一类别，这样就能借助原始数据给没有类标签的簇贴上标签。具体实现代码如下所示。

```
def analysis(expressionview):
    '''
    误差分析
    :param expressionview:图形界面 Text 类对象,用于写入本函数中计算的错误率,并展示在
图形界面中
    :return:
    '''
    global at,inde,same0,errorback
    global wrongpoint,rightpoint
    wrongpoint = [[ ] for i in range(m)]
    rightpoint = [[ ] for i in range(m)]
    at = [ ]
    same0 = [ ]
    inde = [[ ] for j in range(m)]
    #t是二维列表,第一维下标 i 表示 t 中的第 i 类,然后是一个列表可以存储该类别下的数
    #据点的序号,这里用 t 存储原始数据正确的分类情形,用于与聚类结果比较进行误差分析
    for i in range(n):
        t[ty.index(ch[i])].append(i)
    for j in range(m):
        same = 0
        q = 0
        for k in range(m):
            #判断聚类结果中的第 k 类是不是已经成功匹配过原始数据中的一类
            if at == [ ] or (k not in at):
                s = 0
                #统计原始数据第 j 类和聚类结果第 k 类样本重合度
                for i in range(len(typ[j])):
                    if typ[j][i] in t[k]:
                        s += 1
                #same 记录最大重合度
                if s > same:
                    same = s
                    q = k
        #将原始数据的第 j 类和聚类结果的第 k 类匹配,匹配结果存入列表 at 中
        #e.g. at[0] = 2 表示原始数据下标为 0 的类与聚类结果下标为 2 的类匹配
        at.append(q)
    #完成类别下标匹配之后,将正确归类点的数据存入列表 rightpoint,错误归类点的数据存
    # 入列表 wrongpoint
    for j in range(m):
        s = 0
        for i in range(len(typ[j])):
            if typ[j][i] in t[at[j]]:
                s += 1
                rightpoint[j].append(point[typ[j][i]])
```

```
        else:
            # 当前点是被归入聚类结果的第 j 类的第 i 个点,但是与之匹配的原始数据类
            # 中不含这个点
            # 在 wrongpoint 中存入该点的具体数据内容,第一维下标 j 表示错误归入了
            # 聚类结果中的第 j 类
            wrongpoint[j].append(point[typ[j][i]])
            # 在 inde 中存入该点在原始数据中的序号,第一维下标 j 表示错误归入了聚
            # 类结果中的第 j 类
            inde[j].append(typ[j][i])
    # same0 中存入第 j 类的重合度
    same0.append(s)
# 重合率反馈
sameback = sum(same0)/n
# 错误率反馈
errorback = 1 - sameback
errorback = errorback * 100
expressionview.delete('1.0','2.end')
expressionview.insert('1.end','% .2f' % errorback + '%')
errordraw(dimension,wrongpoint,rightpoint)
```

误差分析的可视化是比较简单的,与之前聚类结果的可视化几乎一样,只不过需要先画出正确归类的点,然后再用另一种符号画出错误归类的点,如图 15-3 所示。

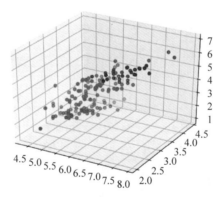

图 15-3　误差分析可视化

最后生成误差分析报告,其中列出了被错误归类的点的坐标、其真实类别标签和被错误归入的类标签,还给出了整个聚类的错误率。具体实现代码如下所示。

```
def errortext(wrongpoint0,erview):
    '''
    生成错误报告
    :param wrongpoint0:形参列表,对应实参是全局变量 wrongpoint,存储归类错误的点数据
    :param erview:图形界面输入的 Text 类对象,包含错误文件名称
    :return:
    '''
    try:
        name = erview.get('1.0','1.end')
```

```
            f = open('. /' + menu + '/' + name,'w')
            ♯由于写入 TXT 文件的只能是字符串类型,这里把 wrongpoint 列表中的元素全部改为
            ♯字符串类型
            for j in range(m):
                for i in range(len(wrongpoint0[j])):
                    for k in range(len(wrongpoint0[j][i])):
                        wrongpoint0[j][i][k] = str(wrongpoint0[j][i][k])
            ♯将一个列表中的所有字符串元素用','连接成一个字符串写入文件
            for j in range(m):
                for i in range(len(wrongpoint0[j])):
                    ♯wrongpoint0[j][i]是被错误归入聚类结果中下标 j 的类的第 i 个点
                    ♯这个点对应原始数据中第 inde[j][i]行,故而可以找到其正确分类标签
                    ♯聚类结果下标 j 的类匹配的是 t 中的下标 at[j]的类
                    ♯t 中存储了原始数据各个分类标签下的点的序号,故而可以找到被错误分类
                    ♯的标签
                    f.writelines(','.join(wrongpoint0[j][i]) + '\n')
                    f.writelines('True type:' + ch[inde[j][i]])
                    f.writelines('Wrong type:' + ch[t[at[j]][0]] + '\n')
            f.writelines('Error percentage: % .2f' % errorback + ' % ')
            f.close()
            messagebox. showinfo('Attention','Errorcase successfully get!')
        except Exception as ex:
            messagebox. showinfo('Attention','Fail to create errorcase!')
```

Python 是面向对象的语言,因此包含了异常处理。上述代码中,errortext()函数用到的 try…except…写法就是异常处理,以防止使用时没有输入误差分析报告的文件名导致创建文件出现错误而中断程序。异常处理会对这种情况给出生成分析报告失败的提醒,而不会中断程序。最终输出的内容示例如图 15-4 所示。

15.2.7 使用流程

由于程序运行的逻辑问题,必须先导入数据才能做聚类分析,完成聚类分析后才能进行误差分析,完成误差分析后才能够生成分析报告,因此使用本程序时需要遵循一定的流程。

运行程序后会打开图形界面。首先输入原始数据文件名(需要包括后缀),然后单击 loadfile 按钮导入数据,接着单击 K-means 按钮进行聚类,会弹出聚类结果。关闭可视化窗口后,再单击 error analysis 按钮会弹出误差分析的可视化结果。关闭这个窗口后就能在图形界面的文本框中看到本次聚类的错误率。最后输入一个分析报告文件名(最好带.txt 后缀,方便直接打开),再单击 get errorback text 按钮即可得到误差分析报告。

5.8,2.7,5.1,1.9
True type:Iris-virginica
Wrong type:Iris-versicolor

6.3,2.5,5.0,1.9
True type:Iris-virginica
Wrong type:Iris-versicolor

5.9,3.0,5.1,1.8
True type:Iris-virginica
Wrong type:Iris-versicolor

7.0,3.2,4.7,1.4
True type:Iris-versicolor
Wrong type:Iris-virginica

6.9,3.1,4.9,1.5
True type:Iris-versicolor
Wrong type:Iris-virginica

6.7,3.0,5.0,1.7
True type:Iris-versicolor
Wrong type:Iris-virginica

Error percentage:11.33%

图 15-4 误差分析报告

第 **16** 章

利用手机的购物评论分析手机特征

视频讲解

本案例利用 Kaggle 竞赛平台获取电商平台中各品牌手机的购物评论,通过 Python 的各种数据分析库提取评论关键词并分析用户对手机的态度。本案例旨在对数据进行处理,并通过一系列模型提取有用的信息。

16.1　数据准备

Kaggle 是一个数据建模和数据分析的竞赛平台。使用者可以从这个网站上发布数据,下载其他用户数据进行分析,也可上传个人的参赛模型。Kaggle 拥有海量的数据集,可以从中通过搜索找到自己想要研究的数据集。在 Kaggle 官网的 Dataset 页面搜索框中输入 cell phone reviews,可以看到有一个名为 1.4 million cell phone reviews 的结果可供使用。这个数据集包含 6 个文件,如图 16-1 所示。

Data Explorer

Version 1 (483.24 MiB)

- phone_user_review_file_1.csv
- phone_user_review_file_2.csv
- phone_user_review_file_3.csv
- phone_user_review_file_4.csv
- phone_user_review_file_5.csv
- phone_user_review_file_6.csv

图 16-1　数据集文件

在界面下方可以看到这个文件的描述及这个文件每列的相关信息。如图 16-2 所示,每个文件包括了手机 URL,日期,评论的语言、国家、内容和作者等。通过这个界面可以快速预览文件的数据并对数据的每一列有大概的认识,如可以查看国家的分布情况等。

将数据下载到一个独立的文件夹中,如为 Cellphone_review_analysis 的文件夹,如图 16-3 所示。

由于这份数据集有很多个文件,所以建议在这个文件夹中新建一个名为 data 的文件夹,将这个数据集中的每个文件解压到 data 文件夹中,从而方便管理。

本案例的目的是从购物评论中提取手机的关键词,所以首先应选择一个特定品牌的手机进行研究。这里使用 OnePlus 手机。在 cellphone_review_analysis 文件夹中新建一

phone_user_review_file_1.csv (125.79 MiB)

Detail　Compact　Column

This data set includes 7 csv data files, which have a total of 1.4 million user ratings and reviews for different brands of cell phones.

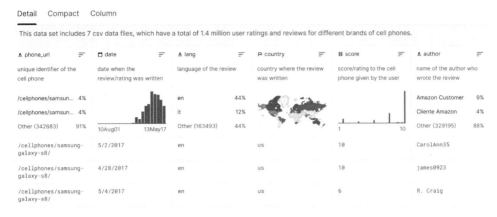

A phone_url	🗓 date	A lang	🏳 country	# score	A author
unique identifier of the cell phone	date when the review/rating was written	language of the review	country where the review was written	score/rating to the cell phone given by the user	name of the author who wrote the review
/cellphones/samsun... 4%		en 44%			Amazon Customer 9%
/cellphones/samsun... 4%		it 12%			Cliente Amazon 4%
Other (342683) 91%	10Aug01　13May17	Other (163493) 44%		1　　　10	Other (329195) 88%
/cellphones/samsung-galaxy-s8/	5/2/2017	en	us	10	CarolAnn35
/cellphones/samsung-galaxy-s8/	4/28/2017	en	us	10	james0923
/cellphones/samsung-galaxy-s8/	5/4/2017	en	us	6	R. Craig

图 16-2　数据展示

图 16-3　Cellphone_review_analysis 文件夹

个名为 src 的文件夹，这个文件夹主要用于存放程序代码。在 src 文件夹中新建一个名为 utils.py 的文件，输入如下代码。

```python
import numpy as np
import pandas as pd

with open('../data/phone_review.csv','w',encoding = 'utf-8') as w:
    for i in range(1,7):
        with open('../data/phone_user_review_file_' + str(i) + '.csv','r',encoding =
"latin-1") as f:
            lines = f.readlines()
            for line in lines:
                line_split = line.split(',')
                if line_split[2] == 'en':
                    w.write(line)


def read_file(file_name, phone_name):
```

```
        colnames = ['NN', 'TIME', 'LANGUAGE', 'COUNTRY', 'OPERATOR', 'WEB', 'RATE1', 'RATE2',
    'REVIEW', 'NAME', 'CELLPHONE']
        phone_review = pd.read_csv(file_name, names = colnames, header = None, dtype = 'object')
        phone_review = phone_review[phone_review['CELLPHONE'].isin([phone_name])]
        phone_review = phone_review['REVIEW']
        return phone_review
    if __name__ == '__main__':
        phone_review = read_file("../data/phone_review.csv ", "OnePlus 3")
        print(phone_review[0:1])
```

在这段代码中，如果直接读取文件，则会报 UnicodeDecodeError 错误，这是因为 utf-8 解码器无法解码这个数据文件，而该数据文件需要使用 latin-1 编码。为了更加方便地读取文件，可以编写一个数据清洗脚本，把 6 个数据文件重新编码成一份 utf-8 格式的文件。另外，可以注意到的是，6 个数据集文件中的评论包括了多种语言，为了简化数据分析的难度，本案例仅针对英文评论进行。最终，运行脚本输出结果如图 16-4 所示。

```
C:\Python38\python.exe D:/Projects/Programming/Cellphone_review_analysis/src/utils.p
34083    This is the best Android phone on the market h ...
34084    There are those who always tries powerful phon ...
34092    Before buying this mobile,I watched so many te ...
34093    Since many years i am using android phones sin ...
34094    Ã°Å‚âˆ The Good: -------------------- + Buil ...
34095    Looking at the physical appearance which is ow ...
34096    The One Plus 3 is the best value for money hig ...
34131    this is a great phone for the price ... it has ...
34132    So i have owned this phone for a bit less than ...
34133    Build quality is Amazing, colors are grear i g ...
34134    I had a GS5 and oh man it was an upgrade, this ...
34135    I am the kind of person who use to vacillate m ...
34136    Over the last two years i've used LG-G2, S6Edg ...
34369    I never felt so satisfied after buying a devic ...
34458    Definitely a premium phone. With the price alm ...
38292       Great device, near stock Android is wonderful.
38464    best phone of 2016 after samsung galaxy s7 edg ...
38920    OnePlus 3 is overall a really good phone, and  ...
41853    The phone has A very premium feeling. with te  ...
41854    One of the best android phones for the price t ...
41855    I using this ph. From 5 months .. so, i can say ...
Name: REVIEW, dtype: object

Process finished with exit code 0
```

图 16-4　数据准备程序运行结果

16.2　数据分析

目前已经从 Kaggle 网站中下载到了足够的数据，并对数据进行清洗，获取到了易于使用的数据。接下来，将使用不同的词向量化方法（如 Count Vectorizer、TF-IDF 等）配合不同的无监督学习聚类算法（如 K-means、Birch 等）对清洗过的数据进行分析，提取关键词。在提取关键词之后，还将对不同种类的手机进行情感分析，判断用户对手机的态度。

16.2.1　模型介绍

首先对将会使用的模型及方法进行介绍,在了解了这些模型的工作原理之后,才能更好地将这些模型运用到实际项目中。

现有的机器学习模型都需要通过将文字转化为向量(vector)的方式才能继续分析。在将文字向量化的方式中,相对简易的方式是使用词袋模型(bag of words model)。词袋模型主要有以下两种。

1. Count Vectorizer

Count Vectorizer 简单记录了文本中每个单词出现的次数,再根据出现的次数进行向量化。但往往出现频率最高的词并不是具有研究价值的实词,而是虚词。例如,英语中冠词 a 和 the 出现频率较高,为避免其被向量化,可以使用 TF-IDF 方式。

2. TF-IDF

在 TF-IDF(term frequency-inverse document frequency)模型中,字词的重要性与它在文件中出现的次数成正比,但与它在语料库中出现的频率成反比。因此,TF-IDF 倾向于过滤掉语言中出现频率较高的词汇,保留重要的词汇。

将字词用向量表示之后,就可以使用一些机器学习算法进行文本挖掘了。因为只为从数据中提取信息,所以可以使用一些无监督学习的模型,如 K-means、Birch。

1) K-means

K-means 首先将所有的数据随机分成 k 类,之后分别求出每一类数据的中心点。在求出中心点之后,利用新的中心点将所有的数据重新分为 k 类,每一个数据点的类别是距离它最近的中心点的类别,重复上述求中心点、重新分 k 类的过程,直到中心点趋于稳定。

2) Birch

Birch 算法使用了层次化聚类方法,重复将最近的数据点归成一类的过程,直至所有的数据点都被分成了 k 类。Birch 可以高效地处理大规模的数据。

16.2.2　算法应用

1. Count Vectorizer＋K-means

下面结合 Count Vectorizer 和 K-means 进行信息提取。首先在 src 目录中新建一个名为 countvec_kmeans.py 的文件,并在文件中编写如下代码。

```
import pandas as pd
import numpy as np
from sklearn.cluster import KMeans
from sklearn.feature_extraction.text import TfidfVectorizer, CountVectorizer
```

```
from sklearn.pipeline import Pipeline
from collections import Counter
# 变量
n_clusters = 5
phone_name = "OnePlus"
# 获取评论数据
colnames = ['NN', 'TIME', 'LANGUAGE', 'COUNTRY', 'OPERATOR', 'WEB', 'RATE1', 'RATE2', 'REVIEW',
'NAME', 'CELLPHONE']
phone_review = pd.read_csv('../data/phone_review.csv', names = colnames, header = None)
oneplus = phone_review[phone_review['CELLPHONE'].isin(['OnePlus 3T (Gunmetal, 6GB RAM +
64GB memory)'])]
oneplus = oneplus['REVIEW']

# 训练
pipeline = Pipeline(
    [('feature_extraction', CountVectorizer()), ('cluster', KMeans(n_clusters =
n_clusters))])
pipeline.fit(oneplus)
labels = pipeline.predict(oneplus)

# 打印聚类结果
c = Counter(labels)
for cluster_number in range(n_clusters):
    print("Cluster {} contains {} samples".format(cluster_number, c[cluster_number]))
# 结果输出到文件
oneplus = pd.DataFrame(oneplus)
oneplus.insert(1, "CLuster", labels, True)
oneplus.to_csv("../data - analysis/" + phone_name + str(n_clusters) + ".csv")
```

同时，在根目录中创建一个名为 data-analysis 的文件夹。运行这段代码，会在 data-analysis 文件夹中创建一个名为 OnePlus5.csv 的文件，同时输出如下信息。

```
Cluster 0 contains 141 samples
Cluster 1 contains 1116 samples
Cluster 2 contains 203 samples
Cluster 3 contains 122 samples
Cluster 4 contains 301 samples
```

	REVIEW	Cluster
59090	I have not received hand	1
59092	Very nice best camera re	1
59148	Heating issue when. Dov	1
59149	Worst Product , Not a val	1
59150	I bought this oneplus3T :	0
59151	i have already oneplus 1	1
59152	everything works well e:	4
59153	worst phone ever bough	4
59154	great phone!! supaa dup	1

图 16-5　OnePlus5.csv

在程序的输出信息中给出了每一类都包含了多少个样本。使用 Excel 打开 OnePlus5.csv 文件可以看到如图 16-5 所示的信息。

在这个文件中，REVIEW 列是每个手机的评论，Cluster 列指这条评论被分到了哪一类中。由于使用的 K-means 是无监督学习模型，因此我们并不清楚每一类具体代表什么意思，只知道系统认为同一类中的数据都具有一定的相似性。为了观察不同类的特征，在 Excel

中根据 Cluster 列进行排序。

遗憾的是,在大致浏览这 5 类评论之后,仍然不能很轻易地看出每一类都表示这什么意思,唯一比较容易看出的特点是第 1 类的评论都比较短,而其他几类的评论都很长。下面尝试使用 TF-IDF 算法加以改进。

2．TF-IDF＋K-means

同样地,在 src 目录中新建一个名为 tfidf_kmeans.py 的文件,并输入如下代码。

```python
import pandas as pd
import numpy as np
from sklearn.cluster import KMeans
from sklearn.feature_extraction.text import TfidfVectorizer, CountVectorizer
from sklearn.pipeline import Pipeline
from collections import Counter
# 变量
n_clusters = 5
phone_name = "OnePlus"
# 获取评论数据
colnames = ['NN', 'TIME', 'LANGUAGE', 'COUNTRY', 'OPERATOR', 'WEB', 'RATE1', 'RATE2', 'REVIEW',
'NAME', 'CELLPHONE']
phone_review = pd.read_csv('../data/phone_review.csv', names = colnames, header = None)
oneplus = phone_review[phone_review['CELLPHONE'].isin(['OnePlus 3T (Gunmetal, 6GB RAM +
64GB memory)'])]
oneplus = oneplus['REVIEW']

# 训练
pipeline = Pipeline(
    [('feature_extraction', TfidfVectorizer()), ('cluster', KMeans(n_clusters =
n_clusters))])
pipeline.fit(oneplus)
labels = pipeline.predict(oneplus)

# 打印聚类结果
c = Counter(labels)
for cluster_number in range(n_clusters):
    print("Cluster {} contains {} samples".format(cluster_number, c[cluster_number]))
# 结果输出到文件
oneplus = pd.DataFrame(oneplus)
oneplus.insert(1, "Cluster", labels, True)
oneplus.to_csv("../data - analysis/" + phone_name + "TF - IDF" + str(n_clusters) + ".csv")
```

这段代码与 Count Vectorizer＋K-means 的算法非常相似,只需要将 CountVectorizer()修改为 TfidfVectorizer(),并修改最后一行中的文件名即可。

结果如图 16-6 所示。可以看到在第 0 类中的所有评论都包含 value for money 或其相近词组(如 value money 等),可理解为性价比,但是它们在其他类别中就很少出现。通过观察这些评论的大致含义，可以了解到消费者普遍认为 OnePlus 3 手机的性价比是不错的。但并不是所有包含该关键词组的评价都是积极倾向的，如图中第 1 条评论就是在说这部手机不好，有很多问题。TF-IDF＋K-means 算法比较简单，但不能区分评论是正面的还是负面的，所以在研究这样的结果时，需要人工观察，才能大体得出结论。

	REVIEW	Cluster
59149	Worst Product , Not a value for money , Call Drops/ heating … Lot more issues.	0
59203	excellent features powerful device. Good Value for money	0
59499	Value for money product. Full satisfaction	0
59619	Very good phone with all high end features. Which no other phones have till nov	0
59775	I've been using it for a week now and it is working great. The only struggle i had v	0
59790	It do shows lag sometimes..Overall a good one...Value for money..	0
59823	Value for money. Best in its class.	0
59868	Excellent phone with so many advanced features and great value for the money.	0
60065	Just Great. Perfectly satisfied with this phone. Gives you 100% value for you hard	0
60117	Best value money can buy . Fast charging.good is. No lags. No complaints so far. I	0

图 16-6　value for money 在此分类中占比很大

在其他几类中，虽然也能看出来有一些词是经常会出现的，如 nice、good 等。但这些词不能明确表示该品牌手机的特点，所以需要继续使用其他算法深入研究。

对比前两个模型，可以发现使用 TF-IDF 比使用 Count Vectorizer 效果好。接下来就可以继续对聚类模型进行改进了。

3. TF-IDF＋Birch

在 src 文件夹中新建一个名为 tfidf_birch.py 的文件，并将以下代码中的 KMeans 改为 Birch。

```
pipeline = Pipeline(
    [('feature_extraction', TfidfVectorizer()), ('cluster', KMeans(n_clusters =
n_clusters))])
```

再将以下代码中的 TF-IDF 改为 TF-IDF-Birch。

```
oneplus.to_csv("../data-analysis/" + phone_name + "TF-IDF" + str(n_clusters) + ".csv")
```

运行这个模型，并用同样的方式进行分析，结果如图 16-7 所示。

	REVIEW	Cluster
60101	Very good looking phone with excellent performance. Lightning fast speed.. Very happy with my new one	2
60112	Very good decision	2
60209	Nice phone...Nice delivery....	2
60261	Im very happy with this phone. It's just amazing. Very fast and smooth	2
60304	Hi, Writing this review after extensive usage of one and half month; 1. A very good Hardware - RAM workir	2
60400	Very good performance	2
60787	Awesome phone very happy !!!	2
60794	Very nice phone.	2
60797	It is a very good Mobile phone in short	2
60803	The mobile is very good	2

图 16-7　应用 Birch 模型的部分结果

可以发现效果依然不是很理想,在数据集和词向量化方法相同时,聚类的效果差不多,为此仍需要修改数据集及词向量化方法。

16.2.3 名词提取

1. 安装 spaCy

spaCy 是一个工业级自然语言处理库,可以很轻松地提取出各种语言中单词的词性。安装 spaCy 的方法很简单,在命令行中输入 pip install -U spacy 即可。

2. 名词提取

在文本挖掘中,大部分真正有意义的词汇都是名词。在手机评论分析中,想要了解的手机特征,如电池性能、性价比、摄像头等这些特征词也都是名词。所以可以通过直接过滤出评论里所有的名词,排除掉所有的非名词(如 good、nice 等表达情感倾向的形容词)。

在 src 文件夹中,新建一个名为 noun_extraction.py 的文件并输入如下代码。

```python
import spacy
import pandas as pd
def getNoun():
    """
    这个文件用作名词词汇提取器
    """
    # 读取评论数据
    colnames = ['NN', 'TIME', 'LANGUAGE', 'COUNTRY', 'OPERATOR', 'WEB', 'RATE1', 'RATE2',
'REVIEW', 'NAME', 'CELLPHONE']
    phone_review = pd.read_csv('../data/phone_review.csv', names = colnames, header =
None)
    phone_review = phone_review[phone_review['CELLPHONE'].isin(['OnePlus 3T (Gunmetal,
6GB RAM + 64GB memory)'])]
    phone_review = phone_review['REVIEW']                    # 评论数据
    row_nums = phone_review.shape[0]
    nlp = spacy.load("en_core_web_sm")
    data_noun_str = []
    for i in range(row_nums):
        doc = nlp(phone_review.iloc[i])
        line_str = []
        for token in doc:
            if token.pos_ == "NOUN":                         # 如果是 NOUN
                line_str.append(token.text)
        line = " ".join(line_str)
        data_noun_str.append(line)
    review_noun = pd.DataFrame({'noun':data_noun_str})
    review_noun.to_csv('../data/phone_review_oneplus_noun.csv')   # 写文件
    print(review_noun)
if __name__ == '__main__':
    getNoun()
```

第一次运行代码时会显示如图 16-8 所示的报错信息。

```
C:\Python37\python.exe D:/Projects/Programming/Cellphone_review_analysis/src/noun_extraction.py
Traceback (most recent call last):
  File "D:/Projects/Programming/Cellphone_review_analysis/src/noun_extraction.py", line 29, in <module>
    getNoun()
  File "D:/Projects/Programming/Cellphone_review_analysis/src/noun_extraction.py", line 15, in getNoun
    nlp = spacy.load("en_core_web_sm")
  File "C:\Python37\lib\site-packages\spacy\__init__.py", line 27, in load
    return util.load_model(name, **overrides)
  File "C:\Python37\lib\site-packages\spacy\util.py", line 139, in load_model
    raise IOError(Errors.E050.format(name=name))
OSError: [E050] Can't find model 'en_core_web_sm'. It doesn't seem to be a shortcut link, a Python package or a valid path to a data directory.

Process finished with exit code 1
```

图 16-8　找不到英语词库

报错的意思是 spaCy 库找不到英语词库，可用如下指令下载：

```
python - m spacy download en
```

安装成功后会显示如图 16-9 所示的信息。

```
Installing collected packages: en-core-web-sm
  Running setup.py install for en-core-web-sm ... done
Successfully installed en-core-web-sm-2.1.0
✓ Download and installation successful
You can now load the model via spacy.load('en_core_web_sm')
symbolic link created for C:\Python37\lib\site-packages\spacy\data\en <<==>> C:\Python37\lib\site-packages\en_core_web_sm
✓ Linking successful
C:\Python37\lib\site-packages\en_core_web_sm -->
C:\Python37\lib\site-packages\spacy\data\en
You can now load the model via spacy.load('en')
PS D:\Projects\Programming\Cellphone_review_analysis>
```

图 16-9　spaCy 英语词库安装成功

再次运行程序，即可看到程序正常显示，运行结果如图 16-10 所示。

```
C:\Python37\python.exe D:/Projects/Programming/Cellphone_review_analysis/src/noun_extraction.py
                                              noun
0                                    handset mobile
1                                    camera results
2            Heating issue setup lot battery lot
3                    value money heating Lot issues
4      oneplus3 T GB DECEMBER'16 launch half month he ...
...                                             ...
1878  reviews trust s7 edge iphone year year phone date
1879                                             phone
1880  phones touch speed performance features mind m...
1881          phone voice jio sim redmi end devices
1882                                              cell

[1883 rows x 1 columns]

Process finished with exit code 0
```

图 16-10　名词提取程序运行结果

3. 重新分析数据

在获得了新的名词数据集之后，可以直接修改已有的代码，也可以创建一份新的文件，修改后的代码如下所示。

```
1    import pandas as pd
2    import numpy as np
```

```
3    from sklearn.cluster import KMeans
4    from sklearn.feature_extraction.text import TfidfVectorizer, CountVectorizer
5    from sklearn.pipeline import Pipeline
6    from collections import Counter
7    # 变量
8    n_clusters = 5
9    phone_name = "OnePlus"
10   # 获得评论数据
11   colnames = ['idx','REVIEW']
12   phone_review = pd.read_csv('../data/phone_review_oneplus_noun.csv', names =
     colnames, header = None)
13   phone_review = phone_review['REVIEW']
14
15   # 训练
16   pipeline = Pipeline(
17       [('feature_extraction', TfidfVectorizer(max_df = 0.6)), ('cluster', KMeans(n_
     clusters = n_clusters))])
18   pipeline.fit(phone_review)
19   labels = pipeline.predict(phone_review)
20
21   # 打印聚类结果
22   c = Counter(labels)
23   for cluster_number in range(n_clusters):
24       print("Cluster {} contains {} samples".format(cluster_number,
25                                           c[cluster_number]))
26   # 输出结果到文件
27   phone_review = pd.DataFrame(phone_review)
28   phone_review.insert(1, "Cluster", labels, True)
29   phone_review.to_csv("../data-analysis/noun" + phone_name + "TF-IDF" + str(n_
     clusters) + ".csv")
30
31   # 打印关键词
32   terms = pipeline.named_steps['feature_extraction'].get_feature_names()
33   c = Counter(labels)
34   for cluster_number in range(n_clusters):
35       print("Cluster {} contains {} samples".format(cluster_number, c[cluster_
     number]))
36       print(" Most important terms")
37       centroid = pipeline.named_steps['cluster'].cluster_centers_[cluster_number]
38       most_important = centroid.argsort()
39       for i in range(5):
40           term_index = most_important[-(i + 1)] # the last one is the most important
41           print(" {0}: {1} (score: {2:.4f})".format(i + 1, terms[term_index],
     centroid[term_index]))
```

需要注意的是,除了修改数据集的来源,还设定了 TfidfVectorizer 中的参数。参数 max_df=0.6 可以过滤掉一些高频词汇。此外,还在最后添加了一部分代码,这部分代码用于显示每一类中的最重要的词汇。

运行之后会得到如图 16-11 显示的报错信息。

```
C:\Python37\python.exe D:/Projects/Programming/Cellphone_review_analysis/src/noun_tfidf_kmeans.py
Traceback (most recent call last):
  File "D:/Projects/Programming/Cellphone review analysis/src/noun tfidf kmeans.py", line 20, in <module>
    pipeline.fit(phone_review)
  File "C:\Python37\lib\site-packages\sklearn\pipeline.py", line 352, in fit
    Xt, fit_params = self._fit(X, y, **fit_params)
  File "C:\Python37\lib\site-packages\sklearn\pipeline.py", line 317, in _fit
    **fit_params_steps[name])
  File "C:\Python37\lib\site-packages\joblib\memory.py", line 355, in __call__
    return self.func(*args, **kwargs)
  File "C:\Python37\lib\site-packages\sklearn\pipeline.py", line 716, in _fit_transform_one
    res = transformer.fit_transform(X, y, **fit_params)
  File "C:\Python37\lib\site-packages\sklearn\feature extraction\text.py", line 1652, in fit_transform
    X = super().fit_transform(raw_documents)
  File "C:\Python37\lib\site-packages\sklearn\feature extraction\text.py", line 1058, in fit_transform
    self.fixed_vocabulary_)
  File "C:\Python37\lib\site-packages\sklearn\feature extraction\text.py", line 970, in _count_vocab
    for feature in analyze(doc):
  File "C:\Python37\lib\site-packages\sklearn\feature extraction\text.py", line 352, in <lambda>
    tokenize(preprocess(self.decode(doc))), stop_words)
  File "C:\Python37\lib\site-packages\sklearn\feature extraction\text.py", line 143, in decode
    raise ValueError("np.nan is an invalid document, expected byte or "
ValueError: np.nan is an invalid document, expected byte or unicode string.

Process finished with exit code 1
```

图 16-11　空数据报错

可以看到，出现了 np.nan 相关的报错。通过查看名词数据集的内容可以发现，有些行（如图 16-12 中的第 27 行）是空的。这是因为原本的评论中不包含任何名词，即不包含要提取的数据，所以在提取名词时就显示为空，因此报错。

	noun
0	handset mobile
1	camera results
2	Heating issue setup lot battery lot
3	value money heating Lot issues
4	oneplus3 T GB DECEMBER'16 launch half month heating battery days customer care instructions
5	oneplus one phone oneplus
6	everything wifi connectivity issue times
7	phone issues set issue boot
8	phone supaa dupaa everything
9	battery I m software office use m opportunities
10	phone application
11	glass bubbles ear speaker
12	bay brick
13	Phone battery management mark
14	phone
15	screen crispness display everything
16	performance t competition way comparison videos processing capabilities t outperform markets end s7 edge pixel speed test
17	phone beast
18	minutes phone % dash charger phone
19	iphone smartphone
20	phone market phone guy Battery camera everything 30k
21	Phone specs k years need k phone end day money views u
22	mobile camera quality premium mobile
23	battery backup solution
24	phone
25	smartphone conqueror smartphone
26	wife mind one years t phone market guys
27	
28	month phone spearkers hardware error someone

图 16-12　空数据错误

为了解决这个问题,可以在空白处添加一些无意义的文字,但是更好的方法是直接删除这些空白行。将以下代码添加在上述代码的第 13 行后。

```
phone_review = phone_review.dropna(axis = 0, how = 'any')
```

再次运行程序,并打开新产生的 CSV 文件进行分析。如图 16-13 所示,可以很轻易地看出第 1 类的评论主要是在描述电池。

1044	PHONE TIMES BATTERY PHONE BUGS TOO	1
1063	phone budget mobile heating problem battery drain need phone processor option:	1
1067	phone s7 edge performance quality battery life	1
1079	choice battery	1
1097	phone Dash charge life saver day backup usage charges hour Software	1
1099	phone use battery phone heat camera image	1
1106	phone battery life heating issue	1
1112	phone battery backup	1
1125	T experience phone experience battery day use	1
1127	battery	1
1137	Battery problem	1
1142	days phone pros cons Pros quality battery life camera light weight games	1
1171	phone speed camera Games battery life	1
1179	OP2 accident phone thoughts OP terms usage phone Battery life users	1
1181	device battery drain issue device expectations	1
1183	phone battery day G network	1
1186	thing battery charge	1
1236	battery drain hell battery j7 phn drain hr movie surfing gaming opinion phone batte	1
1242	delight t heating issues premium apps battery life mine day phone charges jet spee	1
1245	month mast hai bhai battery backup	1
1257	phone battery life speed performance camera stars	1
1269	phone positives screen camera dash charge battery rate hangs call product	1

图 16-13　部分结果截图

而程序的输出也证实了在这一类中 battery 是最重要的词,如图 16-14 所示。

```
Cluster 1 contains 220 samples
Most important terms
1: battery (score: 0.3009)
2: life (score: 0.0952)
3: phone (score: 0.0903)
4: day (score: 0.0772)
5: backup (score: 0.0737)
```

图 16-14　程序部分输出结果

不过因为将所有的评论中的形容词都过滤掉了,所以不能判断出用户对电池的评论是正面的还是负面的。

16.2.4　情感分析

除了根据评论提取出一些共性的关键词,还可以对评论进行情感分析,去了解这些评论是正面的还是负面的。

textblob 是一个自然语言处理库,它可以很方便地对文本的情感进行分析,只需要在命令行中输入 pip install textblob 即可安装。

1. 修改名词提取

在前文中已经提取了所有评论中的名词,并将其存储在 phone_review_oneplus_noun.csv 中。虽然只用名词非常易于使用聚类算法,但是对于情感分析,只用名词是远远不够的,大部分表示情感的词(如 good、bad 等)都是形容词,所以需要使用原本的评论进行分析。

修改 noun_extraction.py 文件中的代码如下所示。

```python
import spacy
import pandas as pd
def getNoun():
    """
    这个文件是用作名词词汇提取器
    """
    # 读取评论数据
    colnames = ['NN', 'TIME', 'LANGUAGE', 'COUNTRY', 'OPERATOR', 'WEB', 'RATE1', 'RATE2',
'REVIEW', 'NAME', 'CELLPHONE']
    phone_review = pd.read_csv('../data/phone_review.csv', names = colnames, header =
None)
    phone_review = phone_review[phone_review['CELLPHONE'].isin(['OnePlus 3T (Gunmetal,
6GB RAM + 64GB memory)'])]
    phone_review = phone_review[['REVIEW','RATE1']]    # 评论数据
    review = phone_review['REVIEW']
    review = review.copy()
    row_nums = phone_review.shape[0]
    nlp = spacy.load("en_core_web_sm")
    for i in range(row_nums):
        doc = nlp(review.iloc[i])
        line_str = []
        for token in doc:
            if token.pos_ == "NOUN":                      # 如果是 NOUN
                line_str.append(token.text)
        line = " ".join(line_str)
        review.iloc[i] = line
    phone_review = pd.concat([phone_review,review],axis = 1)

    phone_review.to_csv('../data/phone_review_noun_with_rate.csv',header = ['REVIEW',
'RATE1','NOUN'])                                        # 写入文件
    print(phone_review)
if __name__ == '__main__':
    getNoun()
```

这段代码相较于之前的版本保留了原本的评论及对手机的评分。

2. 分析情感

新建一个名为 SentimentAnalysis.py 的文件并输入如下代码。

```python
from textblob import TextBlob
import pandas as pd
import matplotlib.pyplot as plt
data = pd.read_csv("../data-analysis/OnePlusTF-IDF-for-SA5.csv")
```

```
data.dropna(axis = 0, how = 'any')
review_list = data.REVIEW.tolist()
label_list = data.Cluster.tolist()
n_clusters = max(label_list)
print("n_clusters: ", n_clusters + 1)
sentiment_list = [ ]
score_per_cluster = [ ]
row_number = data.shape[0]
sentiment_score = [ ]

# 产生情感得分
for i in range(row_number):
    review = data.iloc[i].REVIEW
    tb = TextBlob(review)
    sentiment_score.append(tb.sentiment.polarity)
data['SentiScore'] = sentiment_score
print(data)

def adjust_score(df, lowThre, highThre):
    row_number = df.shape[0]
    for i in range(row_number):
        if df.loc[i, 'SentiScore'] > = highThre:
            df.loc[i, 'SentiScore'] = 10
        elif df.loc[i, 'SentiScore'] > = lowThre:
            df.loc[i, 'SentiScore'] = 5
        else:
            df.loc[i, 'SentiScore'] = 0
    return df
data = adjust_score(data, 0, 0.15)
avg = data.groupby(['Cluster']).mean()
print(avg)
x = avg.index.tolist()
y1 = avg.RATE1.tolist()
y2 = avg.SentiScore.tolist()
plt.figure()
fig, ax = plt.subplots(1, 1)
bar1 = plt.bar([i - 0.2 for i in range(5)], y1, 0.3,
               alpha = 0.8, label = "Rate")
bar2 = plt.bar([i + 0.2 for i in range(5)], y2, 0.3,
               alpha = 0.8, label = "Sentiment Score")
plt.ylim(ymin = 5)
ax.set_title("Sentiment Score and Rate Score")
ax.set_xlabel("Cluster")
ax.set_ylabel("Score")
ax.legend()
plt.show()
```

　　在这部分代码中，首先读取所有评论数据，对每一行的评论进行情感分析并给出其情感得分，情感得分的取值范围为−1～1。为了使其能够与已有的手机评价得分进行比较，对情感得分做了一定修正，即 adjust_score 函数部分。之后通过绘图比较用户实际评分和情感得分，结果如图 16-15 所示。

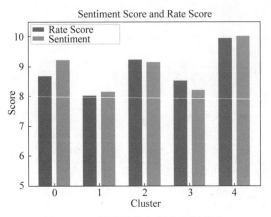

图 16-15　情感得分与用户实际评分

　　可以看到，用户实际评分与对这个手机的实际态度是比较吻合的。通过结合每类数据的评分及情感得分，可以了解到用户普遍对手机电池不太满意。

第**17**章

菜 谱 分 析

本案例需要根据菜谱的配料表预测该菜品是哪个地区的风味美食,即对各国、各地区的菜谱的多分类任务,从而巩固 Python 数据分析的学习。

视频讲解

17.1　数据集介绍

本案例的数据集来自 Kaggle 数据分析竞赛,地址为 https://www.kaggle.com/c/whats-cooking,可以从该网站上下载。另外,数据集已经被拆分为训练集和测试集。训练集中的每一条数据都以 JSON 格式存储,样例如下所示。

```json
{
"id": 24717,
"cuisine": "indian",
"ingredients": [
    "tumeric",
    "vegetable stock",
    "tomatoes",
    "garam masala",
    "naan",
    "red lentils",
    "red chili peppers",
    "onions",
    "spinach",
    "sweet potatoes"
]
},
```

每一条数据都包含了 id（整数）、预测目标 cuisine（字符串）和 ingredients 配料表（字符串列表）三个字段。

测试集中的数据同样以 JSON 格式存储。和训练集不同的是，缺少了 cuisine 字段，需要对其进行预测。

17.2　数据观察

本案例使用数据分析中常用的 Python 包，包括 Pandas、NumPy、Matplotlib、seaborn、sklearn 等。此外，还需要导入 nltk 包。这是一个自然语言处理的工具包，能完成分词等工作。导入工具包的代码如下所示。

```
inport pandas as pd
import numpy as np
import matplotlib.pyplot as plt
import seaborn as sns
import sklearn
import os
import json
import re
import nltk
import zipfile

from datetime import datetime
from sklearn.preprocessing import LabelEncoder
from nltk.stem import WordNetLemmatizer

from sklearn.feature_extraction.text import CountVectorizer
from sklearn.feature_extraction.text import TfidfVectorizer
from sklearn.model_selection import train_test_split, GridSearchCV
from sklearn.metrics import confusion_matrix, accuracy_score
from sklearn.feature_extraction.text import CountVectorizer
```

17.2.1　数据读入

准备好数据集并导入所需的工具包后，需要读入训练集和测试集。由于数据集存储的地址的不同，这一部分的代码可能会有一定的差异，读者可自行调整。

首先，使用 zipfile 包解压下载得到的 zip 压缩包格式的数据集，读取 train.json 和 test.json，并将训练集和测试集分别存入变量 data 和 test。然后使用 pd.DataFrame()函数将读到的 JSON 格式数据转换成 DataFrame 格式，方便后续处理。test_ids 获取到了测试集中的 ID。具体代码如下所示。

```
for t in ['train','test']:
    with zipfile.ZipFile("../input/whats-cooking/{}.json.zip".format(t),"r") as z:
```

```
        z.extractall(".")

with open('./train.json') as data_file:
    data = json.load(data_file)

with open('./test.json') as test_file:
    test = json.load(test_file)
df = pd.DataFrame(data)
test_df = pd.DataFrame(test)
test_ids = test_df['id']
df.head()
```

df.head()输出了训练集中的前 5 行,结果如下所示。

```
     id      cuisine       ingredients
0    10259   greek         [romaine lettuce, black olives, grape tomatoes...
1    25693   southern_us   [plain flour, ground pepper, salt, tomatoes, g...
2    20130   filipino      [eggs, pepper, salt, mayonaise, cooking oil, g...
3    22213   indian        [water, vegetable oil, wheat, salt]
4    13162   indian        [black pepper, shallots, cornflour, cayenne pe...
```

17.2.2 分布统计

在数据分析中,常常会遇到数据缺失、有异常值的情况。在本案例中,会不会也有类似情况的发生呢? 使用 isnull()和 sum()统计空数据的数量,代码如下所示。

```
# 训练集
(df.isnull().sum() / len(df)) * 100          # 没有缺失值
# 测试集
(test_df.isnull().sum() / len(test_df)) * 100          # 没有缺失值
```

观察结果可以发现,缺失率为 0,表明没有数据缺失的情况。又考虑到本案例是对字符串类型进行预测,因此基本不会出现数值类型存在异常值的情况。

此外,还可以观察数据的分布,如预测目标的分布情况。可以通过 value_counts( )函数实现计算,然后使用 Matplotlib 绘制图像,具体代码如下所示。

```
# 计算风味美食来源地占比
per_vals = round(df["cuisine"].value_counts(normalize = True) * 100, 2)

# 绘图
fig, ax = plt.subplots(figsize = (10,10))
for i, v in enumerate(per_vals):
    ax.text(v + 3, i + .25, str(v) + "%", color = 'blue', fontweight = 'bold')
df["cuisine"].value_counts().plot.barh(ax = ax)
plt.show()
```

统计图输出如图 17-1 所示。

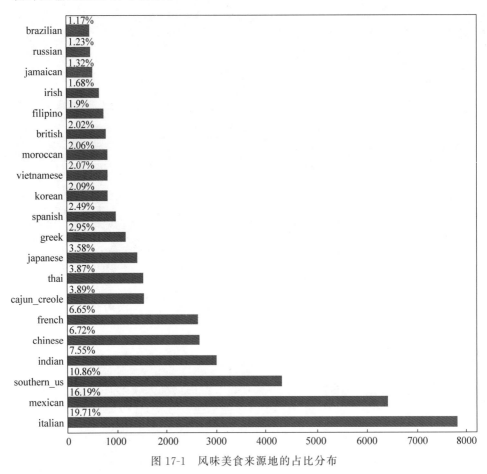

图 17-1　风味美食来源地的占比分布

可以很直观地看到预测目标，即风味美食来源地在数据集中的占比情况。意大利、墨西哥的占比超过了 15％，远高于其他风味美食来源地，分布很不均衡。事实上，这种情况是不利于分类预测任务的，我们希望数据的类别很均衡，这样不会让模型学习到对特定类别的偏见。

然后统计数据集中配料的使用情况，代码如下所示。

```python
# 统计配料的使用情况
fig, ax = plt.subplots(figsize = (22,7))
extensive_ing_list = [ ]
for x in df['ingredients']:
    for y in x:
        extensive_ing_list.append(y)

# 绘制出使用次数排名前 30 的配料的统计图,降序显示
extensive_ing_list = pd.Series(extensive_ing_list)
extensive_ing_list.value_counts().sort_values(ascending = False).head(30).plot.bar(ax = ax)
```

在所有菜系中，出现次数占前 30 的配料的部分统计如图 17-2 所示。

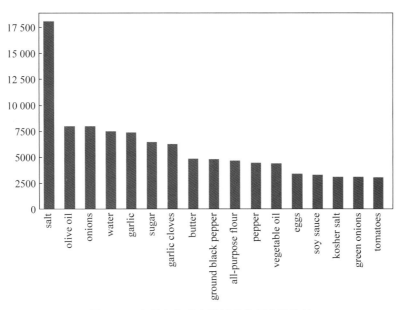

图 17-2　在所有菜系中配料的使用次数统计

此外，还可以单独统计某一种菜系的配料使用情况。具体实现代码如下所示。

```
# 将每种菜系的配料都放在一个字典里
cuisine = df["cuisine"].unique()

all_cus = dict()
for cs in cuisine:
    i = []
    for ing_list in df[df['cuisine'] == cs]['ingredients']:
        for ing in ing_list:
            i.append(ing)
    all_cus[cs] = i

>>> all_cus.keys()

dict_keys(['greek', 'southern_us', 'filipino', 'indian', 'jamaican', 'spanish', 'italian',
'mexican', 'chinese', 'british', 'thai', 'vietnamese', 'cajun_creole', 'brazilian', 'french',
'japanese', 'irish', 'korean', 'moroccan', 'russian'])  # 该字典的key是菜系名,value是配料
                                                         # 列表
for key in all_cus.keys():
    fig, ax = plt.subplots(figsize = (25,2))
    pd.Series(all_cus[key]).value_counts().head(25).plot.bar(ax = ax, title = key)
plt.show()
```

以日料为例，部分统计结果如图 17-3 所示。

若将上述代码中的 head(25) 换成 tail(25)，则可统计出使用最少的 25 种配料。

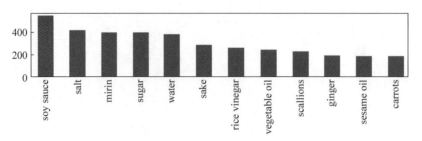

图 17-3   日料中的配料使用次数统计

17.3   数据预处理

在初步了解数据的分布之后，需要对数据进行标准化处理，包括英文单词标准化和数据向量化等。

17.3.1   英文单词标准化

下面定义一些函数，使配料表中的英文单词标准化，即不区分大小写和时态等。

（1） preprocess_df( )函数。用于处理配料中的英文单词，将不同时态的英文单词转换成普通时态，并去除描述做法的词（如 sliced 等）。同时去除特殊字符，仅保留英文字符。将每一条数据中的配料列表拼接成以空格为间隔的字符串。由于英文中还有大小写之分，考虑到本案例中的配料对大小写不敏感，因此统一将拼接后的字符串转换为小写。具体代码如下所示。

```
def preprocess_df(df):

    def process_string(x):
        x = [" ".join([WordNetLemmatizer().lemmatize(q) for q in p.split()]) for p in x]
        x = list(map(lambda x: re.sub(r'\(. * oz.\)|crushed|crumbles|ground|minced|
powder|chopped|sliced','', x), x))
        x = list(map(lambda x: re.sub("[^a-zA-Z]", " ", x), x)
        x = " ".join(x)
        x = x.lower()
        return x

    df = df.drop('id', axis = 1)
    df['ingredients'] = df['ingredients'].apply(process_string)

    return df
```

（2） get_cuisine_cumulated_ingredients( )函数。以菜系为单位将该菜系对应的所有配料汇总，并以类似 preprocess_df( )函数的方式将配料拼接成单个字符串。具体代码如下所示。

```
def get_cuisine_cumulated_ingredients(df):
    cuisine_df = pd.DataFrame(columns = ['ingredients'])

    for cus in cuisine:
        st = ""
        for x in df[df.cuisine == cus]['ingredients']:
            st += x
            st += " "
        cuisine_df.loc[cus,'ingredients'] = st

    cuisine_df = cuisine_df.reset_index()
    cuisine_df = cuisine_df.rename(columns = {'index':'cuisine'})
    return cuisine_df
```

此时,通过 df.head()函数输出当前数据集的处理情况,代码如下所示。

```
      cuisine          ingredients
0     greek           romaine lettuce black olive grape tomato garli...
1     southern_us     plain flour pepper salt tomato black pepper...
2     filipino        egg pepper salt mayonaise cooking oil green ch...
3     indian          water vegetable oil wheat salt
4     indian          black pepper shallot cornflour cayenne pepper...
```

至此,初步的训练集和测试集都处理好了。训练集中的 train 和 target 一一对应,而在测试集中,需要对 test(ingredients)进行预测,具体实现代码如下所示。

```
train = df['ingredients']
target = df['cuisine']
test = test_df['ingredients']
```

17.3.2 数据向量化

在机器学习模型学习时,不能直接对字符串进行操作,而要转换成方便学习的数值型参数。例如对于类别型变量"男/女",可以使用独热编码将其编码为 0 或 1。在本案例中,也需要设计一种编码方式让配料、菜系标签与数值型的值或向量一一映射。

一种方式是通过计算词频进行向量化,代码如下所示。

```
def count_vectorizer(train, test = None):
    cv = CountVectorizer()
    train = cv.fit_transform(train)
    if test is not None:
        test = cv.transform(test)
        return train, test, cv
```

```
        else:
            return train, cv

    train_cv , test_cv, cv = count_vectorizer(train,test)
    cuisine_data_cv, cuisine_cv = count_vectorizer(cuisine_df['ingredients'])
```

　　而在自然语言处理中，使用词频向量化是一种更好的方式。其中，TF-IDF 作为一种用于信息检索与文本挖掘的常用加权技术将在本案例中被采用。TF-IDF 是一种统计方法，用以评估字词对于一个文件集或一个语料库中的其中一份文件的重要程度。字词的重要性与它在文件中出现的次数成正比，与它在语料库中出现的频率成反比。TF-IDF加权的各种形式常被搜索引擎应用，作为文件与用户查询之间相关程度的度量或评级。本案例使用 TF-IDF 方法向量化配料，能取得较好的效果，具体代码如下所示。

```
def tfidf_vectorizer(train, test = None):
    tfidf = TfidfVectorizer(stop_words = 'english',
                            ngram_range = ( 1 , 1 ),analyzer = "word",
                            max_df = .57 , binary = False ,
                token_pattern = r'\w + ', sublinear_tf = False)
    train = tfidf.fit_transform(train)
    if test is not None:
        test = tfidf.transform(test)
        return train, test, tfidf
    else:
        return train, tfidf

train_tfidf, test_tfidf, tfidf = tfidf_vectorizer(train,test)
cuisine_data_tfidf, cuisine_tfidf = tfidf_vectorizer(cuisine_df['ingredients'])
```

　　至此，数据部分已经处理好了。train_tfidf 和 test_tfidf 为经过了 TF-IDF 向量化后的配料特征。

17.4　模型构建

　　本案例将采用线性支持向量机实现多标签分类任务。在 sklearn 包中，线性支持向量机对应的是 LinearSVC 和 SVC 函数。此外，还将使用 GridSearch 网格搜索方法找到较好的模型参数，即自动调参。具体代码如下所示。

```
# 导入 sklearn 包
from sklearn.svm import LinearSVC, SVC
from sklearn.metrics import f1_score

# 模型参数的搜索空间
param_grid = {'C': [0.001, 0.1, 1, 10, 50, 100, 500, 1000, 5000],
```

```
                    'penalty': ['l1','l2'],
                'loss': ['hinge','squared hinge']}

# 定义网格搜索,使用 LinearSVC 分类器,以 f1_micro 作为评价指标,使用所有进程并行搜索
grid = GridSearchCV(LinearSVC(), param_grid, refit = True, verbose = 3, n_jobs = -1,
                    scoring = 'f1_micro')

# 重命名之前向量化完成的配料表,使其更直观
train = train_tfidf
test = test_tfidf

# 自动调参,寻找较优的模型参数,并在训练集上训练拟合
grid.fit(train, target)
```

经过调参后,可以输出如下参数。

```
# 输出搜索到的最好参数
>>> grid.best_params_
{'C': 1, 'loss': 'hinge', 'penalty': 'l2'}

# 该参数所对应的分数,由于在 GridSearchCV 中设定的优化目标是 f1_micro 指标
# 所以这里的 best_score 对应的也是 f1_micro 指标,这是一种在多分类任务上常用的评价指标
>>> grid.best_score_
0.7857646647354912
```

最后,可以使用 predict 方法在测试集中预测菜系,并将结果保存到本地,代码如下所示。

```
# predict 预测
y_pred = grid.predict(test)

# 先将结果保存在 DataFrame 数据结构中
result = pd.DataFrame({'id':test_ids})
result['cuisine'] = y_pred
now = datetime.now()

# 导出 CSV 文件至本地
result.to_csv('submission_{}.csv'.format(now), index = False)
print('Saved file to disk as submission_{}.csv.'.format(now))
```

将该代码和结果提交至 Kaggle 比赛中,经验证测试集可获得约 80% 的准确率,排名前 10%。

当然,在线下训练时是不知道测试集的情况的,测试集的准确率不得而知。通常需要手动划分出验证集评估当前的模型效果,再将在验证集上表现最出色的模型导出到测试集中做在线测试。在训练集上划分测试集、验证集并训练评估的代码如下所示。

```
from sklearn.model_selection import train_test_split
X_train , X_valid , y_train, y_valid = train_test_split(train, target, test_size = 0.2,
random_state = 0)

from sklearn.metrics import accuracy_score

valid_predict = grid.predict(X_valid)
valid_score = accuracy_score(y_valid, valid_predict)

print("Accuracy on validation set: {}".format(valid_score))
# 输出 Accuracy on validation set: 0.7923318667504714
```

该训练得到的模型在验证集上获得超过79%的准确率，效果不错。

事实上，还可以做更多、更细致的观察。例如，对特征进行 PCA（主成分分析）、K-means 聚类等。自动调参的方法还有贝叶斯优化（Bayesian Optimization）及 AutoML 自动机器学习框架（如亚马逊的 AutoGluon、微软的 FLAML 等）。有兴趣的读者可以自行尝试。

第**18**章

基于回归问题和XGBoost模型的房价预测

本案例来源于 Kaggle 竞赛平台上的一个比赛,该网站提供了美国爱荷华州埃姆斯市的住宅数据集,每所住宅有 79 个变量(如面积、位置等),它们几乎描述了住宅的各方面。比赛提供的训练数据集里给出了对应的房价,测试集则没有价格特征。比赛的目标是根据 79 个描述住宅特征的变量预测每所住宅的最终价格。预测准确率由 Kaggle 网站评判,在 Kaggle 上所得的 score 越低,预测效果越好。

视频讲解

本案例属于回归问题,分类和回归是监督学习的代表,与之相对的无监督学习包括聚类任务等。监督学习和无监督学习是根据训练数据是否含有标记信息(如本案例中的房价)划分的。简单来说,分类是预测标签(离散值),而回归是预测数量(连续值)。解决分类和回归问题的常见的机器学习算法包括线性回归、脊回归、决策树、随机森林、SVM、神经网络等。本案例选择了 XGBoost 模型。

18.1 XGBoost 模型介绍

XGBoost 模型属于集成学习中的 boosting 算法的分支。boosting 算法的思想是将许多弱分类器集成在一起形成一个强分类器。XGBoost 模型用到的弱分类器包括 CART 回归树。

CART 回归树可理解为一棵通过不断将特征进行分裂的二叉树。例如,当前树节点是基于第 i 个特征值进行分裂的,设该特征值小于 p 的样本划分为左子树,该特征值大于 p 的样本划分为右子树。只要遍历所有特征的所有切分点,就能找到最优的切分特征和切分点,最终得到一棵回归树,它对应着输入空间(特征空间)的一个划分及在划分单元上的输出值。

XGBoost 模型的思想就是不断地添加树,使树群的预测尽量接近真实值。添加一棵树其实是学习一个新函数,然后去拟合上次预测的残差,每次都是在上一次的预测基础上取最优进一步建树的。预测一个样本的值就是根据这个样本的特征,在每棵树中划分一个对应的叶节点,最后只需要将叶节点对应的分数相加即可得到该样本的预测值。

18.2 技术方案

18.2.1 数据分析

首先,对本案例的数据集进行分析,可得出以下三个特点。

(1) 训练集规模小,仅有约 1500 行。

(2) 训练集特征种类多,有 79 个(去除 Id 和 SalePrice)。

(3) 训练集中的数据并非全为数值类型,还有字符串类型。

所以在训练之前需要对数据进行预处理。首先针对特点(3)建立一个字典,定义字符串到 float 类型的映射,代码如下所示。

```
dic = {}                                  #字符串到 float 类型映射的字典
ref = 0
#读取训练集和测试集
train = csv.reader(open('train.csv','r'))
test = csv.reader(open('test.csv','r'))
X = [ ]                                    #保存训练集的特征(如位置、面积等)
Y = [ ]                                    #保存训练集的房价
label = 0
#对训练集中的字符串数据进行处理
for i in train:
    if label == 0:
        label = 1
        continue
    for j in i[1:80]:
        try:
            X.append(float(j))
        except:
            #用字典 dic 把字符串类型的数据映射为 float
            try:
                X.append(dic[j])
            except:
                dic[j] = ref
                ref = ref + 1
                X.append(ref)
    Y.append(float(i[80]))
```

输出如图 18-1 所示。

针对特点(2),需要从 79 个维度的信息里提取更有用的信息,这里提供两种方法。第一种是 PCA 降维(降维前需要对数据进行标准化处理),也叫主成分分析法,代码如下所示。

```
{'Fa': 66, 'MnWw': 137, 'TwnhsE': 98, 'Othr': 167, 'IR3': 150, 'Hip': 71, 'Blmngtn': 146, 'CemntBd': 99, 'AllPub': 5, 'RRAe':
90, '2Story': 11, '1.5Unf': 69, 'RL': 0, 'FR2': 31, 'BrkFace': 15, 'RRNn': 101, 'Veenker': 32, 'Mix': 162, 'IR2': 79, 'AsphSh
n': 155, 'NoSeWa': 169, 'Detchd': 46, 'N': 96, 'None': 36, 'MeadowV': 97, 'Min2': 143, 'Gable': 12, 'Timber': 108, 'GdPrv': 8
4, 'SLvl': 116, 'Maj2': 163, 'Roll': 171, 'TenC': 174, 'BrDale': 147, 'WdShing': 74, 'FV': 111, 'CollgCr': 8, 'ImStucc': 153,
'NWAmes': 57, 'ClyTile': 172, 'FuseF': 64, 'Mod': 113, 'BrkSide': 67, 'Wood': 52, 'Plywood': 80, 'Mn': 40, 'GasA': 22, 'Gar2'
: 160, 'Normal': 30, 'Stone': 56, 'CWD': 149, 'NPkVill': 135, 'Abnorml': 47, 'Low': 141, 'SFoyer': 110, 'NA': 2, 'PosA': 23,
'2.5Unf': 120, '1Fam': 10, 'FuseA': 83, 'GLQ': 20, 'C (all)': 102, 'GdWo': 82, 'Mitchel': 50, 'P': 109, 'Con': 156, 'BrkTil':
45, 'Gilbert': 112, '2Types': 136, 'ConLD': 127, 'CulDSac': 85, 'Slab': 87, 'OthW': 170, 'Rec': 72, 'Wd Shng': 44, 'ConLI': 1
39, 'NridgHt': 73, 'Bnk': 94, 'Somerst': 55, 'Mansard': 130, 'Min1': 65, 'WdShake': 142, 'FR3': 157, 'IR1': 39, 'Y': 24, 'Gas
W': 125, 'No': 19, 'Maj1': 140, 'RRNe': 148, 'Lvl': 4, 'BLQ': 60, 'PConc': 18, 'BrkComm': 164, 'Metal': 134, 'FuseP': 106, 'Re
x': 23, 'Corner': 41, 'Grav': 141, 'Stucco': 122, 'Unf': 21, 'Brk Cmn': 145, 'SBrkr': 25, 'RFn': 28, 'Av': 49, 'AdjLand': 107
, 'Crawfor': 42, 'SawyerW': 89, 'Inside': 6, 'Gambrel': 103, 'NoRidge': 48, 'Sawyer': 70, 'Norm': 9, 'Feedr': 33, 'Wd Sdng':
43, 'Gtl': 7, 'ConLw': 154, 'Alloca': 129, 'AsbShng': 105, 'LwQ': 91, 'RRAn': 121, 'Partial': 78, 'Wall': 159, 'VinylSd': 14,
'NAmes': 81, 'RH': 158, '1.5Fin': 51, 'Floor': 173, 'Twnhs': 117, 'MetalSd': 35, 'WD': 29, 'SWISU': 151, 'CarPort': 88, 'Fin'
: 76, 'PosN': 38, 'ALQ': 38, 'RM': 61, 'Tar&Grv': 161, '2fmCon': 68, 'CompShg': 13, 'Family': 138, 'Artery': 63, 'Duplex': 86
, 'Attchd': 27, 'ClearCr': 124, 'IDOTRR': 95, 'HdBoard': 59, 'Sev': 132, 'CBlock': 37, 'Oth': 168, 'BrkCmn': 126, 'WdShngl':
115, '2.5Fin': 144, 'OldTown': 62, 'Membran': 152, '1Story': 34, 'Reg': 3, 'BuiltIn': 75, 'New': 77, 'Po': 131, 'Other': 165,
'StoneBr': 119, 'HLS': 118, 'Shed': 54, 'COD': 92, 'CmentBd': 100, 'Flat': 133, 'MnPrv': 53, 'Gd': 16, 'Typ': 26, 'Basment':
128, 'Edwards': 104, 'Pave': 1, 'Grvl': 93, 'Bluesta': 166, 'TA': 17}
```

图 18-1　自定义字典的输出

```
from sklearn.decomposition import PCA
pca = PCA(n_components = 8)
x_train = pca.fit_transform(x_train)
```

这段代码将 79 维的 x_train 降维到 8 维,然而这种方法效果并不好。

第二种方法是计算各变量和房价的相关系数,取相关系数(绝对值)最大的若干特征进行训练和预测。经检验,该方法表现更为出色,代码如下所示。

```
d = getdata('train.csv')                                        # getdata 返回处理过的数据
corrmat = d.corr()                                              # 计算相关系数
rela = list(corrmat['SalePrice'].abs().sort_values().index)[:-1]   # 将特征列按相关性
                                                                # 大小排序
features = 68
select_feat = rela[-features:]                                  # 取相关性好的前 68 列
```

18.2.2　XGBoost 模型参数

XGBoost 包含三类参数,分别为用于调控整个方程的 General Parameters、调控每步树变化的 Booster Parameters 和调控优化表现的 Learning Task Parameters。

1. General Parameters

(1) silent=True,不打印运行信息。

(2) nthread=4,运行线程数。

2. Booster Parameters

(1) max_depth=15,树的最大深度。

(2) learning_rate=0.05,为防止过拟合,更新过程中用到的收缩步长。在每次提升计算之后,算法会直接获得新特征的权重。通过缩减特征的权重使提升计算过程更加保守。

(3) subsample=1,训练每棵树时,使用的数据占全部训练集的比例。

（4）colsample_bytree＝0.9，每棵树随机选取的特征的比例。

（5）colsample_bylevel＝0.9，树的每一级的每一次分裂对列数的采样的占比。

（6）scale_pos_weight＝1，样本不平衡时加快收敛。

（7）reg_alpha＝1，L1 正则化权重，加快多特征时算法的运行效率。

（8）reg_lambda＝1，L2 正则化权重，防止过拟合。

（9）max_delta_step＝0，允许每个树的权重被估计的值，为 0 时没有限制。

3. Learning Task Parameters

（1）Objective＝"multi：softmax"，多分类问题。

（2）gamma＝0，惩罚系数。

（3）seed＝2018，随机数种子。

（4）num_class＝11，类别个数。

（5）n_estimators＝978，总共迭代的次数，即决策树的个数。

（6）base_score＝0.5，所有实例的初始化预测分数，全局偏置。

18.2.3　调参过程

在参数调整过程中，随机抽取 10％的样本作为验证集，通过观察 f1_score 判断模型效果。每个参数通过调到较大的值和较小的值并向中间值靠近，得出最好的值。

设置初始值，通过固定较大的 learning_rate，得到合适的 n_estimators；然后依次调整以下参数，最后再降低学习率、增加树的个数，进行进一步调整。

```
max_depth,
gamma,
subsample,colsample_bytree,colsample_bylevel,
reg_alpha,reg_lambda
```

以上是手动调参的思路，其实 sklearn 包里也提供了寻找最优参数的方法 GridSearchCV()，代码如下所示。

```
from sklearn.model_selection import GridSearchCV
def selectmodel(train,label):                 # 返回最优的模型以及评测得分
    #XGBoost 的基分类器:选用树或线性分类
    params = {'booster':['gbtree', 'gblinear', 'dart']}
    #寻找最优基分类器及对应的最优参数
    mymodel = GridSearchCV(xgb(), params, error_score = 1,refit = True)
    mymodel.fit(train,label)
    return mymodel,mymodel.best_score_
```

该方法寻找的参数不能保证是最优组合，因为它采用的是贪心策略：每次使用当前对模型影响最大的参数进行调优直到最优化，直至所有参数都调整完毕。这种策略简单，在小数据集上有效，但问题是容易陷入局部最优解而非全局最优解。

18.3　完整代码及结果展示

完整代码如下所示,注意,train.csv 和 test.csv 要和该 Python 文件在同一目录下。

```python
import numpy as np
import pandas as pd
import csv
from sklearn.model_selection import GridSearchCV
from xgboost import XGBRegressor as xgb
import math


dic = {}
ref = 0

#读取训练集数据并处理
def getdata(f):
    global ref,dic
    d = pd.read_csv(f)
    #print(d['Id'])
    d.drop(['Id'],axis = 1,inplace = True)
    tmphead = list(d.head())
    tmplist = list(d.values)
    rlist = []
    #对训练集中的字符串数据进行处理
    for i in tmplist:
        tmp = []
        for t in i:
            try:
                if(math.isnan(float(t))):
                    #用字典 dic 把字符串类型的数据映射为 float
                    try:
                        tmp.append(dic['NA'])
                    except:
                        dic['NA'] = ref
                        ref += 1
                        tmp.append(dic['NA'])
                else:
                    tmp.append(float(t))
            except:
                try:                        tmp.append(dic[t])
                except:
                    dic[t] = ref
                    ref += 1
                    tmp.append(dic[t])
        rlist.append(tmp)
```

```
        return pd.DataFrame(rlist, columns = tmphead)

    # 读取测试集数据并处理
    def gettarget(f):
        global dic
        d = pd.read_csv(f)
        tmphead = list(d.head())
        tmplist = list(d.values)
        rlist = []
        for i in tmplist:
            tmp = []
            for t in i:
                try:
                    if(math.isnan(float(t))): tmp.append(dic['NA'])
                    else:
                        tmp.append(float(t))
                except:
                    tmp.append(dic[t])
            rlist.append(tmp)

        return pd.DataFrame(rlist, columns = tmphead)

    # 文件写入操作
    def writedata(idi, data, file):
        with open(file, 'w', newline = '') as f:
            writer = csv.writer(f)
            writer.writerow(['Id', 'SalePrice'])
            for i in range(len(data)):
                writer.writerow([int(idi[i]), data[i]])

    def getresult(mymodel, target):
        return mymodel.predict(target)

    # 选择模型最优参数并训练、预测
    def selectmodel(train, label):
        # XGBoost 的基分类器：选用树或线性分类
        params = {'booster':['gbtree', 'gblinear', 'dart']}
        mymodel = GridSearchCV(xgb(), params, error_score = 1, refit = True)
        mymodel.fit(train, label)
        return mymodel, mymodel.best_score_


    d = getdata('train.csv')                                    # getdata()返回经处理过的数据
    corrmat = d.corr()                                          # 计算相关系数
    rela = list(corrmat['SalePrice'].abs().sort_values().index)[:-1]  # 将特征列按相关性大小排序
    features = 68
```

```
select_feat = rela[ - features : ]                              ♯ 取相关性好的前 68 列

train, label = d. drop(['SalePrice'], axis = 1, inplace = False), d['SalePrice']
train = train[select_feat]
d = gettarget('test.csv')
idi, target = d['Id'], d. drop(['Id'], axis = 1, inplace = False)
target = target[select_feat]


mymodel, score = selectmodel(train, label)
print(score)

♯ 将预测值整理到 submission1.csv, 提交 submission1.csv 在 Kaggle 平台进行评测
result = getresult(mymodel, target)
writedata(idi, result, ' submission1.csv')
```

最后在 Kaggle 平台上进行测试。submission1.csv 在 Kaggle 平台上的得分和排名分别如图 18-2 和图 18-3 所示。

图 18-2　Kaggle 平台评测得分

图 18-3　Kaggle 平台评测排名

第 **19** 章

基于VGG19和TensorBoard的图像分类和数据可视化

视频讲解

本章将以经典卷积神经网络 VGG19 作为实践案例,具体介绍 Python 在神经网络方面的应用。具体来说,本章将基于 PyTorch 搭建 VGG19 卷积神经网络模型以实现图像分类,并利用 TensorBoard 对网络结构、训练效果可视化,引领读者进一步了解搭建网络、训练网络、实现数据可视化的全过程。

19.1 背景概念介绍

本节将简要概括卷积神经网络模型的基本概念,并对后续实践过程中涉及的可视化工具与数据集做一定的介绍。

19.1.1 VGG19 模型

VGG19 由牛津的 Visual Geometry Group 组于 2014 年提出,用于证明在一定程度上,增加网络深度将影响网络的性能。网络结构如图 19-1 所示,其特点是采用连续的 3×3 的卷积核代替 AlexNet 中的大卷积核,这可以在保证具有相同感知野的同时提升网络深度,获得更好的训练效果。下面将以该网络为实验案例,指引读者体会深层卷积神经网络在图像分类领域的应用。

19.1.2 TensorBoard

对于初学者而言,网络如同一个黑盒模型,其内部组织、训练过程等细节无法被感知,这为理解网络模型带来了很大的挑战。TensorBoard 是一个神经网络可视化工具库,不仅可以形象地展示网络内部结构,还可以在训练过程中实时展现网络损失值、模型精确度的变化。使用 TensorBoard 可以让使用者更直观地感受网络性能随着网络训练的变化,同时也可以加深使用者对网络模型的理解,提高优化模型的效率。

ConvNet Configuration					
A	A-LRN	B	C	D	E
11 weight layers	11 weight layers	13 weight layers	16 weight layers	16 weight layers	19 weight layers
input (224 × 224 RGB image)					
conv3-64	conv3-64 **LRN**	conv3-64 **conv3-64**	conv3-64 conv3-64	conv3-64 conv3-64	conv3-64 conv3-64
maxpool					
conv3-128	conv3-128	conv3-128 **conv3-128**	conv3-128 conv3-128	conv3-128 conv3-128	conv3-128 conv3-128
maxpool					
conv3-256 conv3-256	conv3-256 conv3-256	conv3-256 conv3-256	conv3-256 conv3-256 **conv1-256**	conv3-256 conv3-256 **conv3-256**	conv3-256 conv3-256 **conv3-256**
maxpool					
conv3-512 conv3-512	conv3-512 conv3-512	conv3-512 conv3-512	conv3-512 conv3-512 **conv1-512**	conv3-512 conv3-512 **conv3-512**	conv3-512 conv3-512 **conv3-512**
maxpool					
conv3-512 conv3-512	conv3-512 conv3-512	conv3-512 conv3-512	conv3-512 conv3-512 **conv1-512**	conv3-512 conv3-512 **conv3-512**	conv3-512 conv3-512 **conv3-512**
maxpool					
FC-4096					
FC-4096					
FC-1000					
soft-max					

图 19-1　VGG19 网络结构

19.1.3　CIFAR-10 数据集

CIFAR-10 是由 Alex Krizhevsky 等人整理的用于识别普适物体的小型数据集,共包含 10 个类别,具体为飞机(airplane)、汽车(automobile)、鸟(bird)、猫(cat)、鹿(deer)、狗(dog)、蛙(frog)、马(horse)、船(ship)和卡车(truck),有 50 000 张训练图像与 10 000 测试图像。其中,图像数据为三通道 RGB 彩色图像,尺寸为 32×32。

本案例的目标是基于上述数据集训练网络模型,并通过网络模型在测试集上的表现,评估网络训练效果。

19.2　网络搭建与 TensorBoard 可视化实战

本节将结合具体代码,引导读者搭建 VGG19 图像分类网络,并进行网络的训练与可视化,最后对训练所得网络的性能做简单评价。

19.2.1　网络搭建

首先,根据图 19-1 搭建出网络的基本结构,具体代码如下所示。

```
DEVICE = torch.device("cuda" if torch.cuda.is_available() else "cpu")
BATCH_SIZE = 64
EPOCH_NUM = 15
writer = SummaryWriter('vgg19_experiment')
train_list = []
```

```python
valid_list = [ ]
train_loss_list = [ ]
valid_loss_list = [ ]

class VGG19(nn.Module):
    def __init__(self):
        super(VGG19, self).__init__()
        self.features = nn.Sequential(
            nn.Conv2d(in_channels = 3, out_channels = 64, kernel_size = (3, 3), stride =
(1, 1), padding = 1),
            nn.BatchNorm2d(num_features = 64),
            nn.ReLU(),
            nn.Conv2d(in_channels = 64, out_channels = 64, kernel_size = (3, 3), stride =
(1, 1), padding = 1),
            nn.BatchNorm2d(num_features = 64),
            nn.ReLU(),
            nn.MaxPool2d(kernel_size = (2, 2), stride = (2, 2)),
            nn.Conv2d(in_channels = 64, out_channels = 128, kernel_size = (3, 3), stride =
(1, 1), padding = 1),
            nn.BatchNorm2d(num_features = 128),
            nn.ReLU(),
            nn.Conv2d(in_channels = 128, out_channels = 128, kernel_size = (3, 3), stride =
(1, 1), padding = 1),
            nn.BatchNorm2d(num_features = 128),
            nn.ReLU(),
            nn.MaxPool2d(kernel_size = (2, 2), stride = (2, 2)),
            nn.Conv2d(in_channels = 128, out_channels = 256, kernel_size = (3, 3), stride =
(1, 1), padding = 1),
            nn.BatchNorm2d(num_features = 256),
            nn.ReLU(),
            nn.Conv2d(in_channels = 256, out_channels = 256, kernel_size = (3, 3), stride =
(1, 1), padding = 1),
            nn.BatchNorm2d(num_features = 256),
            nn.ReLU(),
            nn.Conv2d(in_channels = 256, out_channels = 256, kernel_size = (3, 3), stride =
(1, 1), padding = 1),
            nn.BatchNorm2d(num_features = 256),
            nn.ReLU(),
            nn.Conv2d(in_channels = 256, out_channels = 256, kernel_size = (3, 3), stride =
(1, 1), padding = 1),
            nn.BatchNorm2d(num_features = 256),
            nn.ReLU(),
            nn.MaxPool2d(kernel_size = (2, 2), stride = (2, 2)),
            nn.Conv2d(in_channels = 256, out_channels = 512, kernel_size = (3, 3), stride =
(1, 1), padding = 1),
            nn.BatchNorm2d(num_features = 512),
            nn.ReLU(),
```

```
            nn.Conv2d(in_channels = 512, out_channels = 512, kernel_size = (3, 3), stride =
(1, 1), padding = 1),
            nn.BatchNorm2d(num_features = 512),
            nn.ReLU(),
            nn.Conv2d(in_channels = 512, out_channels = 512, kernel_size = (3, 3), stride =
(1, 1), padding = 1),
            nn.BatchNorm2d(num_features = 512),
            nn.ReLU(),
            nn.Conv2d(in_channels = 512, out_channels = 512, kernel_size = (3, 3), stride =
(1, 1), padding = 1),
            nn.BatchNorm2d(num_features = 512),
            nn.ReLU(),
            nn.MaxPool2d(kernel_size = (2, 2), stride = (2, 2)),
            nn.Conv2d(in_channels = 512, out_channels = 512, kernel_size = (3, 3), stride =
(1, 1), padding = 1),
            nn.BatchNorm2d(num_features = 512),
            nn.ReLU(),
            nn.Conv2d(in_channels = 512, out_channels = 512, kernel_size = (3, 3), stride =
(1, 1), padding = 1),
            nn.BatchNorm2d(num_features = 512),
            nn.ReLU(),
            nn.Conv2d(in_channels = 512, out_channels = 512, kernel_size = (3, 3), stride =
(1, 1), padding = 1),
            nn.BatchNorm2d(num_features = 512),
            nn.ReLU(),
            nn.Conv2d(in_channels = 512, out_channels = 512, kernel_size = (3, 3), stride =
(1, 1), padding = 1),
            nn.BatchNorm2d(num_features = 512),
            nn.ReLU(),
            nn.MaxPool2d(kernel_size = (2, 2), stride = (2, 2)),
        )

        self.classifier = nn.Sequential(
            # 17
            nn.Linear(512, 4096),
            nn.ReLU(),
            nn.Dropout(),
            # 18
            nn.Linear(4096, 4096),
            nn.ReLU(),
            nn.Dropout(),
            # 19
            nn.Linear(4096, 10),
        )

    def forward(self, x):
        out = self.features(x)
        logits = self.classifier(out.view( - 1, 512 * 1 * 1))
        probas = torch.nn.functional.softmax(logits, dim = 1)
        return logits, probas
```

以上代码定义了 VGG19 类，主要由 init() 方法与 forward() 方法构成。init() 方法定义了网络各层结构与参数，用于初始化网络对象。尽管此处的代码较长，但基本思路并不复杂。根据网络结构调用相关函数，此处涉及了卷积层、池化层、全连接层等。从第 17 层开始，封装了一个分类器，将网络输出的高维参数映射到 10 个具体的分类类别上，以实现图像分类的效果。在 forward() 函数中，将前 16 层与最后的分类器连接起来，并定义了输出节点的激活方式。

19.2.2　准备数据并构建网络实例

接着，可以根据 VGG19 类新建一个 VGG 网络实例，具体实现代码如下所示。

```python
DEVICE = torch.device("cuda" if torch.cuda.is_available() else "cpu")
BATCH_SIZE = 64
EPOCH_NUM = 15
vgg = VGG19()
vgg = vgg.to(DEVICE)
optimizer = torch.optim.Adam(vgg.parameters(), lr = 0.001)
```

首先定义了运行训练网络的设备，调用 torch.cuda.is_available() 函数可以自动检测当前环境是否装有 CUDA，若没有，则会切换到 CPU 训练模式。接着，定义批大小 BATCH_SIZE 为 64，训练轮数 EPOCH_NUM 为 15。然后新建一个网络实例，并选择 Adam 算法作为网络优化器，初始学习率为 0.001。

随后，准备数据的加载，代码如下所示。

```python
train_dataset = datasets.CIFAR10(root = 'datasets', train = True,
transform = torchvision.transforms.ToTensor(),
                        download = True)
train_data_loader = Dataloader(train_dataset, batch_size = BATCH_SIZE)
test_dataset = datasets.CIFAR10(root = 'datasets', train = False,
transform = torchvision.transforms.ToTensor())
test_data_loader = Dataloader(test_dataset, batch_size = BATCH_SIZE)
```

不仅指定了测试数据与验证数据的读取方式，还定义了两个数据加载器。主要目的是实现一个自动的数据迭代器，每轮自动地将 BATCH_SIZE 个样本与标签放入训练网络中。

19.2.3　TensorBoard 训练过程可视化

本节将介绍利用 TensorBoard 更直观地观察输入数据、网络结构与训练过程的方法，并根据验证集评价网络的训练效果。

首先，利用 TensorBoard 查看 CIFAR-10 数据集的具体内容，代码如下所示。

```
writer = SummaryWriter('vgg19_experiment')
# 预览输入图像
data_iter = iter(train_data_loader)
images, labels = next(data_iter)
img_grid = torchvision.utils.make_grid(images)
writer.add_image('preview_some_pictures', img_grid)
```

需要指定 TensorBoard 数据存放位置，随机获取多张原始图像，然后拼接成一张图像，并将这张图像写入指定的数据存放处。最后，需要在命令行执行如下命令：

```
tensorboard -- logdir fit_logs
```

这样便可启动 TensorBoard。可以查看刚刚拼接的原始数据预览图像，可视化效果如图 19-2 所示。

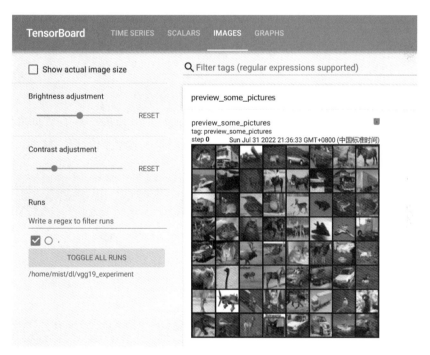

图 19-2　TensorBoard 输入数据可视化

除了原始数据的可视化外，TensorBoard 也可以对网络结构进行可视化，这可以帮助编写者更好地了解网络结构并进行更为高效的修改与优化，代码如下所示。

```
images = images.cuda()
writer.add_graph(vgg, images)
```

首先调整输入数据的格式，然后将前面构建的 VGG19 网络实例与选取的 BATCH_

SIZE 个数据输入 TensorBoard 对应的方法中，运行后可以得到如图 19-3 所示的分层折叠的网络结构。

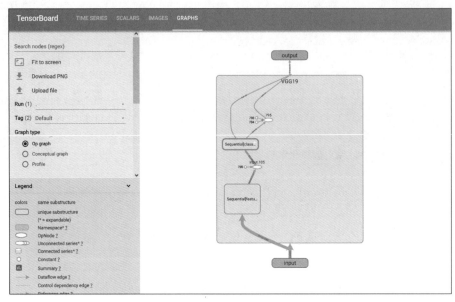

图 19-3　TensorBoard 网络结构可视化

可以看到，由于在 VGG19 类中定义网络结构时，将 19 层网络分为了两部分，并将后三层封装为分类器，因此此处的网络结构也分为两部分，与代码对应。将两部分分别展开，可以看到各自的具体网络结构如图 19-4 所示。

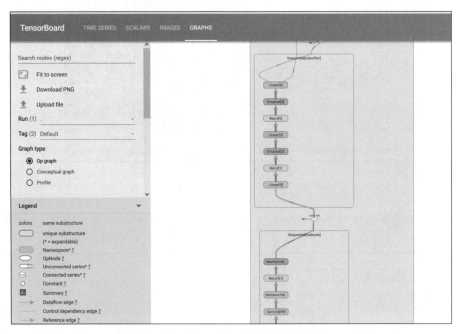

图 19-4　TensorBoard 网络结构细节

在对网络内部结构可视化后，需要进行网络的训练。首先需要定义评估每轮训练效果的损失评估函数，具体实现代码如下所示。

```
def eval(model, dataloader):
    correct_pred, num_examples = 0, 0
    cross_entropy = 0.
    for i, (features, targets) in enumerate(dataloader):
        features = features.to(DEVICE)
        targets = targets.to(DEVICE)
        logits, probas = model(features)
        # 交叉熵损失函数
        cross_entropy += torch.nn.functional.cross_entropy(logits, targets).item()
        _, predicted_labels = torch.max(probas, 1)
        num_examples += targets.size(0)
        correct_pred += (predicted_labels == targets).sum()
    return correct_pred.float() / num_examples * 100, cross_entropy / num_examples
```

该函数的主要功能是对 dataloader 传入的一组图像计算预测值与真实值之间的差，并计算这组图像中预测正确的图像个数，最后返回正确率与该轮的平均损失。

接着，开始进行网络的训练，具体实现代码如下所示。

```
start_time = time.time()
k = 0
running_cost = 0
for epoch in range(EPOCH_NUM):
    vgg.train()
running_cost = 0
    for batch_idx, (features, targets) in enumerate(train_data_loader):

        features = features.to(DEVICE)
        targets = targets.to(DEVICE)

        logits, probas = vgg(features)
        cost = torch.nn.functional.cross_entropy(logits, targets)
        running_cost += cost
        optimizer.zero_grad()

        cost.backward()

        optimizer.step()

        if not batch_idx % 300:
            if batch_idx == 0:
                writer.add_scalar('training_loss', running_cost, k)
            else:
                writer.add_scalar('training_loss', running_cost / 300, k)
```

```
        k += 1
        running_cost = 0
        print(
            f'Epoch: {epoch + 1:03d}/{EPOCH_NUM:03d} Batch: {batch_idx:03d}/{len
(train_data_loader):03d} Loss: {cost:.4f}')

    vgg.eval()
    i = 0
    with torch.set_grad_enabled(False):
        train_acc, train_loss = eval(vgg, train_data_loader)
        valid_acc, valid_loss = eval(vgg, test_data_loader)
        train_list.append(train_acc)
        valid_list.append(valid_acc)
        train_loss_list.append(train_loss)
        valid_loss_list.append(valid_loss)
        i += 1
        print(
            f'Epoch: {epoch + 1:03d}/{EPOCH_NUM:03d} Train Accuracy: {train_acc:.2f}% |
Validation Accuracy: {valid_acc:.2f}%')

    elapsed = (time.time() - start_time) / 60

elapsed = (time.time() - start_time) / 60
```

在训练过程中，调用 time() 函数记录开始训练与结束训练的时间，以计算每轮训练花费的总时间。训练过程总共进行了 15 次 epoch 迭代。每次迭代中，对于每一张图像，计算本轮网络生成的预测值与实际标签值的误差，以 Adam 优化算法反向传播更新网络参数。同时，每 300 个 batch 记录一次损失值到 TensorBoard。需要注意的是，TensorBoard 每 30s 更新一次图像，因此在网络训练过程中，可以实时查看网络损失值的变化，以观察整个网络的实时训练效果，如图 19-5 所示。

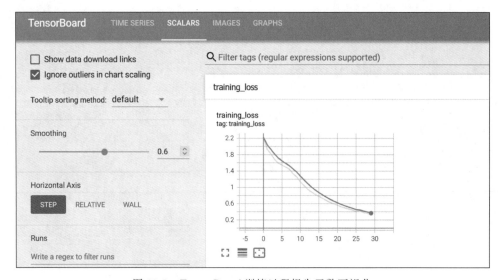

图 19-5   TensorBoard 训练过程损失函数可视化

同时,在每轮训练结束后,载入验证集,利用前文编写的 eval()评估方法查看本轮训练的网络在验证集上的表现效果,最后将该轮训练所花时间、在训练集上的准确率与在测试集上的准确率打印到标准输出,如图 19-6 所示。

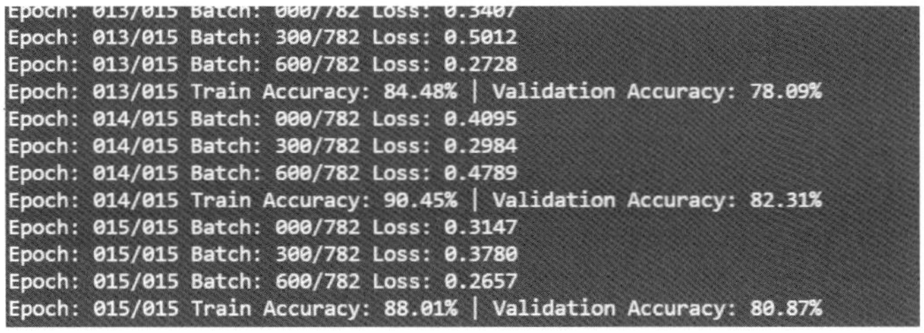

```
Epoch: 013/015 Batch: 000/782 Loss: 0.3407
Epoch: 013/015 Batch: 300/782 Loss: 0.5012
Epoch: 013/015 Batch: 600/782 Loss: 0.2728
Epoch: 013/015 Train Accuracy: 84.48% | Validation Accuracy: 78.09%
Epoch: 014/015 Batch: 000/782 Loss: 0.4095
Epoch: 014/015 Batch: 300/782 Loss: 0.2984
Epoch: 014/015 Batch: 600/782 Loss: 0.4789
Epoch: 014/015 Train Accuracy: 90.45% | Validation Accuracy: 82.31%
Epoch: 015/015 Batch: 000/782 Loss: 0.3147
Epoch: 015/015 Batch: 300/782 Loss: 0.3780
Epoch: 015/015 Batch: 600/782 Loss: 0.2657
Epoch: 015/015 Train Accuracy: 88.01% | Validation Accuracy: 80.87%
```

图 19-6 训练网络在训练集与验证集上的分类效果

可以看到,经过 15 轮训练后,在训练集与测试集上分别可以达到 88.01% 与 80.87% 准确率的分类效果。

第 20 章

基于Elasticsearch实现附近小区信息搜索

视频讲解

随着智能手机的普及,人们可以很方便地获取自己所处的准确位置,这为很多基于位置数据的应用场景提供了技术实现上的便利条件,而这种基于位置的搜索场景也越来越广泛。本章将讨论如何基于位置数据实现附近小区信息的搜索功能。基于地理位置信息的搜索实现方式相对较多,本章主要是基于开源全文搜索引擎 Elasticsearch 进行实现,从而介绍 Elasticsearch 在地理位置信息方面的功能及 Python 语言调用 Elasticsearch 的方法。

20.1 Elasticsearch 的简介与安装

20.1.1 Elasticsearch 的简介

Elasticsearch 是目前全文搜索引擎的首选。它可以快速地存储、搜索和分析海量数据。维基百科、Stack Overflow、GitHub 都采用该引擎实现搜索功能。在地理位置信息方面,Elasticsearch 将地理坐标作为单独的数据类型,并做了比较丰富的支持。

Elasticsearch 是一个建立在 Apache Lucene 之上的高度可用的分布式开源搜索引擎。它基于 Java 构建,因此可用于多种平台。数据以 JSON 格式非结构化存储,这也使其成为一种 NoSQL 数据库。Lucene 可能是目前存在的,不论开源还是私有的,拥有最先进、高性能和全功能搜索引擎功能的库,但它也只是一个库。要使用 Lucene,需要编写 Java 并引用 Lucene 包,而且需要对信息检索有一定程度的理解。为了解决这个问题,Elasticsearch 诞生了。Elasticsearch 内部使用 Lucene 做索引与搜索,其目标是使全文检索变得简单。它提供了一套简单一致的 RESTful API 帮助实现存储和检索。这套 RESTful API 为其他语言的对接提供了便利。

Elasticsearch 有以下 4 个核心概念,理解这些概念会对整个学习过程有莫大的帮助。

(1) 节点(node)与集群(cluster)。Elasticsearch 本质上是一个分布式数据库,允许多台服务器协同工作,每台服务器可以运行多个 Elasticsearch 实例。单个 Elasticsearch 实例称为一个 node。一组 node 构成一个 cluster。

（2）索引（index）。Elasticsearch 会索引所有字段,经过处理后写入一个倒排索引（inverted index）。查找数据时,直接查找该索引。所以,Elasticsearch 数据管理的顶层单位就叫作 index。它是单个数据库的同义词。每个 index（即数据库）的名字必须是小写。

（3）文档（document）。index 里面的单条记录称为 document。许多条 document 构成了一个 index。document 使用 JSON 格式表示,同一个 index 里面的 document 不要求有相同的结构（scheme）,但是最好的保持相同,这样有利于提高搜索效率。

（4）类型（type）。document 可以分组,如在 weather 这个 index 里,可以按城市分组（北京和上海）,也可以按气候分组（晴天和雨天）。这种分组就叫作 type,它是虚拟的逻辑分组,用来过滤 document。不同的 type 应该有相似的结构（schema）,例如 id 字段不能在这个组是字符串,在另一个组是数值,这是与关系型数据库的表的一个区别。性质完全不同的数据（如 products 和 logs）应该存成两个 index,而不是一个 index 里面的两个 type（虽然可以做到）。

为了更好地理解 Elasticsearch,可以将 Elasticsearch 和传统的关系数据库 MySQL 中的一些概念做类比:Elasticsearch 中的 index 类似于 MySQL 数据库中的数据库,type 等同于 MySQL 中的表,document 类似于 MySQL 中的行,字段（field）相当于 MySQL 中的列。Elasticsearch 集群可以包含多个 index,每一个 index 库中可以包含多个 type,每一个 type 包含多个 document,每个 document 包含多个 field。

20.1.2　Elasticsearch 的安装

Elasticsearch 需要 Java 运行时环境,安装过程中注意要保证环境变量 JAVA_HOME 的正确设置。可以从 Elasticsearch 的官网上下载最新的版本,如图 20-1 所示。

Elasticsearch 官网提供了不同操作系统的版本,包括 Windows、macOS、Linux 等,同时支持 Docker 容器安装。为了简化安装步骤,本案例选择使用 Windows 版本。下载后获得一个 zip 压缩包,文件名类似 elasticsearch-x. x. x-windows-x86_64. zip（x. x. x 代表版本号,本案例使用的为 8.3.2 版本）。解压后双击 bin 目录下的 elasticsearch. bat 即可启动 Elasticsearch 服务。初次启动时,可以在弹出的命令行窗口的输出

图 20-1　Elasticsearch 官网
下载安装包

日志中看到默认的用户名和密码,如图 20-2 的长方形框部分所示。

接下来,在浏览器地址栏中输入 https://localhost:9200/,按 Enter 键后浏览器会弹出登录窗口。输入用户名 elastic 和密码 S6PinJGNt5cgVE＝4XfNB 登录即可,具体如图 20-3 所示。

【提示】　Elasticsearch 有两个默认端口:9200 号端口用于外部通信,它基于 HTTP

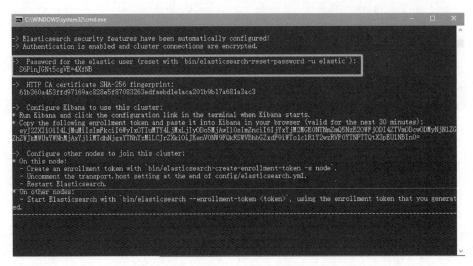

图 20-2　Elasticsearch 初次启动日志

图 20-3　使用用户名和密码登录 Elasticsearch

协议，程序与 Elasticsearch 的通信使用端口；9300 号端口用于 Elasticsearch 内部通信，遵循 TCP 协议，jar 之间就是通过 TCP 协议通信的，Elasticsearch 集群中的节点之间也通过 9300 号端口进行通信。

如果服务运行正常，可以看到 Elasticsearch 返回的节点信息，如图 20-4 所示。从中可以看到，浏览器的地址栏中提示 HTTPS 是不安全的，这是因为没有 CA 机构认证的 SSL 证书。为了方便测试，可以关闭 HTTPS 而使用 HTTP，同时也去除用户名和密码的验证。具体操作是：首先修改 config/elasticsearch.yml 配置文件中的 xpack.security.enabled 为 false，然后重启 Elasticsearch 服务，这样就完成了 Elasticsearch 的下载、安装、启动和配置修改。

接下来可以使用 Elasticsearch 提供的接口进行操作，如果要使用 Python 语言，则需要在安装了 Python 环境的基础上安装 Python Elasticsearch Client 包。该 Python 包是 Elasticsearch 的官方底层客户端实现，其目标是为 Python 中所有与 Elasticsearch 相关的代码提供公共基础，安装命令如下：

```
python - m pip install elasticsearch
```

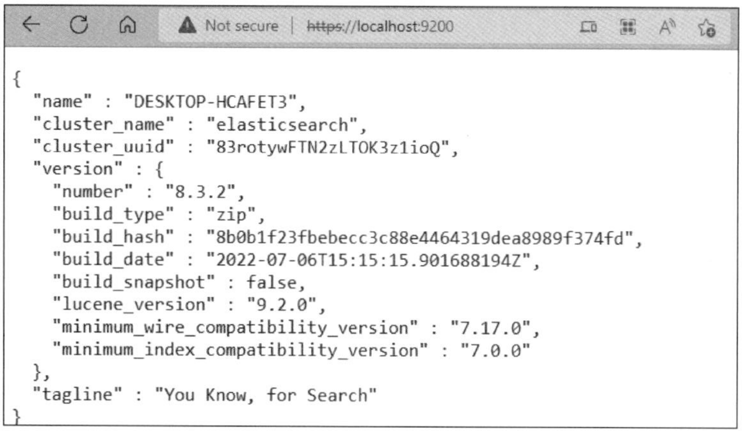


```
{
  "name" : "DESKTOP-HCAFET3",
  "cluster_name" : "elasticsearch",
  "cluster_uuid" : "83rotywFTN2zLTOK3z1ioQ",
  "version" : {
    "number" : "8.3.2",
    "build_type" : "zip",
    "build_hash" : "8b0b1f23fbebecc3c88e4464319dea8989f374fd",
    "build_date" : "2022-07-06T15:15:15.901688194Z",
    "build_snapshot" : false,
    "lucene_version" : "9.2.0",
    "minimum_wire_compatibility_version" : "7.17.0",
    "minimum_index_compatibility_version" : "7.0.0"
  },
  "tagline" : "You Know, for Search"
}
```

图 20-4 Elasticsearch 登录成功返回的节点信息

需要注意的是，不同的版本对应的 API 可能会有变化，具体的 API 可以查看 Python Elasticsearch Client 官网。本案例采用的是 8.3.1 版本。安装完成后就要准备数据，并基于这些数据探索如何使用 Elasticsearch。

20.2 数据准备

通过爬虫可以获取到一些二手房数据，属性包含小区名称、地理位置信息、房价等，下面学习如何从链家官网上爬取这些数据。

20.2.1 网页分析与信息提取

通过链家官网找到沈阳二手房对应的页面，该页面包括了在售二手房、成交二手房、小区等信息。通过浏览网页，可以找到所需数据的入口 URL 是 https://sy.lianjia.com/ershoufang/pg1/。接下来就可以使用浏览器的开发者模式初步分析页面内容，如图 20-5 所示。

通过分析，发现可以使用 houseInfo、priceInfo 和 followInfo 这 3 个 class 名称的值定义房屋基本信息、价格和关注度这 3 个维度的数据。然后可以使用 HTML 解析工具进一步分析，这里选取的是 Beautiful Soup 工具(简称 bs4)，用其 find_all()方法可以提取到需要的数据，如 soup.find_all('div',class_='priceInfo')。

然后，可以发现这个页面是有翻页功能的，并不是以类似于新闻瀑布流的方式进行展示，所以使用一些方法获取不同页的数据。常见获取翻页数据的方法有：

(1) 从 URL 中找页码。

(2) 通过模拟带有页码的接口获取不同页的数据。

(3) 模拟手动点击去完成翻页并获取下一页的数据。

由于不同的网站的实现方式不同，所以要采用的方法也不同。通过点击按钮进行翻页可以发现，页面的 URL 随着页码的变化而变化，URL 中的 pg 后的数字表示当前在第几页，所以需要设置一个列表循环访问。

图 20-5 链家官网页面及 HTML 标签特征

接下来，就可以通过 Requests 库实现网页数据的下载。需要注意的是，为了尽可能模拟真实请求，在 HTTP 请求的 Header 中添加了 User-Agent 信息。由于爬虫程序规模不大，被网站封禁的可能性很低，因此可以只写了一个固定的 User-Agent。具体的代码实现如下所示。

```python
url = 'https://sy. lianjia.com/ershoufang/pg'
header = {'User - Agent':'Mozilla/5.0 (Windows NT 6.1; Win64; x64)
AppleWebKit/537.36 (KHTML, like Gecko) Chrome/68.0.3440.106 Safari/537.36'}
                                                    #请求头,模拟浏览器登录
page = list(range(0,101,1))
p = [ ]
hi = [ ]
fi = [ ]
for i in page:                                      #循环访问链家的网页
    response = requests. get(url + str(i), headers = header)
    soup = BeautifulSoup(response. text)
    #提取价格
    prices = soup. find_all('div', class_ = 'priceInfo')
    for price in prices:
        p. append(price. span. string)

    #提取房源信息
    hs = soup. find_all('div', class_ = 'houseInfo')
    for h in hs:
            hi. append(h. get_text())

    #提取关注度
    followInfo = soup. find_all('div', class_ = 'followInfo')
    for f in followInfo:
        fi. append(f. get_text())
    print(i)
```

20.2.2　获取经纬度

通过上述方法,可以获取到大部分的所需信息,但是并没有获取到房源经纬度。本案例通过地图厂商提供的 API 来获取经纬度信息,这里以百度地图提供的方法为例。首先,需要在百度地图开放平台中注册账号,并申请成为百度开发者,然后获取服务密钥 ak。一般情况下,地图开放平台都提供了一些免费次数,足够供学习使用。由于网站经常变化,具体的注册账号和获取服务密钥的方法请自行参考百度地图开放平台。

获取到密钥之后,就可以使用百度地图开放平台提供的 API 获取经纬度了。具体的 API 的 URL、参数等可参阅百度地图开放平台的开发文档。本案例使用的 API 的 URL 为 http://api.map.baidu.com/geocoder/v2/?address=北京市海淀区上地十街 10 号 &output= json&ak=您的 ak&callback=showLocation。该 API 常用的参数说明如下:

(1) address:待解析的地址,最多支持 84 字节。可以输入以下两种样式的值,分别是:

- 标准的结构化地址信息,如北京市海淀区上地十街 10 号。
- "某路与某路交叉口"的描述方式,如北一环路和阜阳路的交叉口。这种方式并不总是有返回结果,只有当地址库中存在该地址描述时才有返回结果。

(2) city:地址所在的城市名,用于指定上述地址所在的城市。当多个城市都有上述地址时,该参数起过滤作用,但不限制坐标召回城市。

(3) output:输出格式为 json 或者 xml。

(4) ak:用户申请注册的密钥,自 v2 开始,参数修改为 ak,之前版本参数为 key。

返回结果的字段说明如下:

(1) status:返回结果状态值,成功返回 0,其余状态可以查看官方文档。

(2) location:经纬度坐标,lat 为纬度值,lng 为经度值。

接下来,通过该 API 获取房源的经纬度信息,详细代码如下所示。

```python
def getlocation(name):#调用百度 API 查询位置
    bdurl = 'http://api.map.baidu.com/geocoder/v2/?address = '
    output = 'json'
    ak = '你的密钥'                              #输入申请的密钥
    ak = 'VMfQrafP4qa4VFgPsbm4SwBCoigg6ESN'    #输入申请的密钥
    callback = 'showLocation'
    uri = bdurl + name + '&output = t' + output + '&ak = ' + ak + '&callback = ' + callback + '&city =沈阳'
    print (uri)
    res = requests.get(uri)
    s = BeautifulSoup(res.text)
    lng = s.find('lng')
    lat = s.find('lat')
    if lng:
        return lng.get_text() + ',' + lat.get_text()


n = 0
```

```
num = len(p)

file = open('syfj.csv', 'w', newline = '')
headers = ['name', 'loc', 'style', 'size', 'price', 'foc']
writers = csv.DictWriter(file, headers)
writers.writeheader()
while n < num:                                    #循环将信息存放进列表
    h0 = hi[n].split('|')
    name = h0[0]
    loc = getlocation(name)
    style = re.findall(r'\s\d.\d.\s', hi[n])      #用正则表达式提取户型
    if style:
        style = style[0]
    size = re.findall(r'\s\d + \.?\d + ', hi[n])   #用正则表达式提取房子面积
    if size:
        size = size[0]
    price = p[n]
    foc = re.findall(r'^\d + ', fi[n])[0]          #用正则表达式提取房子的关注度
    house = {
        'name': '',
        'loc': '',
        'style': '',
        'size': '',
        'price': '',
        'foc': ''
    }
    #将房子的信息放进一个 dict 中
    house['name'] = name
    house['loc'] = loc
    house['style'] = style
    house['size'] = size
    house['price'] = price
    house['foc'] = foc
    try:
        writers.writerow(house)                    #将 dict 写入 CSV 文件中
    except Exception as e:
        print (e)
        #继续
    n += 1
    print(n)
file.close()
```

由于链家网站限制未登录用户查看的页数为 100 页，因此将爬虫中的页数限制为

100。运行脚本,如果触发了目标网站的反爬虫策略,可以尝试将时间间隔设置得长一点。待爬取完成之后,在项目文件夹下可以看到输出文件 syfj.csv,部分样例见图 20-6。

	A	B	C	D	E	F
1	name	loc	style	size	price	foc
2	御泉华庭	123.469293676, 41.8217831815	4室2厅	188	235	131
3	雍熙金园	123.514657521, 41.7559905968	3室1厅	114.45	105	37
4	金地檀溪		3室2厅	123.97	168	76
5	格林生活坊一期	123.399860338, 41.7523981056	3室1厅	136.56	212	4
6	格林生活坊三期	123.403824342, 41.7530579154	3室2厅	119.94	208	12
7	沿海赛洛城	123.466932152, 41.7359842248	1室0厅	53.73	44.5	170
8	河畔花园	123.44647624, 41.7626893176	2室1厅	119.46	95	92
9	格林英郡	123.398062037, 41.7313954715	2室2厅	72.8	76	63
10	锦绣江南	123.467625065, 41.7721605513	2室1厅	74	58	108
11	越秀星汇蓝海	123.392916381, 41.7443826647	2室1厅	78.49	123	5
12	沿海赛洛城	123.466932152, 41.7359842248	1室1厅	65.29	61.5	55
13	万科鹿特丹	123.40598605, 41.735764965	2室1厅	91.99	148	14
14	第一城组团	123.353059079, 41.8133700476	1室1厅	54.85	60	17
15	金地国际花园	123.492244161, 41.7499846845	2室1厅	97.43	115	318
16	阳光尚城4.1期	123.404506578, 41.8694649859	2室2厅	98.26	81	166
17	第一城组团	123.353059079, 41.8133700476	3室1厅	98.59	94	97
18	格林生活坊三期	123.403824342, 41.7530579154	3室1厅	109.67	178	4
19	万科城二期	123.398145174, 41.7557053445	3室1厅	127.25	190	8
20	新世界花园朗怡居	123.427037331, 41.7630801404	4室2厅	160.26	260	20
21	SR国际新城	123.458870231, 41.738396671	2室1厅	91.08	83	23
22	锦绣江南	123.467625065, 41.7721605513	4室2厅	162.46	105	63
23	首创国际城	123.45412981, 41.7393217732	4室2厅	186.22	200	5
24	第五大道花园	123.469323482, 41.7747212688	3室2厅	134.86	140	22
25	华茂中心	123.470507089, 41.6942226532	1室1厅	42.6	42.5	11

图 20-6　部分数据展示

20.2.3　数据格式转换

使用之前,需要将数据转为 Elasticsearch 要求的格式。Elasticsearch 提供了两种表示地理位置的格式:一种是用纬度-经度表示的坐标点,使用 geo_point 字段类型;另一种是以 GeoJSON 格式定义的复杂地理形状,使用 geo_shape 字段类型。本章选择使用 geo_point 格式。Elasticsearch 支持三种 geo_point 字段类型的写法。如图 20-7 所示,location 字段可以是字符串形式,并以半角逗号分隔,如"lat,lon";可以是对象形式,显式命名为 lat 和 lon;也可以是数组形式,表示为 [lon,lat]。

```
#写法一
{
    "name":     "御泉华庭",
    "location": "41.8217831815, 123.469293676"
}

#写法二
{
    "name":     "御泉华庭",
    "location": {
        "lat":    41.8217831815,
        "lon":    123.469293676
    }
}

#写法三
{
    "name":     "Mini Munchies Pizza",
    "location": [123.469293676, 41.8217831815 ]
}
```

图 20-7　geo_point 的不同表示方式

接下来,就可以通过脚本将 CSV 文件中的数据转换成 Elasticsearch 需要的地理位置数据格式。具体实现代码如下所示。

```
#  - * - coding: utf - 8 - * -

import csv, json

reader = csv. reader(open('syfj.csv'))

for row in reader:
    name = row[0]
    loc = row[1]
    style = row[2]
    size = row[3]
    price = row[4]
    count = row[5]
    sloc = loc. split(',')
    lng = ''
    lat = ''
    if len(sloc) == 2:                          # 第一行是列名,需要做判断
        lng = sloc[0]                           # 进度
        lat = sloc[1]                           # 维度
        out = '{\"lng\":' + lng + ',\"lat\":' + lat + ',\"count\":' + count + ',\"name\":\"' +
name + '\",\"style\":\"' + style + '\",\"size\":' + size + ',\"price\":' + price + ',\"geo\":\"'
' + lat + ',' + lng + '\"},'
        print(out)
```

输出结果如图 20-8 所示。

```
{"lng":123.469293676,"lat":41.8217831815,"count":141,"name":"御泉华庭    ","style":" 4室2厅
","size": 188,"price":235,"geo":"41.8217831815,123.469293676"},
{"lng":123.514657521,"lat":41.7559905968,"count":37,"name":"雍熙金园    ","style":" 3室1厅
","size": 114.45,"price":105,"geo":"41.7559905968,123.514657521"},
{"lng":123.399860338,"lat":41.7523981056,"count":4,"name":"格林生活坊一期    ","style":" 3室2厅
","size": 146.56,"price":212,"geo":"41.7523981056,123.399860338"},
```

图 20-8　格式转换输出结果

20.3　Python 实现 Elasticsearch 基础操作

　　Elasticsearch 实际上提供了一系列 Restful API 进行存取和查询操作,还提供了各种语言对接的 API,如创建索引、删除索引、插入数据、更新数据、删除数据、查询数据等。接下来介绍使用 Python 调用 Elasticsearch 的相关方法。

20.3.1　创建索引和插入数据

　　下面创建一个索引,并向其中插入数据。这里创建一个名为 lianjia 的索引,然后插入两组数据,第一组数据是指定 id 的一条数据,第二组数据为没有指定 id 的多条数据,具体代码如下所示。

```python
from elasticsearch import Elasticsearch

obj = Elasticsearch(hosts = "http://localhost:9200")

mymapping = {
    "mappings": {
            "properties": {
                "geo": {
                    "type": "geo_point"
                }
            }
    }
}

res = obj.indices.create(index = 'lianjia', body = mymapping)
data = {"lng":123.469293676,"lat":41.8217831815,"count":141,"name":"御泉华庭 ",
"style":"4室2厅 ","size":188,"geo":"41.8217831815,123.469293676"}

datas = [{"lng":123.440210001,"lat":41.742724056,"count":0,"name":"浦江御景湾 ",
"style":"3室2厅 ","size":120,"price":179,"geo":"41.742724056,123.440210001"},
{"lng":123.390728305,"lat":41.7764047064,"count":1,"name":"宏发华城世界碧林一期 ",
"style":"2室1厅 ","size":78.66,"price":59.8,"geo":"41.7764047064,123.390728305"}]

# 插入一条
result = obj.create(index = 'lianjia', id = 1, document = data)
print(result)

# 批量插入
for data in datas:
    result = obj.index(index = 'lianjia', document = data)
    print(result)
```

　　在这段代码中,首先通过 indices.create()函数创建索引。其中,指定了索引名称和数据类型,数据类型在 mypapping 中声明。需要注意的是,text 和 float 这种常用的字段类型不需要显式声明,但是 geo 字段需要显示声明为 geo_point 类型。单独添加一条数据的变量名是 data,指定 id=1,插入的数据就会指定 id,如果不指定 id,就会随机生成一个串。图 20-9 为上述代码的运行结果。可以看到,除了第一条指定 id 的插入,其他的 id 均为随机生成。

　　另外,返回结果是 JSON 格式,其中 result 字段值为 created,表示创建操作执行成功。

{'_index': 'lianjia', '_id': '1', '_version': 1, 'result': 'created', '_shards': {'total': 2, 'successful': 1, 'failed': 0}, '_seq_no': 0, '_primary_term': 1}
{'_index': 'lianjia', '_id': 'bdls6IEB2_SxIHz7Pyac', '_version': 1, 'result': 'created', '_shards': {'total': 2, 'successful': 1, 'failed': 0}, '_seq_no': 1, '_primary_term': 1}
{'_index': 'lianjia', '_id': 'btls6IEB2_SxIHz7PybB', '_version': 1, 'result': 'created', '_shards': {'total': 2, 'successful': 1, 'failed': 0}, '_seq_no': 2, '_primary_term': 1}

图 20-9　创建索引并插入数据运行结果

20.3.2　查询数据和数据类型

成功创建索引并且添加数据之后，可以通过查询接口获取到数据。同时，Elasticsearch提供了查看所有插入数据的数据类型的接口，代码如下所示。

```python
query = {'query': {'match_all': {}}}        # 默认返回10条数据
allDoc = obj.search(index = 'lianjia', body = query)
for hit in allDoc['hits']['hits']:
    print(hit)

map_type = obj.indices.get_mapping()
print(map_type)
map_awlogs_type = obj.indices.get_mapping(index = 'lianjia')
print(map_awlogs_type)
```

通过 indices.get_mapping()可以查看索引的内置映射类型，也就是数据类型。下面是一些常用的 Elasticsearch 的数据类型：

（1）string：
- text：会进行分词，抽取词干，建立倒排索引。
- keyword：是一个普通字符串，只有完全匹配才能搜索到。

（2）数字：long、integer、short、byte、double、float。

（3）日期：date。

（4）bool(布尔)：boolean。

（5）binary(二进制)：binary。

（6）geo(位置信息)类型：geo-point、geo-shape。

本案例中的数据类型查询结果如图 20-10 所示。

{'_index': 'lianjia', '_id': '1', '_score': 1.0, '_source': {'lng': 123.469293676, 'lat': 41.8217831815, 'count': 141, 'name': '御泉华庭', 'style': '4室1厅', 'size': 188, 'geo': '41.8217831815,123.469293676'}}
{'_index': 'lianjia', '_id': 'bdls6IEB2_SxIHz7Pyac', '_score': 1.0, '_source': {'lng': 123.440210001, 'lat': 41.742724056, 'count': 0, 'name': '浦江御景湾', 'style': '3室2厅', 'size': 120, 'price': 179, 'geo': '41.742724056,123.440210001'}}
{'_index': 'lianjia', '_id': 'btls6IEB2_SxIHz7PybB', '_score': 1.0, '_source': {'lng': 123.390728305, 'lat': 41.7764047064, 'count': 1, 'name': '宏发华城世界碧林一期', 'style': '2室1厅', 'size': 78.66, 'price': 59.8, 'geo': '41.7764047064,123.390728305'}}
{'lianjia': {'mappings': {'properties': {'count': {'type': 'long'}, 'geo': {'type': 'geo_point'}, 'lat': {'type': 'float'}, 'lng': {'type': 'float'}, 'name': {'type': 'text', 'fields': {'keyword': {'type': 'keyword', 'ignore_above': 256}}}, 'price': {'type': 'long'}, 'size': {'type': 'long'}, 'style': {'type': 'text', 'fields': {'keyword': {'type': 'keyword', 'ignore_above': 256}}}}}}}
{'lianjia': {'mappings': {'properties': {'count': {'type': 'long'}, 'geo': {'type': 'geo_point'}, 'lat': {'type': 'float'}, 'lng': {'type': 'float'}, 'name': {'type': 'text', 'fields': {'keyword': {'type': 'keyword', 'ignore_above': 256}}}, 'price': {'type': 'long'}, 'size': {'type': 'long'}, 'style': {'type': 'text', 'fields': {'keyword': {'type': 'keyword', 'ignore_above': 256}}}}}}}

图 20-10　展示数据及数据类型

20.3.3 删除相关操作

Elasticsearch 提供了删除索引、类型、指定 id 的文档等删除接口。以下代码展示了如何删除 id 为 1 的文档及删除索引为 lianjia 的索引。

```
# 删除索引一条记录
result = obj.delete(index = 'lianjia', id = 1, ignore = [400, 404])
print(result)
# 删除索引
result = obj.indices.delete(index = 'lianjia', ignore = [400, 404])
print(result)
```

如果使用 indices. delete() 函数，删除成功后，返回结果中的 result 字段为 deleted；如果使用 delete() 函数，删除成功后，返回结果中的 acknowledged 字段为 True。这里需要注意的是，在删除函数中添加了 ignore 参数，忽略了 400 和 404 状态码，因此遇到问题时，程序会正常执行输出 JSON 结果，而不是抛出异常。

20.3.4 检索功能

上面的几个操作都是非常简单的操作，和普通的数据库操作类似。而实际上 Elasticsearch 特殊的地方在于其异常强大的检索功能。Elasticsearch 是基于 Lucene 的，所以其检索功能和 Lucene 类似，主要包括以下 4 种。

（1）单个词查询。

（2）AND：对多个集合求交集。例如，若要查找既包含字符串 Lucene 又包含字符串 Solr 的文档，则查找步骤为，在词典中找到 Lucene，得到 Lucene 对应的文档链表；在词典中找到 Solr，得到 Solr 对应的文档链表；合并链表，对两个文档链表做交集运算，合并后的结果既包含 Lucene 也包含 Solr。

（3）OR：多个集合求并集。例如，若要查找包含字符串 Luence 或者包含字符串 Solr 的文档，则查找步骤为，在词典中找到 Lucene，得到 Lucene 对应的文档链表；在词典中找到 Solr，得到 Solr 对应的文档链表；合并链表，对两个文档链表做并集运算，合并后的结果包含 Lucene 或者包含 Solr。

（4）NOT：对多个集合求差集。例如，若要查找包含字符串 Solr 但不包含字符串 Lucene 的文档，则查找步骤为，在词典中找到 Lucene，得到 Lucene 对应的文档链表；在词典中找到 Solr，得到 Solr 对应的文档链表；合并链表，对两个文档链表作差集运算，用包含 Solr 的文档集减去包含 Lucene 的文档集，运算后的结果包含 Solr 但不包含 Lucene。

由于 Lucene 是以倒排表的形式存储的，所以在 Lucene 的查找过程中只需要在词典中找到这些词，根据词获得文档链表，然后根据具体的查询条件对链表进行交、并、差等操作，就可以准确地查到想要的结果。相对于在关系数据库中的 Like 查找要做全表扫描来说，这种思路是非常高效的。虽然在索引创建时要做很多工作，但这种一次生成、多次使用的思路在很多情况下都有着很好的效果。以下代码展示了 Elasticsearch 的基本文本检索功能。

```
# 查询 name 包含"广场"关键字的数据
query = {
    "query":{
        "multi_match":{
            "query":"广场",
            "fields":["name"]
        }
    }
}

allDoc = obj.search(index = "lianjia", body = query)
for hit in allDoc['hits']['hits']:
    print (hit['_source'])
```

数据检索功能用到了 search()函数,该函数的常用参数如下:

(1) index:索引名。

(2) q:查询指定匹配,使用 Lucene 查询语法。

(3) from_:查询起始点,默认为 0。

(4) doc_type:文档类型。

(5) size:指定查询条数,默认为 10。

(6) field:指定字段,逗号分隔。

(7) bod:使用 Query DSL(domain specific language,领域特定语言)。

(8) scroll:滚动查询。

搜索"广场"关键词的运行结果如图 20-11 所示。可以看到,有两条匹配的结果。如果再加上分词查询,检索出来的结果会有关键词的相关性排序,这也是一个基本的搜索引擎雏形。

```
D:\ProgramData\Anaconda3\python.exe D:/PycharmProjects/LearningSpider/elasticsearch/es_search_name.py
{'lng': 123.436121569, 'lat': 41.7713033584, 'count': 1, 'name': '诚大数码广场 ', 'style': ' 1室1厅 ', 'size': 60, 'price': 50, 'geo': '41.7713033584,123.436121569'}
{'lng': 123.439850707, 'lat': 41.7704189399, 'count': 4, 'name': '昌鑫置地广场 ', 'style': ' 1室1厅 ', 'size': 50, 'price': 30, 'geo': '41.7704189399,123.439850707'}

Process finished with exit code 0
```

图 20-11　运行搜索"广场"关键词的结果

上述例子中,没有对中文进行分词。而在实际使用中,中文的检索通常需要一个分词插件,如 elasticsearch-analysis-ik。

以下代码展示的是 Elasticsearch 的范围查询功能。

```
query = {
    "query":{
        "range":{
            "size":{
                "gte":80,                    # >= 80
```

```
                    "lte":120                    # <= 120
                }
            }
        }
    }
    # 查询 80 <= size <= 120 的所有数据
    allDoc = obj.search(index = "lianjia", body = query)
    for hit in allDoc['hits']['hits']:
        print (hit['_source'])
```

以上代码查询了面积为 80～120 的数据,运行结果如图 20-12 所示。

```
D:\ProgramData\Anaconda3\python.exe D:/PycharmProjects/LearningSpider/elasticsearch/es_search_combine.py
{'lng': 123.440210001, 'lat': 41.742724056, 'count': 0, 'name': '浦江御景湾  ', 'style': '3室2厅 ', 'size': 120, 'price': 179, 'geo': '41.742724056,123.440210001'}
{'lng': 123.403296592, 'lat': 41.9052140811, 'count': 6, 'name': '恒大雅苑  ', 'style': '3室2厅 ', 'size': 116.27, 'price': 90, 'geo': '41.9052140811,123.403296592'}
{'lng': 123.397404527, 'lat': 41.8188897853, 'count': 0, 'name': '沈铁光明佳园 ', 'style': '3室2厅 ', 'size': 87.28, 'price': 72, 'geo': '41.8188897853,123.397404527'}
{'lng': 123.387186151, 'lat': 41.9027282133, 'count': 2, 'name': '保利溪湖林语二期  ', 'style': '2室1厅 ', 'size': 88.26, 'price': 78, 'geo': '41.9027282133,123.387186151'}
{'lng': 123.509419668, 'lat': 41.7578939395, 'count': 91, 'name': '在水一方西园  ', 'style': '3室2厅 ', 'size': 102.87, 'price': 70, 'geo': '41.7578939395,123.509419668'}

Process finished with exit code 0
```

图 20-12 查询房屋面积案例的运行结果

Elasticsearch 还支持非常多的查询方式,详情可以参考官方 API 文档。

20.4 房价地理位置坐标搜索实现

通过 20.3 节的学习,对 Elasticsearch 的一些常用操作已经有了初步的了解。接下来,实现按距离搜索附近的信息,具体实现代码如下所示。

```
from elasticsearch import Elasticsearch

obj = Elasticsearch(hosts = "http://localhost:9200")

# 沈阳诚大数码广场坐标
lat = 41.7714033584
lnt = 123.436121569

query = {
    "post_filter": {
        "geo_distance": {
            "distance": "5km",
            "geo": str(lat) + "," + str(lnt)
        }},
    # 返回距离
    "sort": [
        {
            "_geo_distance": {
                "geo": {
                    "lat": lat,
                    "lon": lnt
                },
                "order": "asc",
```

```
                "unit": "km",
                "mode": "min",
                "distance_type": "plane",
            }}],
    "from": 0,
    "size": 30
}

return_data = []
# 查询指定经纬度附近的小区
allDoc = obj.search(index = "lianjia", body = query)
for hit in allDoc['hits']['hits']:
    distance = hit['sort'][0]
    return_data.append({
        "name": hit["_source"]["name"],
        "style": hit["_source"]['style'],
        "size": hit["_source"]['size'],
        "geo": hit["_source"]['geo'],
        "price": hit["_source"]['price'],
        "distance": round(distance, 2)
    })

for item in return_data:
    print(item)
```

在上述查询的 DSL 中，通过指定 post_filter 过滤器实现检索。其中，geo_distance 用于找出给定距离内的数据，相当于指定圆心和半径，从而找到圆中的点。所有过滤器的工作方式都相似，通过把索引中所有文档（不仅仅是查询中匹配到的部分文档）的经纬度信息载入内存，然后每个过滤器执行一个轻量级的计算判断当前点是否落在指定区域。

在上述查询的 DSL 中的 sort 部分，排序中的 geo 指的是文档中各个坐标点与该坐标点的距离。而关于距离的计算，往往要在性能和精度之间进行衡量。Elasticsearch 提供了以下三种计算方式。

（1）arc：这种方式把地球当作球体来处理，不过这种方式的精度有限，因为这个地球并不是完全的球体。

（2）plane：该计算方式把地球当成是平坦的，快一些但是精度略逊。在赤道附近的位置精度最好，而靠近两极变差。

（3）sloppy_arc：如此命名，是因为它使用了 Lucene 的 SloppyMath 类。这是一种用精度换取速度的计算方式，它使用 Haversine formula 计算距离，计算速度是 arc 计算方式的 4～5 倍，并且距离精度达 99.9%。这也是默认的计算方式。

以上代码运行结果如图 20-13 所示。

下面验证搜索结果中的距离是否正确。一种比较直观的方法是使用地图工具测量距离。如图 20-14 所示，用地图测距工具测量出"诚大数码广场"和"万科城三期"之间的距离大约是 3.6 千米，和用 Elasticsearch 查出的结果一致。

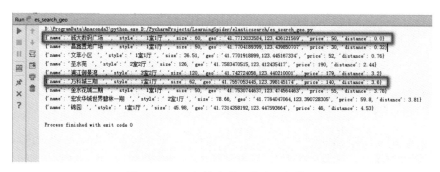

图 20-13　运行搜索附近的小区的结果

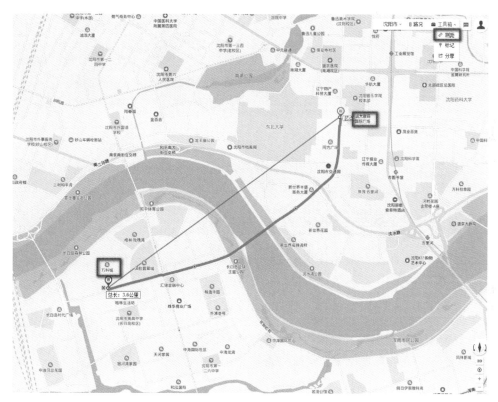

图 20-14　地图验证两点之间的距离结果

也可以利用公式计算出两个坐标点之间的距离,具体实现代码如下所示。

```
# - * - coding: utf - 8 - * -
import sys
from math import radians, cos, sin, asin, sqrt

#公式计算两点间距离(m)
def geodistance(lng1,lat1,lng2,lat2):
#lng1,lat1,lng2,lat2 = (120.12802999999997,30.28708,115.86572000000001,28.7427)
  lng1, lat1, lng2, lat2 = map(radians, [float(lng1), float(lat1), float(lng2),
  float(lat2)])                          # 经纬度转换成弧度
```

```
    dlon = lng2 - lng1
    dlat = lat2 - lat1
    a = sin(dlat/2) ** 2 + cos(lat1) * cos(lat2) * sin(dlon/2) ** 2
    distance = 2 * asin(sqrt(a)) * 6371 * 1000  # 地球平均半径,6371km
    distance = round(distance/1000,3)
    return distance

if __name__ == "__main__":
    # '诚大数码广场 ', 'style': '1 室 1 厅 ', 'size': 60, 'price': 50, 'geo': '41.7714033584,
    # 123.436121569'}}
    lat1 = 41.7714033584
    lng1 = 123.436121569

    # '万科城三期 ', 'style': '1 室 1 厅 ', 'size': 62, 'price': 140, 'geo': '41.7557053445,
    # 123.398145174'}}
    lat2 = 41.7557053445
    lng2 = 123.398145174
    distance = geodistance(lng1,lat1,lng2,lat2)
    print(distance)
```

运行结果如图 20-15 所示。可以看到计算结果是 3.596，和用 Elasticsearch 查询出来的结果非常相近。

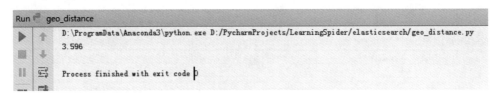

图 20-15　运行计算两坐标点的距离的结果

这样就完成了利用现有数据构建基本的搜索引擎、实现搜索引擎的基本操作及具有 Elasticsearch 特性的地理位置搜索的功能。

第 **21** 章

汽车贷款违约的数据分析

本案例主要是针对一组已经收集好的贷款购买汽车的客户的金融信誉数据进行建模,用来预测贷款购买汽车的人将会违约的概率,以供金融机构判断是否给予贷款。本案例主要讲解数据样本分析、数据的预处理、使用三种数据挖掘方法进行数据建模,以及模型可视化与结果分析等。

视频讲解

21.1　数据样本分析

数据样本分析一般带有一定的业务目的。本案例的目的是要建立一个数据模型,根据既往申请贷款购车的客户的一些信息,判断这位客户将会违约的概率有多大,并根据风险判断是否放款。根据这样的需求,就可以对样本进行变量划分了。

21.1.1　数据样本概述

数据样本是一份汽车贷款违约数据,其中各项属性如表 21-1 所示。

表 21-1　汽车贷款违约数据

名　称	含　义
application_id	申请者 ID
account_number	账户号
bad_ind	是否违约
vehicle_year	汽车购买时间
vehicle_make	汽车制造商
bankruptcy_ind	曾经破产标识
tot_derog	5 年内信用不良事件数量(如手机欠费销号)

续表

名　　称	含　　义
tot_tr	全部账户数量
age_oldest_tr	最久账号存续时间(月)
tot_open_tr	在使用账户数量
tot_rev_tr	在使用可循环贷款账户数量(如信用卡)
tot_rev_debt	在使用可循环贷款账户余额(如信用卡欠款)
tot_rev_line	可循环贷款账户限额(信用卡授权额度)
rev_util	可循环贷款账户使用比例(余额/限额)
fico_score	FICO 打分
purch_price	汽车购买金额(元)
msrp	建议售价
down_pyt	分期付款的首次交款
loan_term	贷款期限(月)
loan_amt	贷款金额
ltv	贷款金额/建议售价×100
tot_income	月均收入(元)
veh_mileage	行驶里程(mile)
used_ind	是否为二手车
weight	样本权重

首先查看样本的总体概况。data.shape 为(5845,25)，说明本案例的样本一共有 5845 条，其中包含了 25 条属性。然后使用 data.describe().T 方法查看数据样本的概况描述，运行结果如图 21-1 所示。

	count	mean	std	min	25%	50%	75%	max
application_id	5845.0	5.039359e+06	2.880450e+06	4065.0	2513980.000	5110443.00	7526973.00	10000115.00
account_number	5845.0	5.021740e+06	2.873516e+06	11613.0	2567174.000	4988152.00	7556672.00	10010219.00
bad_ind	5845.0	2.047904e-01	4.035829e-01	0.0	0.000	0.00	0.00	1.00
vehicle_year	5844.0	1.901794e+03	4.880244e+02	0.0	1997.000	1999.00	2000.00	9999.00
tot_derog	5632.0	1.910156e+00	3.274744e+00	0.0	0.000	0.00	2.00	32.00
tot_tr	5632.0	1.708469e+01	1.081406e+01	0.0	9.000	16.00	24.00	77.00
age_oldest_tr	5629.0	1.543043e+02	9.994054e+01	1.0	78.000	137.00	205.00	588.00
tot_open_tr	4426.0	5.720063e+00	3.165783e+00	0.0	3.000	5.00	7.00	26.00
tot_rev_tr	5207.0	3.093336e+00	2.401923e+00	0.0	1.000	3.00	4.00	24.00
tot_rev_debt	5367.0	6.218620e+03	8.657668e+03	0.0	791.000	3009.00	8461.50	96260.00
tot_rev_line	5367.0	1.826266e+04	2.094261e+04	0.0	3235.500	10574.00	26196.00	205395.00
rev_util	5845.0	4.344448e+01	7.528998e+01	0.0	5.000	30.00	66.00	2500.00
fico_score	5531.0	6.935287e+02	5.784152e+01	443.0	653.000	693.00	735.50	848.00
purch_price	5845.0	1.914524e+04	9.356070e+03	0.0	12684.000	18017.75	24500.00	111554.00
msrp	5844.0	1.864318e+04	1.019050e+04	0.0	12050.000	17475.00	23751.25	222415.00
down_pyt	5845.0	1.325376e+03	2.435177e+03	0.0	0.000	500.00	1750.00	35000.00
loan_term	5845.0	5.680616e+01	1.454766e+01	12.0	51.000	60.00	60.00	660.00
loan_amt	5845.0	1.766007e+04	9.095268e+03	2133.4	11023.000	16200.00	22800.00	111554.00
ltv	5844.0	9.878525e+01	1.808215e+01	0.0	90.000	100.00	109.00	176.00
tot_income	5840.0	6.206255e+03	1.073186e+05	0.0	2218.245	3400.00	5156.25	8147166.66
veh_mileage	5844.0	2.016798e+04	2.946418e+04	0.0	1.000	8000.00	34135.50	999999.00
used_ind	5845.0	5.647562e-01	4.958313e-01	0.0	0.000	1.00	1.00	1.00
weight	5845.0	3.982036e+00	1.513436e+00	1.0	4.750	.75	4.75	4.75

图 21-1　数据样本概况

依据本次数据分析的目的，可以将样本划分为两部分：第一部分以 bad_ind 作为目标变量，它是数据样本中判断一位客户是否违约的 Y 变量；第二部分是其他所有变量：vehicle_year、vehicle_make、bankruptcy_ind、tot_derog、tot_tr、age_oldest_tr、tot_open_tr、tot_rev_tr、tot_rev_debt、tot_rev_line、rev_util、fico_score、purch_price、msrp、down_pyt、loan_term、loan_amt、ltv、tot_income、veh_mileage、used_ind、weight，作为用于判断是否违约的 X 变量。之后的数据模型就是基于这些 X 变量的。application_id 和 account_number 作为账户 ID 编号不具有统计意义，所以在下面的分析中就可以暂时忽略，只分析其余 22 项即可。

21.1.2 变量类型分析

变量数据可以分为分类变量和连续变量。分类变量是非连续的变量，如物品的品牌等，而连续变量是连续数值数据，如考试分数等。不同的变量类型有着不同的处理方法，本数据集中的变量类型如表 21-2 所示。

表 21-2 变量类型

变 量 名	变 量 类 型
application_id	int64
account_number	int64
bad_ind	int64
vehicle_year	float64
vehicle_make	object
bankruptcy_ind	object
tot_derog	float64
tot_tr	float64
age_oldest_tr	float64
tot_open_tr	float64
tot_rev_tr	float64
tot_rev_debt	float64
tot_rev_line	float64
rev_util	int64
fico_score	float64
purch_price	float64
msrp	float64
down_pyt	float64
loan_term	int64
loan_amt	float64
ltv	float64
tot_income	float64
veh_mileage	float64
used_ind	int64
weight	float64

可以先粗略地划分 float64 和 int64 为连续变量,其他类型为分类变量。在后面分析 X 变量,针对具体的每一项属性进行数据探索分析时,再次根据变量的实际含义划分。

21.1.3 Python 代码实践

以下代码完整地展示了数据的引入与初步分析的过程。

```python
# 引入工具包
import pandas as pd
import numpy as np
import matplotlib.pyplot as plt
import seaborn as sns
import os
# 读入数据
data = pd.read_csv(path_name)
# data = pd.read_csv('data.csv')
# 查看样本形状、样本条数、样本属性数量
data.shape
# 查看数据前 5 条数据
data.head() # 查看数据大概情况
data.describe().T
# 查看变量类型
data.dtypes
# 观察并通过 duplicated 检查发现 application_id 和 account_number 都是样本的唯一编号且二
# 者同值,取其一即可
data.loc[:,['application_id','account_number']].duplicated().sum()
# 分别划分 X 变量与 Y 变量
x_var_list = ['vehicle_year', 'vehicle_make', 'bankruptcy_ind', 'tot_derog', 'tot_tr',
'age_oldest_tr', 'tot_open_tr', 'tot_rev_tr', 'tot_rev_debt', 'tot_rev_line', 'rev_util',
'fico_score', 'purch_price', 'msrp', 'down_pyt', 'loan_term', 'loan_amt', 'ltv', 'tot_income',
'veh_mileage', 'used_ind', 'weight']
data_x = data.loc[:,x_var_list]
data_y = data.loc[:,'bad_ind']
```

21.2 数据的预处理

样本划分好后,一般不能直接用来构建模型,因为原始数据可能会存在数据缺失、数据格式有误等问题,所以需要对原始数据进行清洗和标准化,以便得到想要的数据,进行更好的数据分析。

21.2.1 目标变量探索

首先通过以下代码查看目标变量正负样本分布的情况。

```
data_y.value_counts()
#可以得到这样的结果
# bad_ind        count
# 0              4648
# 1              1197
```

可以看出有 4648 条正样本，1197 条负样本，大约有 20% 的违约率。但是当正样本或者负样本数量非常小时，如负样本只有几十条，是非常不利于分析的，可能需要考虑重选目标变量。

21.2.2　X 变量初步探索

接下来用 describe 方法查看 22 项 X 变量的总体情况，如图 21-2 所示。其输出结果中的统计数据包括数量、唯一数值、频次最高的项、频次最高的数量、数学期望、标准差、最小值、25%～75%分位值、最大值，能够从总体上描述 X 变量样本的概况。

	count	unique	top	freq	mean	std	min	25%	50%	75%	max
vehicle_year	5844	NaN	NaN	NaN	1901.79	488.024	0	1997	1999	2000	9999
vehicle_make	5546	154	FORD	1112	NaN	NaN	NaN	NaN	NaN	NaN	NaN
bankruptcy_ind	5628	2	N	5180	NaN	NaN	NaN	NaN	NaN	NaN	NaN
tot_derog	5632	NaN	NaN	NaN	1.91016	3.27474	0	0	0	2	32
tot_tr	5632	NaN	NaN	NaN	17.0847	10.8141	0	9	16	24	77
age_oldest_tr	5629	NaN	NaN	NaN	154.304	99.9405	1	78	137	205	588
tot_open_tr	4426	NaN	NaN	NaN	5.72006	3.16578	0	3	5	7	26
tot_rev_tr	5207	NaN	NaN	NaN	3.09334	2.40192	0	1	3	4	24
tot_rev_debt	5367	NaN	NaN	NaN	6218.62	8657.67	0	791	3009	8461.5	96260
tot_rev_line	5367	NaN	NaN	NaN	18262.7	20942.6	0	3235.5	10574	26196	205395
rev_util	5845	NaN	NaN	NaN	43.4445	75.29	0	5	30	66	2500
fico_score	5531	NaN	NaN	NaN	693.529	57.8415	443	653	693	735.5	848
purch_price	5845	NaN	NaN	NaN	19145.2	9356.07	0	12684	18017.8	24500	111554
msrp	5844	NaN	NaN	NaN	18643.2	10190.5	0	12050	17475	23751.2	222415
down_pyt	5845	NaN	NaN	NaN	1325.38	2435.18	0	0	500	1750	35000
loan_term	5845	NaN	NaN	NaN	56.8062	14.5477	12	51	60	60	660
loan_amt	5845	NaN	NaN	NaN	17660.1	9095.27	2133.4	11023	16200	22800	111554
ltv	5844	NaN	NaN	NaN	98.7852	18.0821	0	90	100	109	176
tot_income	5840	NaN	NaN	NaN	6206.26	107319	0	2218.24	3400	5156.25	8.14717e+06
veh_mileage	5844	NaN	NaN	NaN	20168	29464.2	0	1	8000	34135.5	999999
used_ind	5845	NaN	NaN	NaN	0.564756	0.495831	0	0	1	1	1
weight	5845	NaN	NaN	NaN	3.98204	1.51344	1	4.75	4.75	4.75	4.75

图 21-2　数据样本概况

可以看出，这些变量的数量很多都和数据样本总量不相等，即存在缺失值，接下来通过以下代码查看这些变量的缺失情况。

```
data_x.isnull().sum()
'''
结果如下：
vehicle_year          1
vehicle_make        299
bankruptcy_ind      217
tot_derog           213
tot_tr              213
age_oldest_tr       216
```

```
tot_open_tr          1419
tot_rev_tr           638
tot_rev_debt         478
tot_rev_line         478
rev_util             0
fico_score           314
purch_price          0
msrp                 1
down_pyt             0
loan_term            0
loan_amt             0
ltv                  1
tot_income           5
veh_mileage          1
used_ind             0
weight               0
'''
```

对于缺失值一般可以采用填充和不填充两种处理方式。选择填充时，一般可以采用中位数或者均值；选择不填充时，可以把其单独当作一类进行分析。下面将分别对分类变量和连续变量举例，进行分析与预处理。

21.2.3　连续变量的缺失值处理

首先选择对连续变量 tot_income（月均收入）进行分析。通过以下代码查看 tot_income 的总体分布情况和缺失值情况。

```
data_x['tot_income'].value_counts(dropna = False)
# tot_income count
# 2500.00        163
# 2000.00        141
# 5000.00        135
# 3000.00        129
# 4000.00        116
# 0.00           115
# 3500.00        93
# 3333.33        87
# ...
data_x['tot_income'].isnull().sum()
# 5
```

从上面的结果可以看到，tot_income 有 5 条缺失值。可以使用以下代码查看数据缺失时的客户的违约情况。

```
data_y.groupby(data_x['tot_income']).agg(['count','mean'])
# unknown           5  0.200000
```

可以看到数据缺失时,违约率与 20% 的平均违约率基本一致,可以直接选择中位数进行填充,代码如下所示。

```
data_x['tot_income'] = data_x['tot_income'].fillna(data_x['tot_income'].median())
```

针对连续性数据还可以进行数据盖帽的预处理操作。盖帽是一种异常值处理手段,目的是将变量的值控制在一定的范围,一般采用分位数限定其范围。一般限定数据的最大值为 75% 分位值 $+1.5×$(75% 分位值 -25% 分位值)。以下代码查看数据值的分布情况。

```
q25 = data_x['tot_income'].quantile(0.25)
q75 = data_x['tot_income'].quantile(0.75)
max_qz = q75 + 1.5 * (q75 – q25)
sum(data_x['tot_income']> max_qz)
#359
```

根据计算得出有 359 条数据超过了理论最大值,直接进行盖帽,用最大值替换超过最大值的样本数据值,操作代码如下所示。

```
temp_series = data_x['tot_income']> max_qz
data_x.loc[temp_series,'tot_income'] = max_qz
data_x['tot_income'].describe()
```

接下来,对另一个连续变量 tot_rev_line(可循环贷款账户限额)进行数据的预处理操作。首先使用以下代码查看数据分布和缺失情况。

```
data_x['tot_rev_line'].value_counts(dropna = False)
data_x['tot_rev_line'].describe().T
data_x['tot_rev_line'].isnull().sum()
#478
```

发现 tot_rev_line 存在 478 条缺失数据。然后使用以下代码查看数据缺失时客户的违约情况。

```
data_x['tot_rev_line1'] = data_x['tot_rev_line'].fillna('unknown')
data_y.groupby(data_x['tot_rev_line1']).agg(['count','mean'])
# unknown          478   0.336820
```

发现缺失时其违约率明显高于平均违约率,此时就不宜采用中位数填充的方法进行处理了,需要尽量保留这一信息。

使用以下代码查看是否有超出最大范围的异常值,如果有这样的值,进行盖帽操作即可。

```
q25 = data_x['tot_rev_line'].quantile(0.25)
q75 = data_x['tot_rev_line'].quantile(0.75)
max_qz = q75 + 1.5 * (q75 - q25)
sum(data_x['tot_rev_line'] > max_qz)
♯ 259
temp_series = data_x['tot_rev_line'] > max_qz
data_x.loc[temp_series, 'tot_rev_line'] = max_qz
data_x['tot_rev_line'].describe()
```

除了这些预处理手段，还可以选择对数据进行分箱操作。数据分箱就是按照某种规则将数据进行分类，一般可以选择等距或等频，这样可以简化模型，方便计算和分析。当对所有变量进行分箱时，可以将所有变量变换到相似的尺度上，不仅利于分析，还可以把缺失值作为一组独立的箱带入到模型中。例如 tot_rev_line 这条属性，将缺失值标记为999999 作为独立一组，将其余数据分成 10 箱，操作代码如下所示，并且展示了分箱结果。

```
data_x['tot_rev_line_fx'] = pd.qcut(data_x['tot_rev_line'], 10, labels = False, duplicates = 'drop')
data_x['tot_rev_line_fx'] = data_x['tot_rev_line_fx'].fillna(999999)
data_y.groupby(data_x['tot_rev_line_fx']).agg(['count', 'mean'])
'''

tot_rev_line_fx          count              mean
0.0                      544                0.351103
1.0                      530                0.286792
2.0                      546                0.271062
3.0                      535                0.244860
4.0                      529                0.219282
5.0                      537                0.182495
6.0                      536                0.128731
7.0                      536                0.093284
8.0                      537                0.093110
9.0                      537                0.057728
999999.0                 478                0.336820

'''
```

从分箱结果上可以看出，tot_rev_line 越低，其违约的可能性越高，且不填写信用卡额度的违约率也非常高。

21.2.4   分类变量的缺失值处理

在前面初次划分变量时，将 int64 和 float64 类型划分成连续变量，但是有时这样分并不准确，需要结合生产实际再次进行判断。例如 vehicle_year（汽车购买时间），虽然它是数值型，但它属于分类变量。

接下来对其进行预处理，使用以下代码查看数据分布与缺失情况。

```
data_x.loc[:,'vehicle_year'].value_counts().sort_index()
data_x['vehicle_year'].isnull().sum()
data_y.groupby(data_x['vehicle_year']).agg(['count','mean'])'''
vehicle_year          count
0.0                    298
1977.0                   1
1982.0                   1
1985.0                   1
1986.0                   2
1988.0                   1
1989.0                   3
1990.0                  12
1991.0                  19
1992.0                  32
1993.0                  79
1994.0                 170
1995.0                 272
1996.0                 454
1997.0                 713
1998.0                 653
1999.0                1045
2000.0                2083
2001.0                   1
9999.0                   4
vehicle_year          count     mean
0.0                    298   0.208054
1977.0                   1   0.000000
1982.0                   1   1.000000
1985.0                   1   0.000000
1986.0                   2   0.500000
1988.0                   1   0.000000
1989.0                   3   0.333333
1990.0                  12   0.083333
1991.0                  19   0.052632
1992.0                  32   0.250000
1993.0                  79   0.227848
1994.0                 170   0.282353
1995.0                 272   0.261029
1996.0                 454   0.237885
1997.0                 713   0.210379
1998.0                 653   0.215926
1999.0                1045   0.210526
2000.0                2083   0.175228
2001.0                   1   0.000000
9999.0                   4   0.250000
'''
```

可以认为0.0年和9999.0年都属于无效值，等同于缺失情况进行处理。另外，这些无效数据的违约率并没有明显异常于平均违约率，所以采用中位数填充缺失值即可，代码如下所示。

```
data_x.loc[:,'vehicle_year']data_x.loc[:,'vehicle_year'].isin([0,9999])] = np.nan
data_x['vehicle_year'] = data_x['vehicle_year'].fillna(data_x['vehicle_year'].median())'''
vehicle_year       count        mean
1977.0                 1    0.000000
1982.0                 1    1.000000
1985.0                 1    0.000000
1986.0                 2    0.500000
1988.0                 1    0.000000
1989.0                 3    0.333333
1990.0                12    0.083333
1991.0                19    0.052632
1992.0                32    0.250000
1993.0                79    0.227848
1994.0               170    0.282353
1995.0               272    0.261029
1996.0               454    0.237885
1997.0               713    0.210379
1998.0               653    0.215926
1999.0              1348    0.209941
2000.0              2083    0.175228
2001.0                 1    0.000000
'''
```

接下来继续对分类变量 bankruptcy_ind（曾经破产标识）进行数据预处理。首先使用以下代码查看其数据分布与缺失情况。

```
data_x['bankruptcy_ind'].value_counts(dropna = False)
'''
N     5180
Y      448
NaN    217
'''
```

该数据存在 217 条缺失值。然后使用以下代码查看当数据缺失时其违约率的情况。

```
data_x['bankruptcy_ind1'] = data_x['bankruptcy_ind'].fillna('unknown')
data_y.groupby(data_x['bankruptcy_ind1']).agg(['count','mean'])
'''
bankruptcy_ind    count      mean
N                  5180   0.196332
Y                   448   0.229911
unknown             217   0.354839
'''
```

可以看出，未破产过的客户的违约率和平均违约率相差不大，但缺失数据的客户违约率明显高于平均违约率，这意味着缺失值是有意义的，所以最好保留这个信息，把其单独作为一类处理。

21.3　数据分析的模型建立与评估

下面将采用 sklearn 包建立模型和分析数据。此外,为了简化模型,本节将采用数值型的连续变量类型的 X 变量建立模型,并采用中位数填充缺失值的方式进行数据的预处理。

21.3.1　数据的预处理与训练集划分

为了简化模型,只采用了连续变量,并以中位数填充缺失值。还需要将样本划分为训练集与测试集,训练集用于对模型进行训练,测试集用于测试模型的准确性。将数据集的 75% 划分为训练集,25% 为划分测试集,具体操作代码如下所示。

```
# 重新划分 X 变量与 Y 变量
x_var_list = ['tot_derog', 'tot_tr', 'age_oldest_tr', 'tot_open_tr', 'tot_rev_tr', 'tot_rev_
debt', 'tot_rev_line', 'rev_util', 'fico_score', 'purch_price', 'msrp', 'down_pyt', 'loan_term',
'loan_amt', 'ltv', 'tot_income', 'veh_mileage', 'used_ind']
data_x = data.loc[:, x_var_list]
data_y = data.loc[:, 'bad_ind']

# 用中位数填充缺失值
temp = data_x.median()
temp_dict = {}
for i in range(len(list(temp.index))):
    temp_dict[list(temp.index)[i]] = list(temp.values)[i]
data_x_fill = data_x.fillna(temp_dict)

# 使用 train_test_split 划分训练集与测试集
from sklearn.model_selection import train_test_split
train_x, test_x, train_y, test_y = train_test_split(data_x_fill, data_y, test_size = 0.25,
random_state = 12345)
```

21.3.2　采用回归模型进行数据分析

回归模型是一种常用的数据挖掘模型,本节采用线性回归模型。它刻画了 X 变量与 Y 变量的线性关系,代码如下所示。

```
# 引入线性回归工具包
from sklearn.linear_model import LinearRegression
linear = LinearRegression()
# 模型训练
model = linear.fit(train_x, train_y)
# 查看相关系数
linear.intercept_
linear.coef_
```

```
#排序得出权重最大的几个变量
var_coef = pd.DataFrame()
var_coef['var'] = x_var_list
var_coef['coef'] = linear.coef_var_coef.sort_values(by = 'coef', ascending = False)
'''
                  var              coef
0            tot_derog      4.599054e − 03
14               ltv      2.893293e − 03
3            tot_open_tr      2.534583e − 03
4            tot_rev_tr      2.319716e − 03
7             rev_util      1.917781e − 04
11            down_pyt      2.219079e − 06
9           purch_price      9.165468e − 07
10              msrp      7.331697e − 07
16           veh_mileage     − 1.595561e − 08
15           tot_income     − 8.046111e − 08
6           tot_rev_line     − 3.459463e − 07
13            loan_amt     − 1.490595e − 06
5           tot_rev_debt     − 2.911129e − 06
2          age_oldest_tr     − 1.479418e − 04
12            loan_term     − 3.261733e − 04
8           fico_score     − 1.790735e − 03
1              tot_tr     − 2.394301e − 03
17            used_ind     − 4.796894e − 03
'''
```

经过训练，对模型的各个变量权重排序，得到 tot_derog（5 年内信用不良事件数量）、ltv（贷款金额）、tot_open_tr（在使用账户数量）、tot_rev_tr（在使用可循环贷款账户数量）4 个变量对 Y 变量的影响最大。

接下来用测试集对模型进行检验，代码如下所示。

```
import sklearn.metrics as metrics
fpr, tpr, th = metrics.roc_curve(test_y, linear.predict(test_x))
metrics.auc(fpr, tpr)

# 0.7692524355490755
```

这里采用 AUC 评估标准进行模型评估。AUC 是 ROC 曲线下的面积，它是判断二分类预测模型优劣的标准。ROC 曲线指的是横坐标是测试结果的伪阳性率，纵坐标是测试结果的真阳性率的二维图像。ROC 曲线距离左上角越近，证明分类器效果越好，即(0,1)是最完美的预测结果。

结合测试集的预测结果和真实结果，可以判断其 AUC 值为 0.7692524355490755。然后使用以下代码绘制 ROC 曲线。

```
import matplotlib.pyplot as plt
plt.figure(figsize = [8, 8])
plt.plot(fpr, tpr, color = 'b')
plt.plot([0, 1], [0, 1], color = 'r', alpha = .5, linestyle = '-- ')
plt.show()
```

查看预测结果,如图 21-3 所示。

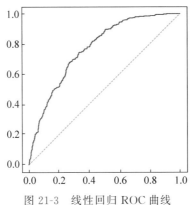

图 21-3 线性回归 ROC 曲线

21.3.3 采用决策树进行数据分析

决策树是一种常用的分类和预测的数据挖掘模型。通过每阶段计算最大信息增益,进行分支构造决策树。浅层的决策树具有视觉上比较直观、易于理解的特点。但是随着树深度的增加,也带来了易于过拟合、难以理解等缺点。

首先使用以下代码,采用默认参数建立模型,查看模型分析的效果。

```
# 使用决策树进行数据分析
from sklearn.tree import DecisionTreeClassifier
tree = DecisionTreeClassifier()
# 模型训练
tree.fit(train_x, train_y)
# 查看树的深度
len(np.unique(tree2.apply(train_x)))
# 此时树的深度为 649
# 查看模型训练效果
fpr, tpr, th = metrics.roc_curve(test_y, tree.predict_proba(test_x.values)[:,1])
metrics.auc(fpr, tpr)
# 0.5654643559325778
```

此时的 AUC 评估指标为 0.5654643559325778,不是很理想,且树的深度为 649,深层的决策树很容易造成过拟合等问题,所以使用以下代码调参(如树的深度及叶节点大小),重新构建决策树。

```
#调整决策树参数,如树的深度及叶节点大小,重新构建决策树
tree2 = DecisionTreeClassifier(max_depth = 20,min_samples_leaf = 100)
tree2.fit(train_x,train_y)
#查看树的深度
len(np.unique(tree2.apply(train_x)))
#优化后树的深度为 32
#查看 auc 评估指标
fpr,tpr,th = metrics.roc_curve(test_y, tree2.predict_proba(test_x.values)[:,1])
metrics.auc(fpr, tpr)
# 0.746244504826916
```

此时训练结果的 AUC 评估指标为 0.746244504826916,相较默认值提升了非常多。但是为什么要选择树深为 20、叶节点大小为 100 呢? 这是通过经验和多次调试得来的。读者可以尝试采用不同的参数组合分别构建,选用 AUC 指标最高的参数组合。

以下代码可以查看训练完成后生成的决策树的树结构图,如图 21-4 所示。

```
#查看决策树结构,通过 plot_tree 函数,绘制决策树的整体结构
plt.figure(figsize = [16,10])
plot_tree(tree2, filled = True)
plt.show()
```

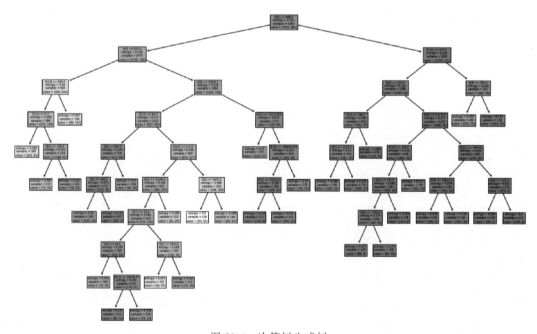

图 21-4 决策树生成树

最后使用以下代码对决策树模型进行评估,得到 ROC 曲线,结果如图 21-5 所示。

```
# 查看 ROC 曲线
plt.figure(figsize = [8, 8])
plt.plot(fpr, tpr, color = 'b')
plt.plot([0, 1], [0, 1], color = 'r', alpha = .5, linestyle = '--')
plt.show()
```

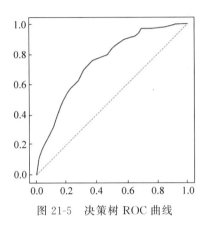

图 21-5　决策树 ROC 曲线

21.3.4　采用随机森林优化决策树模型

随机森林是一种包含多个决策树的分类器，分类结果一般取所有决策树的输出的众数，它能够减少决策树模型的误差，提高分类的精准性。使用以下代码查看默认参数下的随机森林。

```
# 采用随机森林进行分类预测
from sklearn.ensemble import RandomForestClassifier
forest = RandomForestClassifier()
# 模型训练
forest.fit(train_x,train_y)
# 查看 auc 评估指标
fpr,tpr,th = metrics.roc_curve(test_y, forest.predict_proba(test_x.values)[:,1])
metrics.auc(fpr, tpr)
# 0.7069692049395807
```

此时的 AUC 指标值为 0.7069692049395807，相较默认参数下的决策树有很大的提升。然后调整树深等参数，使用以下代码重新构建随机森林模型。

```
# 调参构建新的随机森林
forest1 = RandomForestClassifier(n_estimators = 100,max_depth = 20,min_samples_leaf = 100,
random_state = 11223)
# 构建新的随机森林模型
forest1.fit(train_x,train_y)
```

```
# 查看 auc 评估指标
fpr,tpr,th = metrics.roc_curve(test_y,forest1.predict_proba(test_x.values)[:,])
metrics.auc(fpr, tpr)
# 0.7636136700024301
```

此时的 AUC 值为 0.7636136700024301，较默认参数有了显著的提升，这些参数也是需要经过不断地调整并结合经验才能确定的。

最后使用以下代码查看此时的 ROC 曲线，结果如图 21-6 所示。

```
# 绘制 ROC 曲线
plt.figure(figsize = [8, 8])
plt.plot(fpr, tpr, color = 'b')
plt.plot([0, 1], [0, 1], color = 'r', alpha = .5, linestyle = '-- ')
plt.show()
```

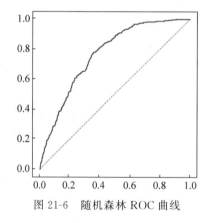

图 21-6　随机森林 ROC 曲线

以上就是采用了三种数据挖掘模型进行数据分析的过程，并且使用了 AUC 评估指标和 ROC 曲线图评估预测结果。但是实际项目中的数据分析往往复杂得多，经常需要不断地调试模型，采用多种不同的评估指标，才能最终得到一个比较理想的模型，以供决策人员进行分析、决策。

第 **22** 章

基于Spark的搜索引擎日志用户行为分析

Spark 是一个通用的大数据计算框架,本章初步展示 Spark 的本地计算能力。但 Spark 更加擅长的是分布式大数据集的并行计算,只有在分布式环境中,Spark 才能发挥其真正的价值。

视频讲解

本章介绍网络搜索引擎日志用户行为分析的重要性,并介绍一般情况下系统架构的设计。通过搭建 Spark 本地运行环境,初步实现 Spark 任务的本地运行。结合用户行为分析的业务需求,使用 Spark 计算了一些相对常见的指标,并对计算结果进行分析。

22.1 功能需求

22.1.1 搜索引擎用户行为分析的意义

随着互联网技术的飞速发展,搜索引擎在人们日常的生活中扮演着越来越重要的角色。从国内的百度、搜狗到国外的 Google 等,各个搜索引擎使人们从互联网中获取信息的方式更加便捷,使用互联网的成本变得越来越低。

中国互联网络信息中心(China Internet Network Information Center,CNNIC)发布的《2019 年中国网民搜索引擎使用情况研究报告》中显示,我国搜索引擎用户规模呈稳定增长态势,截至 2019 年 6 月,我国搜索引擎用户规模达 6.95 亿,较 2018 年年底增加 1338 万,半年增长率为 2.0%,较同期网民规模增速(3.1%)低 1.1%;搜索引擎使用率为 81.3%,较 2018 年年底下降 0.9%。

面对如此庞大的搜索数据,深入挖掘用户的搜索行为特点,提高搜索引擎的搜索效率和算法准确率显得尤为重要。在用户搜索的行为中,用户搜索词的频度和对搜索结果的反馈等用户行为数据都可以为搜索引擎的优化提供重要的参考依据。

22.1.2 搜索引擎日志概述

在用户使用搜索引擎的过程中,搜索引擎的日志是用户行为分析的重要载体。在一次用户访问的过程中,日志中包含用户访问的时间、用户访问的会话 ID、搜索的关键字、用户点击的搜索结果和结果排名等信息。因为日志数据规模较大,所以更具一般性,更能反映大部分用户的行为特征。

本文通过将搜狗实验室的开源搜索日志作为数据源进行分析,使用 Spark 作为数据分析的功能,通过计算部分用户行为的指标,从而对搜索引擎算法设计和评测方法等提供相应的数据参考。

22.2 系统架构

22.2.1 用户搜索流程

用户使用搜索引擎时,一次完整的流程如图 22-1 所示。用户根据需求提交查询的关键词;搜索引擎返回排序的多个搜索结果;用户对搜索结果进行浏览并点击查询结果,当用户对搜索结果不满意时,用户会再次发起查询。

22.2.2 系统架构设计

数据分析系统架构如图 22-2 所示。通过搜索引擎采集到用户搜索日志;对日志数据进行存储;使用 Spark 对搜索引擎日志进行分布式数据计算和分析;保存分析结果。

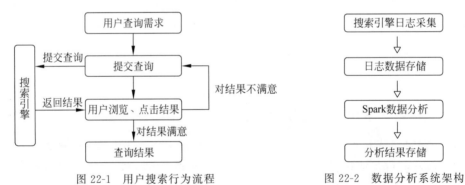

图 22-1 用户搜索行为流程　　　　图 22-2 数据分析系统架构

22.3 功能实现

22.3.1 Spark 本地运行环境搭建

1. 安装 JDK

JDK 的安装为基本的操作,这里不再赘述。

2. 安装 Scala

打开 Scala 的官方网站 https://www.scala-lang.org/，单击 Download→previous releases→Scala 2.11.8→scala-2.11.8.zip，下载 Scala 安装包并解压，将其 bin 目录配置在 Windows 的 PATH 环境变量中。打开 cmd，输入 scala -version 验证是否安装成功，其输出如下所示。

```
C:\Windows\system32 > scala - version
Scala code runner version 2.11.8 -- Copyright 2002 - 2016, LAMP/EPFL
```

3. 安装 maven

打开 maven 的官方网站 http://maven.apache.org/，单击 Download→Previous Releases→archives→3.3.9→apache-maven-3.3.9-bin.zip，下载 maven 安装包并解压，将 maven 的 bin 目录配置在 Windows 的 PATH 环境变量中。重新打开 git-bash，输入 maven -version，查看 maven 是否安装成功，其输出如下所示。

```
$ mvn - version
Apache Maven 3.3.9 (2015 - 11 - 11T00:41:47 + 08:00)
Maven home: D:\freeinstall\maven\apache - maven - 3.3.9
Java version: 1.8.0_101, vendor: Oracle Corporation
Java home: D:\freeinstall\java\jdk1.8.0_101\jre
Default locale: zh_CN, platform encoding: GBK
OS name: "windows 10", version: "10.0", arch: "amd64", family: "dos"
```

4. 在 IntelliJ IDEA 中创建 Spark 数据分析项目

在 IntelliJ IDEA 中，使用 maven 管理项目的依赖，直接依赖 Spark 的文件即可，其 maven 坐标如下所示。

```
< dependency >
< groupId > org.apache.spark </groupId >
    < artifactId > spark - core_2.11 </artifactId >
    < version > 2.4.4 </version >
</dependency >
```

22.3.2 搜索引擎日志数据获取

本节将搜狗实验室的 1 个月的开源搜索日志作为数据源进行分析。日志下载地址为 https://www.sogou.com/labs/resource/q.php，数据量约为 1.5GB。数据示例如下所示。

```
6383203565086312  [bt 种子下载]  8 1  www.lovetu.com/
07822362349231865  [魅族广告歌曲]  3 1
       ldjiamu.blog.sohu.com/10491955.html
23528656921072266  [http://onlyasianmovies.net]  1 1
       onlyasianmovies.net/
14366888004270073  [郑州市旅行社西峡游]  3 1
       www.ad365.com/htm/adinfo/20040707/12100.htm
6144464294944183  [＊＊＊]  5 1
       www.play−asia.com/paOS−13−71−7i−49−zh−70−bmd.html
9137002123303413  [论坛 BBS]  102 1  www.brucejkd.com/bbs/index.asp
9302238914666434  [www.9zmv.com]  1 1  www.9zmv.com/5.1.2
```

数据的格式如表 22-1 所示。

表 22-1　搜索引擎日志格式

名　　称	记 录 内 容
id	由系统自动分配的用户标识号
query	用户提交的查询
URL	用户点击的结果地址
rank	该 URL 在返回结果中的排名
order	用户点击的顺序号
time	查询时间

22.3.3　分析指标

1. 查询词长度

（1）指标含义：查询词长度指用户的查询中包含的词语个数或单词个数，通过对查询长度的分析，可以对搜索引擎算法进行定向优化，使搜索引擎更好地支持大部分的查询词长度。

（2）Spark 实现：在使用 Spark 进行计算时，首先将每行日志拆分，取得搜索的关键字后，再按照"＋"进行拆分，即可得到该次搜索的查询词长度，将查询的长度转换为键-值对的形式，统计不同长度的词出现的次数。示例代码如下所示。

```
object LogQuery {
  def main(args: Array[String]): Unit = {
    val logDir = "/Users/Desktop/sogou_word/＊"
    val conf = new SparkConf()
    conf.setAppName("logQuery")
    conf.setMaster("local[32]")
    val sparkContext = new SparkContext(conf)
    val lines = sparkContext.textFile(logDir)
    val total = lines.count()
```

```
val result = lines
  .map(i => i.split("\t"))
  .map(arr => arr(1))
  .map(i => i.substring(1, i.length - 1))
  .map(i => (i.split("\\+").length, 1))
  .reduceByKey((a, b) => a + b)
  .map(t => (t._2, t._1))
  .sortByKey(ascending = false)
  .take(10)
result.foreach(r => {
  println(s"length:${r._2} times:${r._1} ratio:${(r._1 * 100.0 /total).format
})
}
```

程序运行完后,测试数据运行结果如下所示。

```
length:1 times:19275518 ratio:90.1%
length:2 times:1617143 ratio:7.5%
length:3 times:362549 ratio:1.7%
length:4 times:100568 ratio:0.5%
length:5 times:38731 ratio:0.2%
```

数据经可视化后,查询词长度占比如图 22-3 所示。

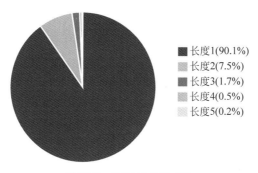

图 22-3 查询词长度占比

查询长度小于 3 个词的占比为 97.6%,平均长度为 1.85 个词,这说明用户输入的查询词通常都比较短。中文搜索引擎得到的用户需求信息较少,需要对用户需求有更多的分析和经验,才能更加准确地返回用户需求的信息。

2. 查询频度

(1)指标含义:查询频度指在一个时间段内,某个关键字一共被提交了多少次。通过对查询频度的分析,可查看重复查询的占比,通过对高频度关键字的优化,就可以提高搜索引擎的整体检索质量。另外,通过重复的占比也可以动态调整引擎的缓存状态。

(2)Spark 实现:查询频度的计算,使用 Spark 转换为"key,value"的形式,统计每个

key 出现的次数即可,示例代码如下所示。

```scala
object LogQuery {
  def main(args: Array[String]): Unit = {
    val logDir = "/Users/Desktop/sogou_word/*"
    val conf = new SparkConf()
    conf.setAppName("logQuery")
    conf.setMaster("local[32]")
    val sparkContext = new SparkContext(conf)
    val lines = sparkContext.textFile(logDir)
    val result = lines
      .map(i => i.split("\t"))
      .map(arr => (arr(1), 1))
      .reduceByKey((a, b) => a + b)
      .map(t => (t._2, t._1))
      .sortByKey(ascending = false)
      .take(5)
    result.foreach(r => {
      println(s"query: ${r._2} times: ${r._1}")
    })
  }
}
```

程序运行完后,测试数据运行结果如下所示。

```
query:[陋俗] times:342530
query:[女艺人] times:114096
query:[***] times:112630
query:[***] times:108407
query:[明星] times:77283
```

数据经可视化后,查询的频度排名与出现次数的关系如图 22-4 所示。

出现次数大于 100 次的 query 总数为 35 177 个,占非重复查询总数的 0.8%,但其总的出现次数却为 59 736 863 次,占总查询数的近 70%。这说明在搜索引擎每天处理的大量查询中,有很多查询都是重复的,很少一部分查询就占了用户需求的大部分。如果搜索引擎能够通过某些方法提高这些少部分经常出现的词的查询质量,就能使整体检索质量提高。

3. 修改查询比例

（1）指标含义:用户提交一个查询后,如果对搜索的结果不满意,会再次发起类似的相关查询。用户发起多次查询的比例可在一定程度上反映搜索引擎算法的准确度。

（2）Spark 实现:计算用户修改查询的比例,需要统计每个用户访问时查询的关键字,如果查询关键字大于或等于 2,则说明该用户在本次搜索中修改了查询关键词。示例代码如下所示。

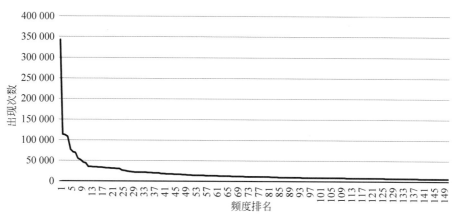

图 22-4 查询的频度排名与出现次数的关系

```
object LogQuery {
  def main(args: Array[String]): Unit = {
    val logDir = "/Users/Desktop/sogou_word/ * "
    val conf = new SparkConf()
    conf.setAppName("logQuery")
    conf.setMaster("local[32]")
    val sparkContext = new SparkContext(conf)
    val lines = sparkContext.textFile(logDir)
    val totalNumbuer = lines
      .map(i => i.split("\t"))
      .map(arr => arr(0))
      .distinct()
      .count()

    val changeNumber = lines
      .map(i => i.split("\t"))
      .map(arr => (arr(0) + "_" + arr(1), 1))
      .reduceByKey((a, b) => a + b)
      .filter(t => t._2 > 1)
      .count()
    println((changeNumber * 1.0 / totalNumbuer).formatted(" % .4f"))
  }
}
```

程序运行完后,测试数据运行结果如下所示。

```
79.82 %
```

由数据运行结果可知,近 80% 的用户在一次会话中,搜索了多次并修改了关键字。当用户对查询不满意而适当修改时,很大程度是因为返回结果的搜索范围较大,因此用户会选择增加查询词以限制搜索范围,搜索结果过于冗余是搜索算法应该重视的一个问题。

22.3.4　Spark 任务提交

1. 任务提交

Spark 在 YARN 模式下分配 Executor 内存的脚本示例如下所示。

```
./bin/spark-submit \
-- master yarn-cluster \
-- num-executors 10 \
-- driver-memory 4G \
-- executor-memory 16G \
```

num-executors 参数表示该 Spark 任务 Executor 的数量，driver-memory 表示 Driver 节点的内存大小，executor-memory 表示 Executor 节点的内存大小。

2. Jobs 界面

当程序启动后，可访问 SparkUI 的界面，在界面中共分为 5 部分。其 Tab 标签分别为 Jobs、Stages、Storage、Environment 和 Executors。

在 Jobs 界面，可看到当前应用程序正在执行和已经完成的 Job，每个 Job 由一个 Action 操作触发，并在 Description 中显示触发 Job 的代码的位置。在每个 Job 中还可以看到划分的 Stage 的个数和所有 Task 的个数。Jobs 界面如图 22-5 所示。

Job Id ▾	Description	Submitted	Duration	Stages: Succeeded/Total	Tasks (for all stages): Succeeded/Total
3	take at SearchAnalyse.scala:27 take at SearchAnalyse.scala:27	2019/03/09 09:38:34	1 s	2/2 (1 skipped)	31/31 (30 skipped)
2	sortBy at SearchAnalyse.scala:27 sortBy at SearchAnalyse.scala:27	2019/03/09 09:38:30	4 s	2/2	60/60
1	take at SearchAnalyse.scala:26 take at SearchAnalyse.scala:26	2019/03/09 09:38:28	2 s	2/2 (1 skipped)	31/31 (30 skipped)
0	sortBy at SearchAnalyse.scala:26 sortBy at SearchAnalyse.scala:26	2019/03/09 09:38:15	13 s	2/2	60/60

图 22-5　SparkUI Jobs 界面

3. Stage 界面

通过单击某个 Job 可以看到该 Job 的详细 Stage 划分情况和每个 Stage 的依赖关系。该依赖关系通过 DAGScheduler 划分，单击 DAG Visualization 可查看 Stage 的有向无环图。其界面如图 22-6 所示。

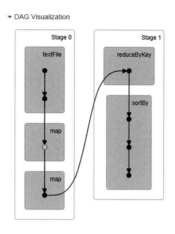

图 22-6　Stage 有向无环图

在完成的 Stage 界面中,可查看每个 Stage 划分 Task 的个数、执行结果信息和执行总时间。如果为 ShuffleMapStage,会显示 Shuffle 过程中 ShuffleWrite 的总大小。下游的 Stage 读取 Map 端数据,会显示 ShuffleRead 的大小及任务执行的总时间。如果在该界面中,每个 Stage 划分的 Task 特别少,甚至只有 1 个 Task 时,应考虑检查程序增大相应 RDD 的分区数量。Jobs 详情界面如图 22-7 所示。

Stage Id ▾	Description	Submitted	Duration	Tasks: Succeeded/Total	Input	Output	Shuffle Read	Shuffle Write
1	sortBy at SearchAnalyse.scala:26 +details	2019/03/09 09:38:25	3 s	30/30			64.6 MB	
0	map at SearchAnalyse.scala:26 +details	2019/03/09 09:38:15	10 s	30/30	1602.3 MB			64.6 MB

图 22-7　SparkUI Jobs 详情界面

在 Stage 界面中可看到所有 Stage 的执行情况,这些 Stage 与 Job 中的 Stage 相对应。该界面与 Job 详情中的界面相同,只是将所有的 Stage 在列表中展示。单击某个 Stage 后,可查看 Stage 的详细执行情况。在该界面中可查看该 Stage 中读取的数据量和数据大小、写入的数据量和数据大小、Shuffle 时内存和磁盘的使用情况。通过获取执行时间和读写数量等参数将所有 Task 执行时的最大值、最小值和统计值等进行显示,还可以查看所有任务执行的统计值。Stage 详情界面如图 22-8 所示。

在 Stage 详情界面中还可以查看该 Stage 中每个 Task 执行情况,如执行时间、GC 时间、ShuffleWrite/ShuffleRead 数量和大小等信息。Task 执行详情界面如图 22-9 所示。

4．Storage 界面

如果对 RDD 执行了缓存,则在 Storage 界面中可看到该 RDD 的缓存情况。如果指定只使用内存进行缓存,则当某个 Executor 中存储内存不足时,该 Executor 中 RDD 对应的分区不会被缓存。在一些极端的情况下,所有的 Executor 中都不能够缓存 RDD 任何一个分区,此时在 Storage 界面中不会显示该 RDD 的缓存信息。Storage 界面如图 22-10 所示。

Details for Stage 0 (Attempt 0)

Total Time Across All Tasks: 3.5 min
Locality Level Summary: Node local: 30
Input Size / Records: 1602.3 MB / 21426941
Shuffle Write: 64.6 MB / 4014011
Shuffle Spill (Memory): 10.5 MB
Shuffle Spill (Disk): 1776.7 KB

▸ DAG Visualization
▸ Show Additional Metrics
▸ Event Timeline

Summary Metrics for 30 Completed Tasks

Metric	Min	25th percentile	Median	75th percentile	Max
Duration	6 s	6 s	7 s	8 s	9 s
GC Time	1.0 s	1 s	2 s	2 s	3 s
Input Size / Records	37.9 MB / 513703	47.5 MB / 638485	54.9 MB / 739796	59.9 MB / 804787	82.4 MB / 1030577
Shuffle Write Size / Records	1747.3 KB / 107137	1987.0 KB / 121617	2.2 MB / 137574	2.4 MB / 146484	2.5 MB / 151662
Shuffle spill (memory)	0.0 B	0.0 B	0.0 B	0.0 B	10.5 MB
Shuffle spill (disk)	0.0 B	0.0 B	0.0 B	0.0 B	1776.7 KB

图 22-8　SparkUI Stage 详情界面

▾ Tasks (30)

Index ▴	ID	Attempt	Status	Locality Level	Executor ID	Host	Launch Time	Duration	GC Time	Input Size / Records	Write Time	Shuffle Write Size / Records	Shuffle Spill (Memory)	Shuffle Spill (Disk)	Errors
0	6	0	SUCCESS	NODE_LOCAL	1	node1 stdout stderr	2019/03/09 09:58:23	7 s	1 s	82.4 MB / 1030577	3 ms	2.0 MB / 125523	0.0 B	0.0 B	
1	2	0	SUCCESS	NODE_LOCAL	8	node9 stdout stderr	2019/03/09 09:58:23	8 s	2 s	60.2 MB / 773306	5 ms	2026.2 KB / 122110	0.0 B	0.0 B	
2	0	0	SUCCESS	NODE_LOCAL	9	node6 stdout stderr	2019/03/09 09:58:23	7 s	1.0 s	60.6 MB / 809359	4 ms	2.4 MB / 145415	0.0 B	0.0 B	
3	3	0	SUCCESS	NODE_LOCAL	3	node5 stdout stderr	2019/03/09 09:58:23	7 s	1 s	63.9 MB / 847977	4 ms	2.5 MB / 151358	0.0 B	0.0 B	

图 22-9　SparkUI Task 执行详情界面

Storage

▾ RDDs

ID	RDD Name	Storage Level	Cached Partitions	Fraction Cached	Size in Memory	Size on Disk
2	MapPartitionsRDD	Memory Deserialized 1x Replicated	16	53%	1831.7 MB	0.0 B

图 22-10　SparkUI Storage 界面

　　单击缓存的 RDD 后，可以看到该 RDD 在每个 Executor 中使用的资源情况，保存堆内内存、堆外内存和磁盘等；还可以查看该 RDD 的总分区数、缓存的分区数以及缓存的分区每个分区占用资源的大小等。RDD 缓存详情界面如图 22-11 所示。

5. Executors 界面

　　在 Executors 界面中，可以查看该应用程序分配的所有的 Driver 和 Executor，同时可以查看 Executor 的 CPU cores 和正在执行的任务（Active Tasks）。该界面还会展示每个 Executor 中 Task 执行的总时间和 GC 的总时间。如果该界面中，Active Tasks 数量始终

RDD Storage Info for MapPartitionsRDD

Storage Level: Memory Deserialized 1x Replicated
Cached Partitions: 16
Total Partitions: 30
Memory Size: 1831.7 MB
Disk Size: 0.0 B

Data Distribution on 9 Executors

Host	On Heap Memory Usage	Off Heap Memory Usage	Disk Usage
node4:43480	213.6 MB (152.7 MB Remaining)	0.0 B (0.0 B Remaining)	0.0 B
node9:46513	129.4 MB (236.9 MB Remaining)	0.0 B (0.0 B Remaining)	0.0 B
node8:43109	226.1 MB (140.2 MB Remaining)	0.0 B (0.0 B Remaining)	0.0 B
node1:37047	210.0 MB (156.3 MB Remaining)	0.0 B (0.0 B Remaining)	0.0 B
node3:38286	224.5 MB (141.8 MB Remaining)	0.0 B (0.0 B Remaining)	0.0 B
node7:45934	207.1 MB (159.2 MB Remaining)	0.0 B (0.0 B Remaining)	0.0 B
node6:41502	238.1 MB (128.2 MB Remaining)	0.0 B (0.0 B Remaining)	0.0 B
node5:39139	257.5 MB (108.8 MB Remaining)	0.0 B (0.0 B Remaining)	0.0 B
node10:41997	125.3 MB (241.0 MB Remaining)	0.0 B (0.0 B Remaining)	0.0 B

16 Partitions

Block Name ▲	Storage Level	Size in Memory	Size on Disk	Executors
rdd_2_11	Memory Deserialized 1x Replicated	104.2 MB	0.0 B	node7:45934
rdd_2_13	Memory Deserialized 1x Replicated	127.9 MB	0.0 B	node1:37047
rdd_2_14	Memory Deserialized 1x Replicated	129.4 MB	0.0 B	node9:46513
rdd_2_15	Memory Deserialized 1x Replicated	125.3 MB	0.0 B	node10:41997

图 22-11　RDD 缓存详情界面

小于 cores 一列，则说明分配的 Task 数量太少、RDD 的分区过少造成并行度降低，无法利用现有的 CPU 资源。Executors 详情界面如图 22-12 所示。

Executors

Show 20 ▼ entries　　　　　　　　　　　　　　　　　　　　　　　Search:

Executor ID	Address	Status	RDD Blocks	Storage Memory	Disk Used	Cores	Active Tasks	Failed Tasks	Complete Tasks	Total Tasks	Task Time (GC Time)	Input	Shuffle Read	Shuffle Write	Logs	Thread Dump
driver	node1:40095	Active	0	0.0 B / 384.1 MB	0.0 B	0	0	0	0	0	0 ms (0 ms)	0.0 B	0.0 B	0.0 B	stdout stderr	Thread Dump
1	node1:40644	Active	1	134.2 MB / 384.1 MB	0.0 B	5	1	0	9	10	30 s (8 s)	169.7 MB	13.6 MB	11.4 MB	stdout stderr	Thread Dump
2	node10:46282	Active	2	231.5 MB / 384.1 MB	0.0 B	5	1	0	11	12	33 s (10 s)	293.4 MB	14.8 MB	13.8 MB	stdout stderr	Thread Dump
3	node3:45469	Active	2	246 MB / 384.1 MB	0.0 B	5	0	0	10	10	20 s (5 s)	360 MB	13.5 MB	16.3 MB	stdout stderr	Thread Dump
4	node8:34335	Active	1	112.6 MB / 384.1 MB	0.0 B	5	0	0	11	11	22 s (6 s)	387 MB	13.6 MB	19.3 MB	stdout stderr	Thread Dump
5	node2:39125	Active	1	137 MB / 384.1 MB	0.0 B	5	1	0	10	11	45 s (10 s)	218.3 MB	13.5 MB	13.6 MB	stdout stderr	Thread Dump
6	node9:41305	Active	0	0.0 B / 384.1 MB	0.0 B	5	1	0	10	11	42 s (9 s)	234.8 MB	13.6 MB	13.7 MB	stdout stderr	Thread Dump
7	node4:43155	Active	1	98.7 MB / 384.1 MB	0.0 B	5	1	0	11	12	28 s (8 s)	382.7 MB	13.5 MB	17.6 MB	stdout stderr	Thread Dump
8	node7:34717	Active	2	218 MB / 384.1 MB	0.0 B	5	1	0	12	13	32 s (7 s)	479.2 MB	13.5 MB	21.3 MB	stdout stderr	Thread Dump
9	node5:32935	Active	2	242.6 MB / 384.1 MB	0.0 B	5	3	0	10	13	28 s (7 s)	273.8 MB	13.5 MB	14.5 MB	stdout stderr	Thread Dump
10	node6:45988	Active	1	135.4 MB / 384.1 MB	0.0 B	5	4	0	9	13	29 s (8 s)	179.3 MB	13.6 MB	11.6 MB	stdout stderr	Thread Dump

图 22-12　Executors 详情界面

第 **23** 章

科比职业生涯进球分析

本例对科比职业生涯的进球进行简单分析,希望得到科比本人的进球习惯及得分方式、出手时机、出手位置、主/客场等因素对其进球成功率的影响。

视频讲解

23.1 预处理

科比的职业生涯进球数据由 Kaggle(http://www.kaggle.com)提供,包括 25 个字段,各字段的含义如表 23-1 所示。

表 23-1 字段含义

字　段	含　义
action_type	动作类型(细分类)
combined_shot_type	动作类型(粗分类)
game_event_id	事件 id
game_id	比赛 id
lat	纬度
loc_x	球场上位置的横坐标
loc_y	球场上位置的纵坐标
lon	经度
minutes_remaining	本节剩余时间(分钟部分)
period	节
playoffs	是否为季后赛
season	赛季
seconds_remaining	本节剩余时间(秒部分)
shot_distance	投篮距离

续表

字　段	含　义
shot_made_flag	是否进球
shot_type	2 分球/3 分球
shot_zone_area	投篮区域(左、中、右)
shot_zone_basic	投篮区域(场地位置,如禁区、中场等)
shot_zone_range	投篮距离范围
team_id	球队 id
team_name	队名
game_date	比赛日期
matchup	比赛双方队名(用@分隔代表客场,用 vs 分隔代表主场)
opponent	对手队名
shot_id	进球 id

在了解各个字段的含义之后可以先对数据进行一些处理,如增加、删除或改写一些字段,去除一些不完整的数据。

"事件 id"是每场比赛的各个事件(投篮、犯规、进球等)按顺序所排的序号,对最后结果没有影响,可以直接去掉此字段。"经/纬度"与所分析内容的相关性不大,也可去掉。"队名"与"对手队名"两个字段的信息在"比赛双方队名"中已经有体现,而且科比在职业生涯中未曾转会,始终在湖人队效力,"球队 id"和"队名"两个字段均无必要存在,因此可以将"对手队名"字段保留,删除"队名""球队 id""比赛双方队名",但是保留其中的主/客场信息,并用一个新的字段"主/客场(home)"记录。还应该注意,在原始数据中时间是以"本节剩余时间"的形式由两个字段分别记录"分"和"秒"两部分,相对而言不太方便,可以考虑增加几个与时间相关的字段,如"本节剩余时间(秒)""本节已过时间(秒)"以及"比赛已过时间(秒)"。

另外,Kaggle 在提供数据时随机删掉了一些数据的 shot_made_flag 字段,在进行数据分析时需要先将这些数据去除。

以上处理的具体操作代码如下所示。

```
import numpy as np
import pandas as pd
raw_data = pd.read_csv('path/to/data')
Kobe = raw_data.drop(['game_event_id','team_id','team_name','lon',
'lat','matchup','second_remaining',
'minute_remaining'],axis = 1)
Kobe['home'] = raw_data.matchup.apply(lambda x:0 if x[4]=='@' else 1)
Kobe['secondsFromPeriodEnd'] =
60 * raw_data['minutes_remaining'] + raw_data['seconds_remaining']
Kobe['secondsFromPeriodStart'] =
60 * (11 - raw_data['minutes_remaining']) + (60 - raw_data['seconds_remaining'])
Kobe['secondsFromGameStart'] =
(raw_data['period']<= 4).astype(int) * (raw_data['period'] - 1) * 12 * 60 +
```

```
(raw_data['period']>4).astype(int) * ((raw_data['period']-4)*5*60+3*
12*60) + Kobe['secondsFromPeriodStart']
Kobe.dropna(inplace = True)
```

此外，game_date字段仍然使用了字符串类型，可以改为datetime类型以方便使用，方法如下所示。

```
Kobe['game_date'] = Kobe.game_date.apply(lambda x:pd.to_datetime(x))
Kobe.game_date
```

输出为：

```
0        2000-10-31
1        2000-10-31
2        2000-10-31
3        2000-10-31
4        2000-10-31
5        2000-10-31
           ...
30692    2000-06-19
30693    2000-06-19
30694    2000-06-19
30695    2000-06-19
30696    2000-06-19
Name:  game_date, dtype: datetime64[ns]
```

处理完毕后可选取几行数据观察数据是否正确，代码如下所示。

```
Kobe.loc[:5,['home','period','minutes_remaining','seconds_remaining',
'secondsFromGameStart']]
    home  period  minutes_remaining  seconds_remaining  secondsFromGameStart
0    0      1         10                27                 93
1    0      1         10                22                 98
2    0      1          7                45                255
3    0      1          6                52                308
4    0      2          6                19               1061
5    0      3          9                32               1588
Kobe.info()
<class 'pandas.core.frame.DataFrame'>
Int64Index: 25697 entries, 1 to 30696
Data columns (total 23 columns):
action_type          25697  non-null  object
combined_shot_type   25697  non-null  object
game_id              25697  non-null  int64
loc_x                25697  non-null  int64
loc_y                25697  non-null  int64
period               25697  non-null  int64
playoffs             25697  non-null  int64
```

```
season                    25697  non-null  object
shot_distance             25697  non-null  int64
shot_made_flag            25697  non-null  float64
shot_type                 25697  non-null  object
shot_zone_area            25697  non-null  object
shot_zone_basic           25697  non-null  object
shot_zone_range           25697  non-null  object
game_date                 25697  non-null  object
opponent                  25697  non-null  object
shot_id                   25697  non-null  int64
home                      25697  non-null  int64
secondsFromPeriodEnd      25697  non-null  int64
secondsFromPeriodStart    25697  non-null  int64
secondsFromGameStart      25697  non-null  int64
dtypes: float64(1), int64(13), object(9)
memory usage: 4.7+ MB
```

确认数据正常后就可以开始后续的工作了。

23.2　分析科比的命中率

shot_made_flag 字段标记了各个进球成功与否,1 为命中,0 为未命中。首先计算科比在整个职业生涯中投篮的总命中率及每场比赛的命中率,代码如下所示。

```
Kobe['shot_made_flag'].mean()
0.44616103047048294
Kobe.pivot_table(index = 'game_id', values = ['shot_made_flag'],
aggfunc = np.mean)
          shot_made_flag
game_id
20000012        0.444444
20000019        0.368421
20000047        0.583333
20000049        0.454545
20000058        0.461538
20000068        0.461538
...                  ...
49900075        0.444444
49900083        0.500000
49900084        0.333333
49900086        0.578947
49900087        0.250000
49900088        0.260870

[1559 rows × 1 columns]
```

为了方便观察,可以通过以下代码将每场比赛的命中率可视化,其结果如图 23-1 所示。

```
import matplotlib.pyplot as plt
tmp_table = Kobe.pivot_table(index = 'game_id',
values = ['shot_made_flag'],aggfunc = np.mean)
tmp.index = range(len(tmp))
plt.plot(tmp)
[<matplotlib.lines.Line2D at 0x10def90f0>]
```

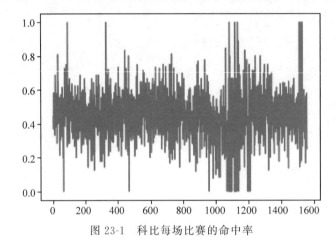

图 23-1　科比每场比赛的命中率

从图 23-1 可以看出，科比的命中率总体在 0.3～0.6 波动，从其整个职业生涯来讲，能看出在中间一个时期内命中率存在一定程度的下降，但规律性不是很强。

由于科比职业生涯整体规律性不强，转而针对每一场比赛进行细节上的分析。在球场上影响命中率的因素很多，常见因素有出手位置、时间、出手次数、进球方式、主/客场、对手等。首先分析比赛剩余时间对科比命中率的影响。

在预处理阶段增加了三个字段，即 secondsFromPeriodEnd、secondsFromPeriodStart 和 secondsFromGameStart，分别对应"本节剩余时间""本节已过时间""比赛开始时间"。再算上"节"，对用户有用的与比赛时间相关的字段共有 4 个。对于一场球赛来说，最大的时间单位应该是"节"，因此从"节"开始分析。首先进行如下的操作。

```
Kobe.pivot_table(index = ['season','period'],values = ['shot_made_flag'],
aggfunc = np.mean)
shot_made_flag
          season    period
1996 - 97   1       0.377358
            2       0.458015
            3       0.489796
            4       0.392857
            5       0.333333
            6       0.000000
1997 - 98   1       0.389610
            2       0.463519
            3       0.408537
            4       0.446640
            5       0.166667
```

```
1998 – 99    1         0.432692
             2         0.445860
             3         0.483092
             4         0.468085
             5         0.600000
...         ...        ...
2013 – 14    1         0.473684
             2         0.500000
             3         0.300000
             4         0.333333
2014 – 15    1         0.405063
             2         0.408696
             3         0.389474
             4         0.295082
             5         0.250000
2015 – 16    1         0.346405
             2         0.371681
             3         0.379167
             4         0.318750
109 rows × 1 columns
Kobe.pivot_table(index = ['period'],values = ['shot_made_flag'],
aggfunc = np.mean)
        shot_made_flag
period
1       0.465672
2       0.448802
3       0.453442
4       0.413702
5       0.442857
6       0.466667
7       0.428571
```

考虑到科比本身年龄因素对结果的影响,这里除了计算各节比赛的平均命中率以外,还分别计算了每赛季的各节平均命中率。从整个职业生涯来讲,科比各节命中率从高到低应为1→3→2→4,加时赛中第2个加时命中率最高。具体到每个赛季的情况,分别用折线图进行可视化,代码如下所示,结果如图23-2所示。

```
p_1 = Kobe[Kobe.period == 1].pivot_table(index = ['season'],
values = ['shot_made_flag'],aggfunc = np.mean)
p_2 = Kobe[Kobe.period == 2].pivot_table(index = ['season'],
values = ['shot_made_flag'],aggfunc = np.mean)
p_3 = Kobe[Kobe.period == 3].pivot_table(index = ['season'],
values = ['shot_made_flag'],aggfunc = np.mean)
p_4 = Kobe[Kobe.period == 4].pivot_table(index = ['season'],
values = ['shot_made_flag'],aggfunc = np.mean)
p_t = Kobe.pivot_table(index = ['season'],
values = ['shot_made_flag'],aggfunc = np.mean)
```

```
p_1.index = p_1.index.map(lambda x:x[:4])
p_2.index = p_2.index.map(lambda x:x[:4])
p_3.index = p_3.index.map(lambda x:x[:4])
p_4.index = p_4.index.map(lambda x:x[:4])
p_t.index = p_t.index.map(lambda x:int(x[:4]))
plt.plot(p_1)
plt.plot(p_2)
plt.plot(p_3)
plt.plot(p_4)
plt.plot(p_t)
plt.legend(('period 1','period 2','period 3','period 4','total'))
<matplotlib.legend.Legend at 0x11550f908>
```

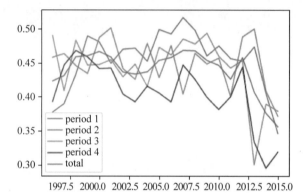

图 23-2　科比职业生涯中各节命中率的变化图

观察可视化结果，可以发现科比整个职业生涯中命中率最高的节通常是 1、2 节，有些时期是第 3 节最高，而第 4 节的命中率始终都不高，加时赛的情况比较特殊，且数量较少，因此未将其可视化。

在分析过每节的表现以后进一步细化，考虑到每次进攻的时限是 24 秒，不妨将每节比赛划分为一个个 24 秒的区间，以此来发现科比在一节比赛中命中率的变化规律。

首先，通过以下代码统计科比在每个 24 秒区间内的出手次数和成功次数。

```
time_slice = 24
time_bins = np.arange(0,60 * (4 * 12 + 3 * 5),time_slice) + 0.01
attempt_shot,b = np.histogram(Kobe['secondsFromGameStart'],
bins = time_bins)
made_shot,b = np.histogram(Kobe.loc[Kobe['shot_made_flag'] == 1,
'secondsFromGameStart'],bins = time_bins)
attempt_shot
array([137, 191, 232, 237, 225, 226, 211, 219, 221, 210, 206, 230, 197,
       205, 181, 201, 225, 226, 213, 238, 238, 230, 242, 238, 246, 179,
       217, 229, 314, 336,  75, 131, 114, 122, 117, 100, 121, 129, 112,
       125, 126, 122, 149, 168, 173, 197, 213, 237, 226, 251, 256, 223,
```

```
224, 233, 261, 214, 222, 231, 331, 432, 146, 236, 229, 239, 241,
252, 252, 245, 215, 227, 248, 226, 232, 242, 217, 211, 249, 232,
251, 250, 226, 245, 218, 219, 228, 208, 195, 206, 267, 350, 133,
115, 146, 131, 143, 148, 166, 143, 161, 142, 143, 180, 194, 212,
206, 219, 211, 244, 236, 219, 233, 226, 227, 218, 212, 267, 268,
263, 265, 372,  16,  18,  24,  18,  16,  15,  15,  30,  19,  17,
 27,  35,  30,   2,   1,   0,   3,   1,   3,   3,   3,   5,   1,
  2,   6,   0,   0,   1,   1,   0,   0,   0,   2,   0,   1,   1, 1])
```

观察出手次数的统计结果，发现一般都在 100 以上，加时赛部分则相对较少，有些甚至不到 10。为了保证结果的说服力，计算过程中将出手次数 10 以下的数据去掉。通过以下代码计算每个 24 秒区间的命中率并进行可视化，其结果如图 23-3 所示。

```
attempt_shot[attempt_shot < 10] = 1
accuracy = made_shot / attempt_shot
accuracy[accuracy >= 1] = 0
height = 1
bar_width = 0.999 * (time_bins[1] - time_bins[0])
plt.xlim((-20,3200))
plt.ylim((0,height))
plt.ylabel('accuracy')
plt.title('24 second time bins')
plt.vlines(x = [0,12 * 60,2 * 12 * 60,3 * 12 * 60,4 * 12 * 60,4 * 12 * 60 + 5 * 60,
4 * 12 * 60 + 2 * 5 * 60,4 * 12 * 60 + 3 * 5 * 60], ymin = 0, ymax = height, colors = 'r')
plt.bar(time_bins[: -1],accuracy, align = 'edge', width = bar_width)
<Container object of 157 artists >
```

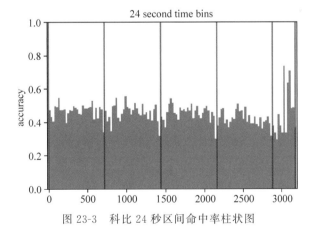

图 23-3　科比 24 秒区间命中率柱状图

以下代码进一步细化时间区间，计算 12 秒、6 秒区间的命中率，结果如图 23-4 所示。

```
time_slices = [24,12,6]
plt.figure()
for i, time_slice in enumerate(time_slices):
```

```
time_bins = np.arange(0,60 * (4 * 12 + 3 * 5),time_slice) + 0.01
attempt_shot,b = np.histogram(Kobe['secondsFromGameStart'],
          bins = time_bins)
made_shot,d = np.histogram(Kobe.loc[Kobe['shot_made_flag'] == 1,
          'secondsFromGameStart'], bins = time_bins)
attempt_shot[attempt_shot < 10] = 1
accuracy = made_shot / attempt_shot
accuracy[accuracy > = 1] = 0
plt.subplot(3,1,i + 1)
plt.xlim(( - 20,3200))
plt.ylim((0,height))
plt.ylabel('accuracy')
plt.title(str(time_slice) + ' second time bins')
plt.vlines(x = [0,12 * 60,2 * 12 * 60,3 * 12 * 60,4 * 12 * 60,
          4 * 12 * 60 + 5 * 60,4 * 12 * 60 + 2 * 5 * 60,4 * 12 * 60 + 3 * 5 * 60],
          ymin = 0, ymax = height, colors = 'r')
plt.bar(time_bins[: - 1],accuracy, align = 'edge', width = bar_width)
```

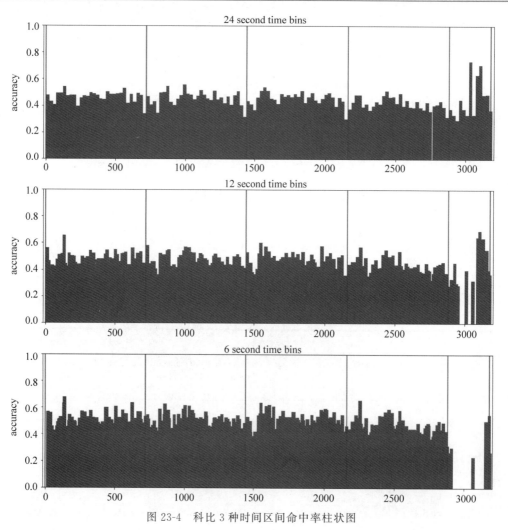

图 23-4   科比 3 种时间区间命中率柱状图

在该图中蓝色条是命中率,红线代表各节的起始。在 3 种区间下都能看出来,大部分时间命中率都为 0.4～0.6,与之前计算的平均情况一样,但是在每节即将结束时命中率会有明显的下降,另外加时赛部分的命中率相对要更高一些。

接下来可以分析"出手位置"的影响,在数据中与位置相关的字段有 loc_x、loc_y、shot_zone_area、shot_zone_basic 和 shot_zone_range。以下代码计算各个位置的投篮命中率。

```
Kobe.pivot_table(index = 'shot_zone_area',values = ['shot_made_flag'],
aggfunc = np.mean)
                        shot_made_flag
shot_zone_area
Back Court(BC)          0.013889
Center(C)               0.525556
Left Side Center(LC)    0.361177
Left Side(L)            0.396871
Right Side Center(RC)   0.382567
Right Side(R)           0.401658
Kobe.pivot_table(index = 'shot_zone_basic',values = ['shot_made_flag'],
aggfunc = np.mean)
                        shot_made_flag
shot_zone_basic
Above the Break 3       0.329237
Backcourt               0.016667
In The Paint (Non - RA) 0.454381
Left Corner 3           0.370833
Mid - Range             0.406286
Restricted Area         0.618004
Right Corner 3          0.339339
Kobe.pivot_table(index = 'shot_zone_range',values = ['shot_made_flag'],
aggfunc = np.mean)
                        shot_made_flag
shot_zone_range
16 - 24 ft.             0.401766
24 + ft.                0.332513
8 - 16 ft.              0.435484
Back Court Shot         0.013889
Less Than 8 ft.         0.573120
```

从整体来看,离篮板越近的位置命中率越高。若要可视化场上各位置的命中率,首先需要画出球场的轮廓,可以参考以下方法绘制如图 23-5 所示的球场轮廓。

```
from matplotlib.patches import Circle, Rectangle, Arc
import matplotlib as mpl
```

```python
def draw_court(ax = None, color = 'black', lw = 2, outer_lines = False):
    if ax is None:
        ax = plt.gca()
    hoop = Circle((0, 0), radius = 7.5, linewidth = lw, color = color, fill = False)
    # 创建篮板
    backboard = Rectangle((-30, -7.5), 60, -1, linewidth = lw, color = color)
    # 创建外球道框,宽 16ft,高 19ft
    outer_box = Rectangle((-80, -47.5), 160, 190, linewidth = lw,
                          color = color, fill = False)
    # 创建内球道框,宽 12ft,高 19ft
    inner_box = Rectangle((-60, -47.5), 120, 190, linewidth = lw,
                          color = color, fill = False)
    # 创建罚球上弧线
    top_free_throw = Arc((0, 142.5), 120, 120, theta1 = 0, theta2 = 180,
                         linewidth = lw, color = color, fill = False)
    # 创建罚球下弧线
    bottom_free_throw = Arc((0, 142.5), 120, 120, theta1 = 180,
                            theta2 = 0, linewidth = lw, color = color,
                            linestyle = 'dashed')
    # 禁区,它是以篮框为中心、以 4ft 为半径的弧形
    restricted = Arc((0, 0), 80, 80, theta1 = 0, theta2 = 180, linewidth = lw,
                     color = color)
    # 三分线
    corner_three_a = Rectangle((-220, -47.5), 0, 140, linewidth = lw,
                               color = color)
    corner_three_b = Rectangle((220, -47.5), 0, 140, linewidth = lw,
                               color = color)
    three_arc = Arc((0, 0), 475, 475, theta1 = 22, theta2 = 158,
                    linewidth = lw, color = color)
    # 中场
    center_outer_arc = Arc((0, 422.5), 120, 120, theta1 = 180, theta2 = 0,
                           linewidth = lw, color = color)
    center_inner_arc = Arc((0, 422.5), 40, 40, theta1 = 180, theta2 = 0,
                           linewidth = lw, color = color)
    # 要绘制的篮球场元素列表
    court_elements = [hoop, backboard, outer_box, inner_box,
                      top_free_throw, bottom_free_throw,
                      restricted, corner_three_a, corner_three_b,
                      three_arc, center_outer_arc, center_inner_arc]
    if outer_lines:
        outer_lines = Rectangle((-250, -47.5), 500, 470, linewidth = lw,
                                color = color, fill = False)
```

```
        court_elements.append(outer_lines)
     for element in court_elements:
         ax.add_patch(element)
     return ax
draw_court(outer_lines = True)
plt.ylim( - 60,440)
plt.xlim(270, - 270)
```

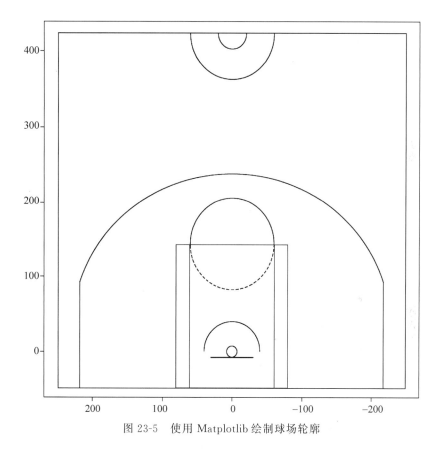

图 23-5　使用 Matplotlib 绘制球场轮廓

以下代码统计科比职业生涯中的全部进球位置,可视化结果如图 23-6 所示。

```
draw_court(outer_lines = True)
plt.ylim( - 60,440); plt.xlim(270, - 270)
for i,l in enumerate(['done','fail']):
     plt.scatter(x = Kobe.loc[Kobe['shot_made_flag'] == i,'loc_x'],
             y = Kobe.loc[Kobe['shot_made_flag'] == i,'loc_y'],label = l)
plt.legend()
```

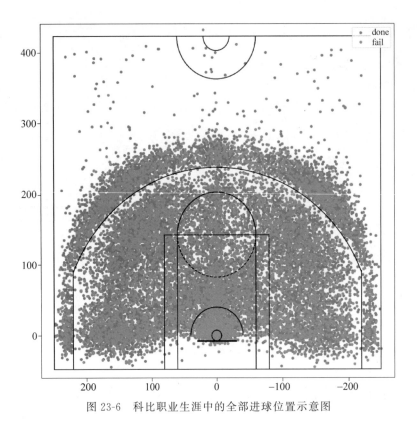

图 23-6　科比职业生涯中的全部进球位置示意图

以下代码统计科比在 shot zone area 的平均命中率，可视化结果如图 23-7 所示。

```
tmp = Kobe[['loc_x','loc_y']]
tmp['shot_area'] = Kobe.shot_zone_area
tmp['shot_range'] = Kobe.shot_zone_range
tmp['shot_basic'] = Kobe.shot_zone_basic
draw_court(outer_lines = True)
plt.ylim(-60,440); plt.xlim(270,-270)
for i,l in enumerate(pd.Categorical(tmp.shot_area).categories.values):
    k = Kobe.pivot_table(index = 'shot_zone_area',
            values = ['shot_made_flag'],aggfunc = np.mean).\
            get_value(l,'shot_made_flag')
    plt.scatter(x = tmp.loc[tmp['shot_area'] == l,'loc_x'],
            y = tmp.loc[tmp['shot_area'] == l,'loc_y'],
            label = l + ':' + str(k)[:4])
plt.legend()
```

以下代码统计科比在 shot basic 的平均命中率，可视化结果如图 23-8 所示。

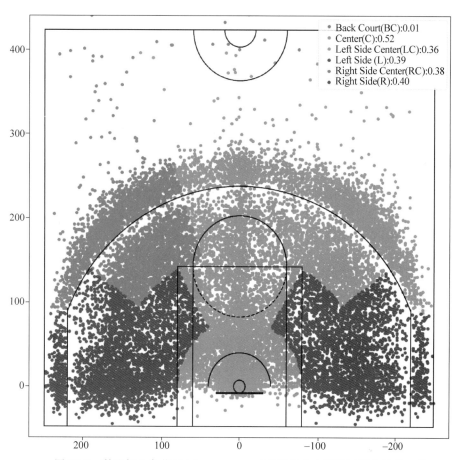

图 23-7　科比场上各位置(shot zone area)的平均命中率的可视化结果

```
draw_court(outer_lines = True)
plt.ylim( - 60,440); plt.xlim(270, - 270)
for i,l in enumerate(pd.Categorical(tmp.shot_basic).categories.values):
    k = Kobe.pivot_table(index = 'shot_zone_basic',
            values = ['shot_made_flag'],aggfunc = np.mean).
            get_value(l,'shot_made_flag')
    plt.scatter(x = tmp.loc[tmp['shot_basic'] == l,'loc_x'],
            y = tmp.loc[tmp['shot_basic'] == l,'loc_y'],
            label = l + ':' + str(k)[:4])
plt.legend()
```

以下代码统计科比在 shot range 的平均命中率,可视化结果如图 23-9 所示。

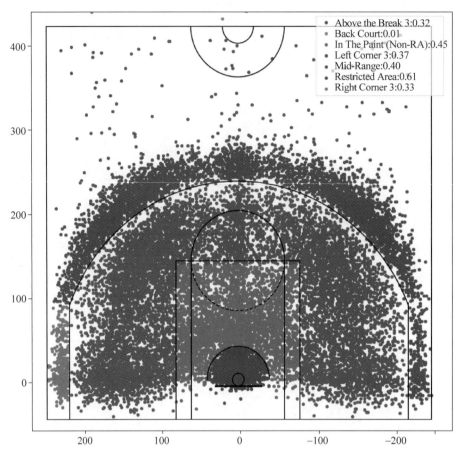

图 23-8　科比场上各位置（shot basic）的平均命中率的可视化结果

```python
draw_court(outer_lines = True)
plt.ylim(- 60,440); plt.xlim(270, - 270)
for i,l in enumerate(pd.Categorical(tmp.shot_range).categories.values):
    k = Kobe.pivot_table(index = 'shot_zone_range',
            values = ['shot_made_flag'],aggfunc = np.mean).
            get_value(l,'shot_made_flag')
    plt.scatter(x = tmp.loc[tmp['shot_range'] == l,'loc_x'],
            y = tmp.loc[tmp['shot_range'] == l,'loc_y'],
            label = l + ':' + str(k)[:4])
plt.legend()
```

　　科比在球场上各位置进球的准确率我们已经通过图 23-7～图 23-9 有些了解。但是，实际上人的出手位置和球场上人为划分的区域是有一定区别的。以下代码对科比场上的进球位置做聚类，得出如图 23-10 所示的针对科比自身情况的进球位置划分方式以及各位置的命中率。

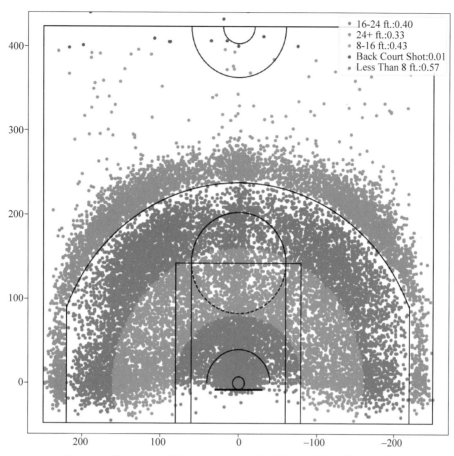

图 23-9 科比场上各位置(shot range)的平均命中率的可视化结果

```
from sklearn import mixture
g_num = 13
gmm = mixture.GMM(n_components = g_num, covariance_type = 'full', params = 'wmc', init_params =
'wmc', random_state = 1, n_init = 3)
gmm.fit(Kobe.ix[:,['loc_x','loc_y']])
Kobe['cluster'] = gmm.predict(Kobe.ix[:,['loc_x','loc_y']])
draw_court(outer_lines = True)
plt.ylim( - 60,440);   plt.xlim(270, - 270)
plt.scatter(x = Kobe.loc_x, y = Kobe.loc_y, c = Kobe.cluster)
tmp = Kobe.pivot_table(index = 'cluster', values = ['shot_made_flag'],
                       aggfunc = np.mean).values
for (a,b), text in zip(gmm.means_, tmp):
    t = str(text)[1:6]
    plt.text(a, b, t, color = 'magenta')
```

图 23-10 使用 sklearn 中提供的混合高斯模型进行聚类,将科比场上的进球位置分为
13 个聚类,并用可视化方法展示了科比在各个位置的命中率,得到的结果与之前的并不

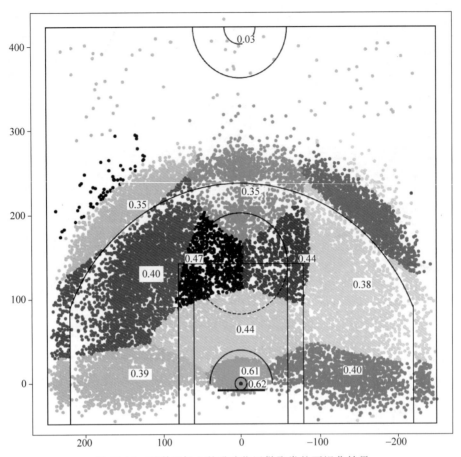

图 23-10 对科比场上的进球位置做聚类的可视化结果

矛盾，科比在篮下进球的成功率最高，而且科比在右侧的命中率通常高于左侧，但是在端线附近正好相反，左侧的命中率反而较高。

在原始数据中进球方式有 6 个大类、55 个小类，各类动作的命中率可以用以下代码计算。

```
shot_type_accuracy = Kobe.pivot_table(
            index = ['combined_shot_type','action_type'],
            values = ['shot_made_flag'],aggfunc = np.mean)
shot_type_accuracy ['shot_made_flag']
            .groupby(level = 0,group_keys = False).nlargest(5)
                            shot_made_flag
combined_shot_type      action_type
Bank Shot               Hook Bank Shot              1.000000
                        Running Bank shot           0.837209
                        Turnaround Bank shot        0.793103
                        Driving Bank shot           0.666667
                        Pullup Bank shot            0.545455
```

```
Dunk              Reverse Slam Dunk Shot          1.000000
                  Running Slam Dunk Shot          1.000000
                  Slam Dunk Shot                  0.982036
                  Driving Slam Dunk Shot          0.976744
                  Driving Dunk Shot               0.976654
Hook Shot         Running Hook Shot               0.878788
                  Driving Hook Shot               0.615385
                  Turnaround Hook Shot            0.500000
                  Hook Shot                       0.369863
Jump Shot         Driving Floating Bank Jump Shot 1.000000
                  Fadeaway Bank shot              0.888889
                  Jump Bank Shot                  0.775087
                  Running Jump Shot               0.747112
                  Jump Hook Shot                  0.736842
Layup             Turnaround Finger Roll Shot     1.000000
                  Driving Finger Roll Layup Shot  0.881356
                  Driving Finger Roll Shot        0.852941
                  Finger Roll Layup Shot          0.821429
                  Driving Reverse Layup Shot      0.746988
Tip Shot          Tip Shot                        0.350993
                  Running Tip Shot                0.000000
shot_type_accuracy['shot_made_flag']
                  .groupby(level = 0,group_keys = False).mean()
combined_shot_type
Bank Shot         0.768487
Dunk              0.877933
Hook Shot         0.591009
Jump Shot         0.649564
Layup             0.659099
Tip Shot          0.175497
Name: shot_made_flag, dtype: float64
```

　　从粗分类来看,命中率最高的是扣篮(Dunk)和擦板(Bank Shot),达到了 70% 以上,最低的是补篮(Tip Shot),只有不到 20%。由于详细分类动作类型很多,这里只看每个大类中命中率最高的 5 个,可以发现,从详细分类来看,各种跳投(Jump Shot)和各种上篮(Layup)的命中率也很可观。

　　通常,主场作战可能有一定的优势,以下代码分析主/客场对科比命中率的影响。

```
home_accuracy = Kobe[Kobe['home'] == 1].pivot_table(
                  index = ['opponent'],values = ['shot_made_flag'])
away_accuracy = Kobe[Kobe['home'] == 0].pivot_table(
                  index = ['opponent'],values = ['shot_made_flag'])
compare = home_accuracy - away_accuracy
compare[compare['shot_made_flag'] > 0].count()
shot_made_flag    25
dtype: int64
```

```
compare[compare['shot_made_flag'] < 0].count()
shot_made_flag    8
dtype: int64
home_accuracy.mean()
shot_made_flag    0.452611
dtype: float64
away_accuracy.mean()
shot_made_flag    0.433512
dtype: float64
```

从总体来看，科比在主场的命中率更高，平均值为 45%，而在客场的命中率大约为 43%。分别计算面对同样对手时科比在主/客场的命中率，可以发现，多数情况下面对同一个对手，科比也是在主场的命中率更高。

23.3 分析科比的投篮习惯

每个篮球选手都有自己的一套习惯，出手时机、出手位置、得分方式等都有其个人的特色，在这里可以简单分析一下科比的投篮习惯。

首先分析科比的得分方式。在 23.2 节已经知道了科比共使用过 6 大类 55 种进球方式，与 23.2 节不同，本节主要关注科比每一种方式共有多少次出手，具体代码如下所示。

```
shot_attempt = Kobe.groupby(['combined_shot_type',
                        'action_type'])['shot_id'].count()
                    .to_frame('attempt')
shot_attempt['percentage'] = shot_attempt.attempt
                        /  shot_attempt.attempt.sum()
shot_attempt.groupby(level = 0, group_keys = False)['percentage'].sum()
combined_shot_type
Bank Shot    0.004670
Dunk         0.041094
Hook Shot    0.004942
Jump Shot    0.767016
Layup        0.176363
Tip Shot     0.005915
Name: percentage, dtype: float64
shot_attempt['percentage'].nlargest(5)
combined_shot_type    action_type
Jump Shot             Jump  Shot              0.616259
Layup                 Layup Shot              0.083823
                      Driving Layup Shot      0.063354
Jump Shot             Turnaround Jump Shot    0.034673
                      Fadeaway Jump Shot      0.033934
Name: percentage, dtype: float64
```

经过简单的操作，可以发现 6 类动作中科比最喜欢用跳投的方式，进一步细化后发现科比最常用的 5 种得分方式为普通跳投、普通上篮、突破上篮、转身跳投与后仰跳投。而且仔细观察可知,科比所用的进球方式绝大多数都是跳投,超过他总出手次数的 50%。用以下方法可绘制如图 23-11 所示的科比各得分方式使用概率饼图。

```python
tmp = shot_attempt['percentage'].nlargest(9).to_frame()
tmp.index = tmp.index.map(lambda x:x[1])
tmp.ix['rest'] = 1 - tmp['percentage'].sum()
tmp_com = shot_attempt
                .groupby(level = 0, group_keys = False)['percentage']
                .sum()
plt.subplot(2,2,1)
plt.pie(tmp, labels = tmp.index, autopct = '%.0f%%')
plt.subplot(2,2,2)
plt.pie(tmp_com, labels = tmp_com.index, autopct = '%.0f%%')
```

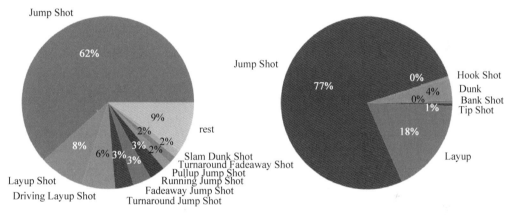

图 23-11　科比各得分方式使用概率

对科比出手位置的分析与 23.2 节情况类似,以下代码计算科比在各个位置的出手概率。

```python
shot_attempt = Kobe.groupby(['shot_zone_area',
                             'shot_zone_basic',
                             'shot_zone_range'])['shot_id']
                   .count().to_frame('attempt')
shot_attempt['percentage'] =
             shot_attempt.attempt / shot_attempt.attempt.sum()
for i in range(3):
    tmp = shot_attempt.groupby(level = i, group_keys = False).sum()
    plt.subplot(3,3,2 * i + 2)
    plt.pie(tmp['percentage'], labels = tmp.index, autopct = '%.0f%%')
```

图 23-12 展示了在 3 种场地划分方式下科比在各个位置的出手概率,可以发现科比在内线出手的概率更大,这与科比得分后卫/小前锋的定位是比较一致的。

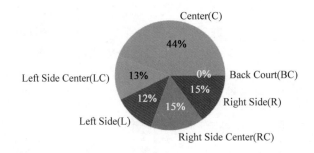

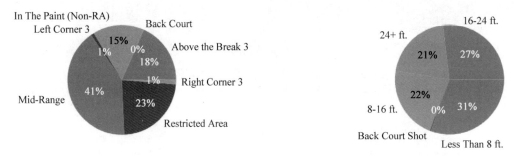

图 23-12　科比各个位置出手概率饼图

　　想要更加具体地研究科比的出手位置，可以利用聚类分析的方法对科比的进球位置进行聚类。由于 23.2 节已经进行了聚类，所以这里不再重复，直接使用 23.2 节的聚类结果，具体操作如下所示，可视化结果如图 23-13 所示。

```python
colors = ['red','green','purple','cyan','magenta','yellow','blue',
          'orange','silver','maroon','lime','olive','brown','darkblue']
texts = [str(100 * gmm.weights_[x])[:4] + '%' for x in range(13)]
fig, h = plt.subplots()
for i,(mean,matrix) in enumerate(
                      zip(gmm.means_, gmm._get_covars())):
    v, w = np.linalg.eigh(matrix)
    v = 2.5 * np.sqrt(v)
    u = w[0] / np.linalg.norm(w[0])
    angle = np.arctan(u[1] / u[0])
    angle = 180 * angle / np.pi
    curr = mpl.patches.Ellipse(mean, v[0], v[1],
                           180 + angle, color = colors[i])
    curr.set_alpha(0.5)
    h.add_artist(curr)
    h.text(mean[0] + 7, mean[1] - 1, texts[i], fontsize = 12)
draw_court(outer_lines = True)
plt.ylim( - 60,440)
plt.xlim(270, - 270)
```

　　接下来分析科比对出手时机的偏好。首先利用以下代码计算科比每一节比赛出手次数的平均值。

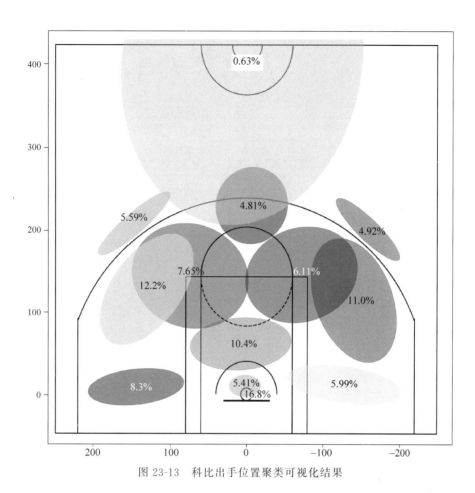

图 23-13　科比出手位置聚类可视化结果

```
shot_attempt = Kobe.groupby(['season','game_id','period'])['shot_id']
                .count().to_frame('attempt')
shot_attempt.groupby(level = 2,group_keys = False).mean()
        attempt
period
1       4.539295
2       3.830727
3       4.786056
4       4.486266
5       3.146067
6       2.500000
7       3.500000
```

　　然后看科比各节出手次数的职业生涯平均值,可以看到第 3 节的出手次数最多。接下来看各节出手次数的平均值随赛季的变化,代码如下所示,如果如图 23-14 所示。

```
for i in range(1,5):
    tmp = shot_attempt.groupby(level = [0,2],group_keys = False)
```

```
                          .mean().xs(i,level = 1)
        tmp.index = tmp.index.map(lambda x: x[:4])
        plt.plot(tmp,label = 'period' + str(i))
    plt.legend()
```

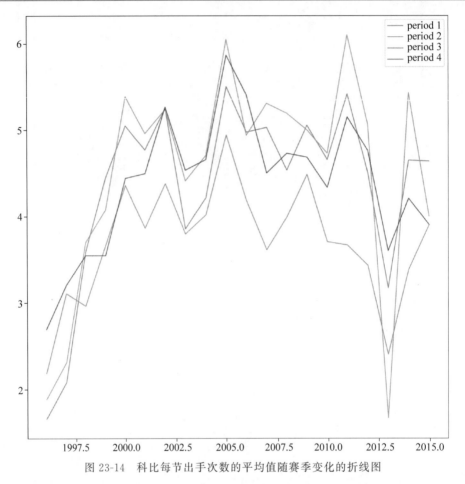

图 23-14　科比每节出手次数的平均值随赛季变化的折线图

可以发现科比在正赛中出手的情况比较稳定，绝大多数时期都是第 3 节最多、第 2 节最少，这与前面计算的生涯平均情况一致。

前文发现，科比在每一节将结束时命中率有明显下降，下面分析出手次数有没有类似的规律，代码如下所示，相应出手次数柱状图如图 23-15 所示。

```
time_slices = [24,12,6]
plt.rcParams['figure.figsize'] = (16, 16)
plt.rcParams['font.size'] = 16
plt.figure()
for i, time_slice in enumerate(time_slices):
    time_bins = np.arange(0,60 * (4 * 12 + 3 * 5),time_slice) + 0.01
    attempt_shot,b = np.histogram(Kobe['secondsFromGameStart'],
```

```
                            bins = time_bins)
        height = max(attempt_shot) + 10
        plt.subplot(3, 1, i + 1)
        plt.xlim((−20, 3200))
        plt.ylim((0, height))
        plt.ylabel('attempt')
        plt.title(str(time_slice) + ' second time bins')
        plt.vlines(x = [0, 12 * 60, 2 * 12 * 60, 3 * 12 * 60, 4 * 12 * 60,
                4 * 12 * 60 + 5 * 60, 4 * 12 * 60 + 2 * 5 * 60, 4 * 12 * 60 + 3 * 5 * 60],
                ymin = 0, ymax = height, colors = 'r')
    plt.bar(time_bins[: −1], attempt_shot, align = 'edge',
                width = bar_width)
```

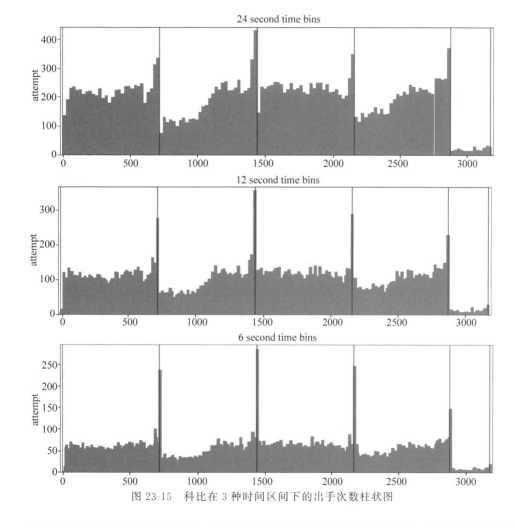

图 23-15　科比在 3 种时间区间下的出手次数柱状图

　　观察图 23-15 可以发现，在每一节比赛结束前科比的出手次数激增。可以推测，科比在每节比赛结束前命中率降低可能是因为出手次数增加。由此可以知道，科比喜欢压哨出手，虽然此时的投球常常不能得分。

附录 A

PyTorch环境搭建

A.1　Linux 平台下 PyTorch 环境搭建

下面以 Ubuntu 16.04 为例,简要讲述 PyTorch 在 Linux 系统下的安装过程。在 Linux 平台下,PyTorch 的安装总共需要 5 个步骤,所有步骤内的详细命令皆已列出,读者按照顺序输入命令即可完成安装。

1. 安装显卡驱动

如果需要安装 CUDA 版本的 PyTorch,计算机也有独立显卡,则需要更新 Ubuntu 独立显卡驱动,否则即使安装了 CUDA 版本的 PyTorch 也无法使用 GPU。

如图 A-1 所示,进入官网 https://www.nvidia.com/Download/index.aspx? lang = en-us,查看适合本机显卡的驱动,下载 runfile 文件,如 NVIDIA-Linux-x86_64-384.98.run。

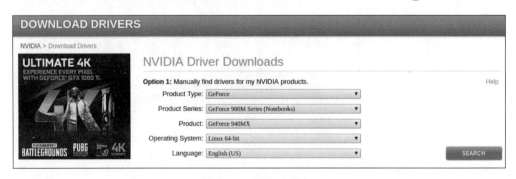

图 A-1　NVIDIA 官网

下载完成后,按 Ctrl+Alt+F1 组合键到控制台,关闭当前图形环境,对应命令如下。

```
sudo service lightdm stop
```

卸载可能存在的旧版本 NVIDIA 驱动,对应命令如下。

```
sudo apt - get remove -- purge nvidia
```

安装驱动可能需要的依赖,对应命令如下。

```
sudo apt - get update
sudo apt - get install dkms build - essential linux - headers - generic
```

把 nouveau 驱动加入黑名单并禁用 nouveau 内核模块,对应命令如下。

```
sudo nano /etc/modprobe.d/blacklist - nouveau.conf
```

在文件 blacklist-nouveau.conf 中加入如下内容,对应命令如下。

```
blacklist nouveau
options nouveau modeset = 0
```

保存后退出,执行,对应命令如下。

```
sudo update - initramfs - u
```

然后重启,对应命令如下。

```
reboot
```

重启后再次进入字符终端界面(或按 Ctrl+Alt+F1 组合键),并关闭图形界面,对应命令如下。

```
sudo service lightdm stop
```

进入之前 NVIDIA 驱动文件下载目录,安装驱动程序,对应命令如下。

```
sudo chmod u + x NVIDIA - Linux - x86_64 - 384.98.run
sudo ./NVIDIA - Linux - x86_64 - 384.98.run - no - opengl - files
```

-no-opengl-files 表示只安装驱动文件,不安装 OpenGL 文件。这个参数不可忽略,否则会导致登录界面死循环。

最后重新启动图形环境,对应命令如下。

```
sudo service lightdm start
```

通过以下命令确认驱动是否正确安装,对应命令如下。

```
cat /proc/driver/nvidia/version
```

至此,NVIDIA 显卡驱动程序安装成功。

2. PyTorch 安装

进入 PyTorch 官网 https://pytorch.org,如图 A-2 所示,根据 CUDA 和 Python 的版本以及平台系统等找到适合 PyTorch 的版本,之后会自动提示"Run this command"命令指令,将指令复制到命令行,进行安装。

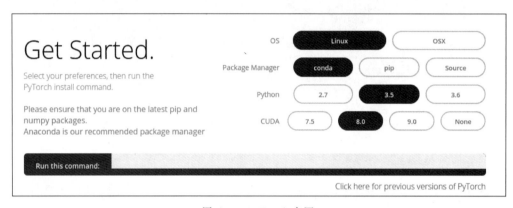

图 A-2　PyTorch 官网

3. 安装 torchvision

安装好 PyTorch 后,还需要安装 torchvision。torchvision 中主要集成了一些数据集、深度学习模型、一些转换等,在使用 PyTorch 的过程中是不可缺少的部分。

安装 torchvision 比较简单,可直接使用 pip 命令安装。

```
pip install torchvision
```

4. 更新 NumPy

安装成功 PyTorch 和 torchvision 后,打开 iPython,输入:

```
import torch
```

此时可能会出现报错的情况,报错信息如下。

```
ImportError: numpy.core.multiarray failed to import
```

这是因为 NumPy 的版本需要更新,直接使用 pip 命令更新 NumPy,对应命令如下。

```
pip install numpy
```

至此,PyTorch 安装成功。

5. 测试

输入如图 A-3 所示的命令后,若无报错信息,说明 PyTorch 已经安装成功。输入如图 A-4 所示的命令后,若返回为"True",说明已经可以使用GPU。

图 A-3　测试命令行截图 1　　　　　　　　　图 A-4　测试命令行截图 2

A.2　Windows 平台下 PyTorch 环境搭建

从 2018 年 4 月起,PyTorch 官方开始发布 Windows 版本。在此简要讲解在 Windows 10 系统下,安装 PyTorch 的步骤。鉴于已经在前文中讲述了显卡驱动程序在 Linux 系统下的配置过程,Windows 系统下的配置也基本相似,所以不再单独讲述显卡驱动在 Windows 系统下的配置过程。

PyTorch 在 Windows 系统上的安装主要有两种方法:通过官网安装,conda 安装(本机上需要预先安装 Anaconda|Python)。

1. 通过官网安装

进入官网 https://PyTorch.org/,如图 A-5 所示。

图 A-5　PyTorch 官网截屏图

如前文介绍的 Linux 系统下安装一样，根据 CUDA 和 Python 的版本以及平台系统等找到适合 PyTorch 的版本，之后会自动提示"Run this command"命令指令，将指令复制到命令行，进行安装。

2. conda 安装 PyTorch 包

在 Windows 的命令行输入图 A-6 中框内的命令（请注意控制 CUDA 版本和 CPU/GPU 版本），等待一段时间后，出现图 A-6 中的输出后，即完成了安装。

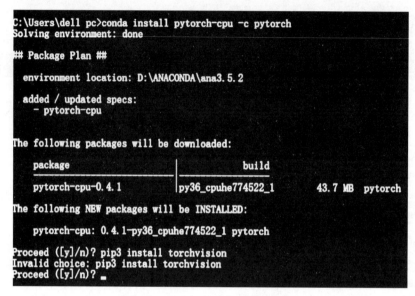

图 A-6　conda 安装命令行截屏图

安装完成后，同样需要安装 torchvision，具体方法在 Linux 部分中已经叙述过，不再重复讲解。

测试过程与 Linux 部分所用命令完全相同。

参 考 文 献

[1] 麦金尼.利用 Python 进行数据分析[M].徐敬一,译.2 版.北京:机械工业出版社,2014.

[2] IVAN I.Python 数据分析基础教程:NumPy 学习指南[M].张驭宇,译.北京:人民邮电出版社,2014.

[3] 伊德里斯.Python 数据分析[M].韩波,译.北京:人民邮电出版社,2016.

[4] Scikit Learn. User Guide[EB/OL].[2022-07-02]. https://scikit-learn. org/stable/user_guide. html.

[5] 迈克尔•S,刘易斯-贝克.数据分析概论[M].洪岩璧,译.上海:格致出版社,2019.

[6] 彭鸿涛,聂磊.发现数据之美:数据分析原理与实践[M].北京:电子工业出版社,2014.

[7] 酒卷隆治,里洋平.数据分析实战[M].肖峰,译.北京:人民邮电出版社,2017.

[8] Matplotlib 中文网. API 概览[EB/OL].[2020-04-27]. https://www. matplotlib. org. cn/API/.

[9] CUI J.机器学习实战教程(一):K-近邻算法[EB/OL].[2017-11-05]. https://cuijiahua. com/ blog/2017/11/ml_1_knn. html.

[10] 李航.统计学习方法[M].2 版.北京:清华大学出版社,2019.

[11] 周志华. 机器学习[M].北京:清华大学出版社,2020.

[12] SHIKALGAR N R,DIXIT A M. JIBCA:Jaccard index based clustering algorithm for mining online review[J]. International Journal of Computer Applications,2014,105(15).

[13] GAN Q,FERNS B H,YU Y,et al. A text mining and multidimensional sentiment analysis of online restaurant reviews[J]. Journal of Quality Assurance in Hospitality & Tourism,2017, 18(4):465-492.

[14] ZHANG T,RAMAKRISHNAN R,LIVNY M. BIRCH:an efficient data clustering method for very large databases[J]. ACM Sigmod Record,1996,25(2):103-114.

[15] LU Y,ZHANG P,LIU J,et al. Health-related hot topic detection in online communities using text clustering[J]. Plos One,2013,8(2):e56221.

[16] Kaggle. 1. 4 million cell phone reviews[EB/OL].[2017-08-02]. https://www. kaggle. com/ masaladata/14-million-cell-phone-reviews.

[17] Scikit Learn. Clustering [EB/OL]. [2022-07-02]. https://scikit-learn. org/stable/modules/ clustering. html.

[18] 百度百科. pandas[EB/OL].[2017-02-12]. https://baike. baidu. com/item/pandas/17209606.

[19] 百度百科. numpy[EB/OL].[2020-04-24]. https://baike. baidu. com/item/numpy.

[20] 百度百科. Matplotlib[EB/OL].[2017-02-17]. https://baike. baidu. com/item/Matplotlib.

[21] Kaggle. https://sklearn. apachecn. org/.

[22] Pandas. pandas documentation[EB/OL].[2022-07-23]. https://pandas. pydata. org/pandas-docs/ stable/.

[23] OpenPyXL. openpyxl-A Python library to read/write Excel 2010 xlsx/xlsm files[EB/OL].[2022- 05-24]. https://openpyxl. readthedocs. io/en/stable.

[24] Kaggle. Starter:Consumer Reviews of Amazon 1a3e015d-7.[2019-03-21]. https://www. kaggle. com/xuefeifen0720/starter-consumer-reviews-of-amazon-1a3e015d-7.

[25] 吕云翔,李伊琳,王肇一,等.Python 数据分析实战[M].北京:清华大学出版社,2018.

[26] 吕云翔,王禄汀,袁琪,等.Python 机器学习实战[M].北京:清华大学出版社,2021.

[27] 吕云翔,姚泽良,张扬,等.Python 项目案例开发超详细攻略——GUI 开发、网络爬虫、Web 开发、数据分析与可视化、机器学习[M].北京:清华大学出版社,2021.

[28] 吕云翔,李伊琳.Python 数据分析与可视化[M].北京:人民邮电出版社,2021.

图书资源支持

感谢您一直以来对清华版图书的支持和爱护。为了配合本书的使用，本书提供配套的资源，有需求的读者请扫描下方的"书圈"微信公众号二维码，在图书专区下载，也可以拨打电话或发送电子邮件咨询。

如果您在使用本书的过程中遇到了什么问题，或者有相关图书出版计划，也请您发邮件告诉我们，以便我们更好地为您服务。

我们的联系方式：

地　　址：北京市海淀区双清路学研大厦 A 座 714

邮　　编：100084

电　　话：010-83470236　　010-83470237

客服邮箱：2301891038@qq.com

QQ：2301891038（请写明您的单位和姓名）

资源下载：关注公众号"书圈"下载配套资源。

资源下载、样书申请

书 圈

图书案例

清华计算机学堂

观看课程直播